JN086635

口絵1 ▶本文　49ページ

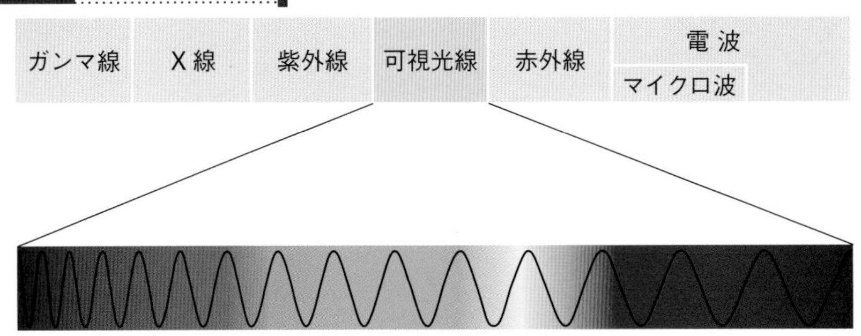

●光は電磁波。波長が異なると呼び方が異なる。
可視光のうち、波長が長いものは赤く、短いものは紫に見える。
紫外線、X線、ガンマ線の境界は、はっきりとは定まっていない。

口絵2 ▶本文　56ページ

●水素原子のスペクトル。赤・青・紫の光が見える。

口絵3 ▶本文　56ページ

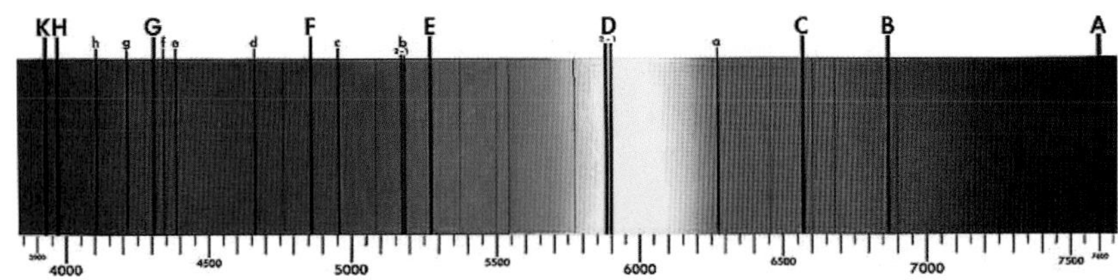

●フラウンホーファー線。太陽の上層や地球の大気に含まれる元素がわかる。

口絵4 ▸本文　115ページ

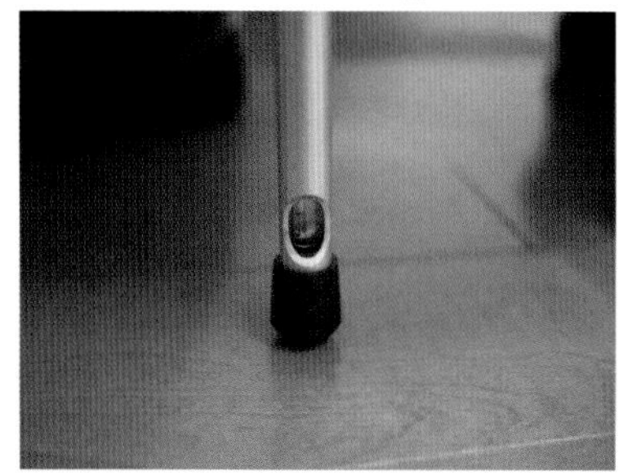

●圧縮発火器で空気を圧縮すると、空気の温度が上がって中のティッシュが燃える（著者撮影）。

口絵5 ▸本文　227ページ

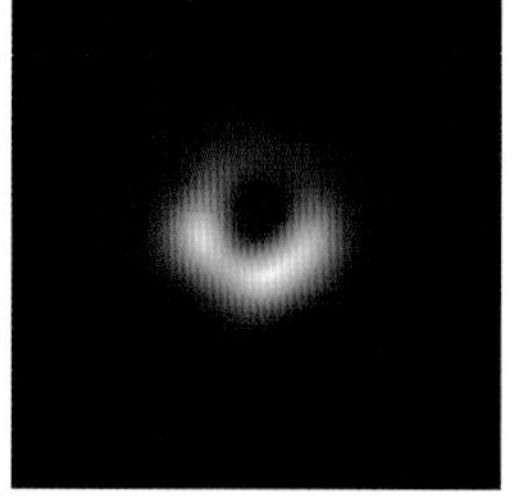

●EHTで撮影したM87中心ブラックホールの画像（EHT Collaboration）。

口絵6 ▸本文　254ページ

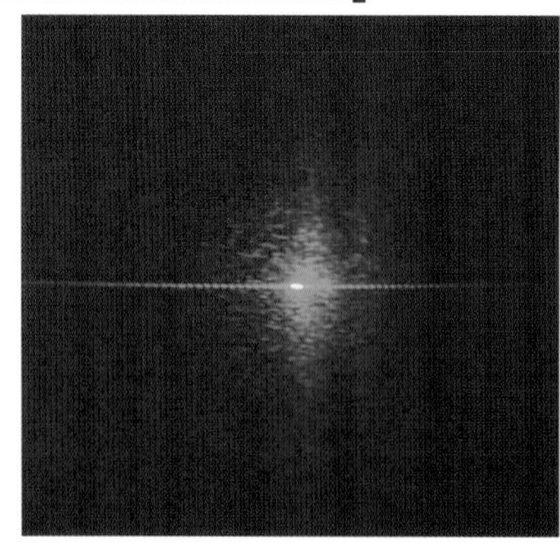

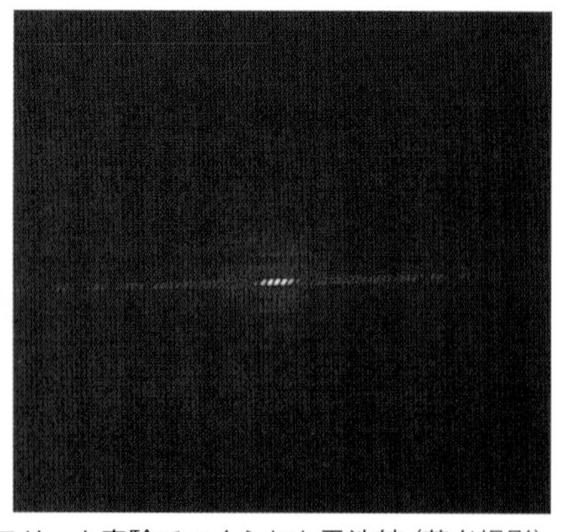

●ヤングの二重スリット実験でつくられた干渉縞（著者撮影）。

宇宙の見え方が変わる物理学入門

小林晋平
Shinpei Kobayashi

少し長い「はじめに」

□「ブラックホールの中」、「宇宙の始まり」、そして物理学

皆さんは「物理学」という言葉から何を連想するでしょうか？　高校時代に受けた物理の授業を思い出す方がいるかもしれません。ニュートンやアインシュタインのような有名な物理学者を連想する方もいるかもしれません。科学ファンの方であれば、相対性理論や量子力学をイメージすることもあるでしょう。

私は物理学者で、宇宙物理学や素粒子物理学と呼ばれる分野の研究をしています。特に興味があるのは、「ブラックホールの中はどうなっているのか？」と「宇宙はどうやって始まったのか？」の2つです。

□ブラックホールを観測するのは難しい

多くの方がご存じのように、ブラックホールは重力が非常に強い天体で、ひとたび吸い込まれると、光ですらそこから出てくることはできません。

2019年にイベント・ホライゾン・テレスコープ（望遠鏡）というプロジェクトによって、ブラックホールの様子が初めて撮影されました。「イベント・ホライゾン」とは、「事象の地平線」という意味で、光が脱出できなくなる境界のことです。そこで撮影されたのは、ブラックホールの外側に存在する物質から発せられた光です。ブラックホールを取り囲むように光の輪ができている画像を見たことのある方も多いと思います。

イベント・ホライゾン・テレスコープで撮影されたのは、M87という銀河の中心にあるブラックホールです。太陽の65億倍もの質量を持つ巨大なブラックホールで、地球から5500万光年（およそ 5.2×10^{20} km）離れたところにあります。光年とは、真空中で光が1年かかって進む距離のことです（正確には「重力がない」という条件もつきますが、ここでは詳しく述べません）。10^{20}とは、1000…00 のように、1のあとに0が20個続いていることを表します。イベント・ホライゾン・テレスコープはM87だけでなく、私たちの太陽系が属している天の川銀河の中心のブラックホールも観測しています。「いて座A*」と名付けられているそのブラックホールは、私たちからおよそ2万7000光年（2.5×10^{17} km）離れています。M87よりはだいぶ近くにありますが、地球と太陽の間の距離（1億5000万 km = 1.5×10^{8} km）に比べると、10億倍以上の距離があります。

中心だけでなく、銀河のなかのさまざまな場所にもブラックホールは存在していると考えられています。例えば、歴史上最初に「ブラックホールではないか？」と考えられた天体は「はくちょう座X-1」といいます。はくちょう座の首のあたりにある天体で、そこまでの距離は、およそ6000光年（6×10^{16} km）です。いずれのブラックホールも地球の「近所」ではないため、近くまで行って様子を観察することは（少なくともいまの技術では）できません。

仮に近くにあったとしても、ブラックホールの周辺や、その中の様子を調べるのは簡単ではありません。理由のひとつは、ブラックホールに近づくと、その強い重力によって物体が引き延ばされてしまうからです。どういうことか、順を追って説明しましょう。

重力の強さはブラックホールの質量によって変わります。また、重力はブラックホールに近いほど強く、遠ざかるほど弱くなります。この性質は重力が一般的に持っているもので、ブラックホールの重力に限らず、地球や太陽からの重力も同じです。

「近いほど強く、遠いほど弱い」というのは、私たちが地面に立っているとき、私たちの頭に働く重力と足に働く重力は強さが違うことを意味します。なぜなら、頭のほうが足よりもわずかに地球から遠いからです。ただしその差は非常に小さいため、私たちがそれを実感したり、それで不便を感じたりすることはありません。

ところがブラックホールでは話が違ってきます。例えば、太陽程度の質量を持つブラックホールの近くではそもそもの重力が強いため、もしあなたがブラックホールの近くに立ったとすると（立てるならば、ですが）、頭に働く重力と足に働く重力の差も非常に大きくなります。

足も頭もブラックホールに引かれることに変わりはないのですが、ブラックホールに近い足が頭より強く引かれるために、足に対して頭が取り残されるようになり、あなたの体は細長く引き延ばされてしまうのです。

ブラックホールの中心へ向かって引き伸ばすこの力を潮汐力（ちょうせきりょく）といいます。ちなみに、細長く引き延ばされるこの現象は「スパゲッティ化」とよばれています。どのくらい引き延ばされるかはブラックホールの質量によりますが、潮汐力が大きければ、体はバラバラになってしまうでしょう。

意外に思われるかもしれませんが、銀河の中心にあると考えられている巨大なブラックホールの場合、その近くでの潮汐力は非常に小さくなります。これは、質量が大きい分、ブラックホールの半径も大きく、重力が強いブラックホールの中心部までの距離もまた大きくなるからです。

●ブラックホールのような強い重力源の近くでは、より重力源に近い足下のほうが強く引かれるため、体が引き伸ばされてしまう……。

□ ブラックホール内部に入れたとしても……

潮汐力がさほど大きくないブラックホールなら、ブラックホールの内部に探査機を送り込める可能性はあります（自分で入るのは誰しもイヤでしょうから、探査機にしておきましょう）。ただ、その場合も問題があります。というのも、せっかく調べたデータをブラックホールの外に送ることができないからです。

データ、すなわち情報は電波で送られますが、電波は「電磁波」という波の一種です。電磁波にはさまざまな種類のものがあり、それらは波の長さ（波長）で分類されています。電波よりも波長が短いものの中には、私たちの目に見える電磁波もあり、それは「可視光」といいます。赤や青など、いわゆる「虹の7色」が可視光です。可視光についてはあとで詳しく説明します。

さて、ブラックホールからは光でも出られないということは前に述べた通りですが、それは同じ電磁波の一種である電波も同様で、ブラックホールからは出てこられません。このため、せっかくブラックホール内部を詳しく観察することができたとしても、その情報を外へ送ることができないのです。ブラックホールの内部構造についてはわかっていないことがまだ多いのですが、相対性理論に基づく計算からは、ブラックホールに吸い込まれた物質は、中心に向かって引き寄せられていくという結論が得られています。引き寄せられたその先、すなわちブラックホールの中心には、物質の密度や圧力が無限大になっている「特異点」という場所がある可能性があります。

物理的に自然な仮定を置くと、ブラックホール内部には必ず特異点が存在することを相対性理論を用いて証明したのがロジャー・ペンローズです。この「特異点定理」をはじめとするブラックホールの理論的研究への貢献で、ペンローズは2020年のノーベル物理学賞を受賞しました。ちなみに、ペンローズが行なったのは相対性理論に基づく解析なのですが、ブラックホールの中心部では相対性理論では解析できないような現象が起きていて、特異点は存在しない可能性もあります。いずれにせよ、ブラックホールの中について知るのは簡単ではなく、その方法を考えること自体が研究テーマになります。

□「宇宙の始まり」の前？

私のもうひとつの興味は、先ほども述べた「宇宙はどうやって始まったのか？」です。「宇宙の始まり」という言葉には魅力的な響きがあり、世界中で精力的に研究されているのですが、実はその「誕生」の瞬間そのものについてはほとんど何もわかっていません。

いくつかの観測により、宇宙はいまからおよそ138億年前に始まったと考えられています。そのように聞くと、「宇宙が138億年前に始まったというのなら、その前は何だったのか？」ということが気になる方も多いのではないでしょうか？　宇宙があるとき始まったのであれば、その前には宇宙はなかったことになります。「なかった」というのは、宇宙ではない、別の何かがあったということなのでしょうか？　だとするなら、それは何なのでしょう？　そしてその「何か」は、いつ、どうやって始まったのでしょう？

これに対する、現時点での回答のひとつに、
「宇宙が始まったときに時間も流れ出したので、それより以前というものの自体がない」
というものがあります。煙に巻かれたような、ごまかされたような気がする方がほとんどではないでしょうか？　私たち研究者でも、この説明を理屈としては理解できても、体感として納得している人はほとんどいないのではないかと思います。「時間が流れていない状態というのはこんな感じか！」と、体感したことがある人はどこにもいないからです（たぶん）。実のところ、本当にこの答えで正しいのかどうかはよくわかっていません。あくまでいまのところはそう考えるしかないという程度のもので、これを検証する方法も明らかではありませんし、今後の研究で違った説明が出てくる可能性もあります。

このように、「宇宙はどうやって始まったのか？」とか「ブラックホールの中はどうなっているのか？」という、ある意味素朴な疑問については、まだわかっていないことだらけなのですが、逆にそれ以外のことについては、たくさんのことがわかってきています。例えば、宇宙が生まれてから3分くらい経った時期から現在までについてはよくわかってきていますし、ブラックホールについても、先に述べたイベント・ホライゾ

ン・テレスコープで撮影されたブラックホール周辺の様子は、相対性理論から予想されたものと非常によく一致していました。

ブラックホールといえば、2015年には、2つのブラックホールが合体したときに放出される重力波が検出されたことをご存じの方も多いでしょう。重力波は「時空のさざ波」ともいわれますが、このさざ波の様子も、相対性理論を駆使して計算された予測とよく合っていました。この本の「表面的な」目標のひとつは、なぜそうしたことがわかったのか、そして、まだわかっていない「素朴」な疑問についてはどんなアプローチがなされているのかをお伝えすることです。そして、この本にはもうひとつの目標があります。

□ 物理はとっつきにくい？

本書のように宇宙やブラックホールについて書いた本はたくさんあります。現場の熱気がよく伝わってくる本や、研究の歴史を概観した労作、さらには初心者にもわかりやすくメカニズムを解説した本など、良書は数え切れません。それらに対し、この本のもうひとつの大事な目標として私が目指したのは「物理の考え方」を伝えることです。「物理のやり方」といってもよいかもしれません。ブラックホールや宇宙の始まりといった話題をより深く理解し、楽しむためには「物理の考え方」や「物理とはどういう学問なのか」を知っておく必要があるからですが、残念ながらそうした「物理の本当の基礎」はあまり知られていません。

私が所属している東京学芸大学は教員養成系の大学で、学生の多くは小中高校の教員を志しています。私の研究室の学生も、半数以上は小中学校の理科の先生や、高校の物理の先生を目指しています。将来教員になるにあたり、理科や物理について深く理解しておくことは当然必須ですが、同時に「伝え方」についても習熟しておかなければいけません。特に物理は、他の科目に比べ、苦手意識を持つ生徒が多い科目です。

多くの人が物理に苦手意識を感じる理由はいろいろあるのですが、大学や高専の授業、一般の方向けの科学講座を通じた調査で共通してあげられたのは、

- 力やエネルギーなど、目に見えないものを扱っているのでわかりにくい
- 数式が多く、何をやっているのかわからない
- 摩擦のない場合など、非現実的な設定が多いため想像しにくいし、現実とは関係のないことをやっているように思える
- 坂道を下るボールの速度や、バネにつけられたおもりの振動など、扱っているテーマが地味で興味を持てない

などでした。これらは私自身の学生時代の経験からも、どれも納得がいくものばかりです。

□ 物理ではなぜ数式を使うのか

物理ではなぜ数式が多く登場するのか、そしてそれがどれだけ意味のあることかについて、私は拙著『ブラックホールと時空の方程式——15歳からの一般相対論』(森北出版)の中で説明しました。ブラックホール時空を表す数式から出発して、それを理解するために必要な物理学や数学を少しずつ集めるというスタイルで、数式を使って宇宙やブラックホールを「記述する」とはどういうことかを書いたものです。

数学と物理は切り離せない関係にありますが、「物理＝数学」というわけではありません。「物理は目に見えないものを多く扱うから難しい」という意見もありましたが、数学はそうした「見えない世界を観る」ときに強力な武器になります。私たちの直感の先へ行くための道具です。

「見えない世界を観る」ための方法は、数学以外にもあります。それらもすべて「物理の考え方」ですが、この考え方に慣れるまでは時間がかかります。なぜなら、普段私たちは「物理の考え方」をしないからです。例えば、机の上に置かれた物体には地球からの重力が働いていますが、「物体が机の中にめり込んでいかないということは、机からも重力と釣り合うような上向きの力（垂直抗力といいます）が働いているはずだ」とは考えないですよね？　ようは、「言われてみれば確かにそうだ」という程度のことなのですが、どんなことにも慣れというのは必要で、たとえ簡単なことであっても、初めて出会うときはしっくり来ないものです。ひとたび慣れてしまうと、「物理の考え方」には飛躍がなく、自然な考え方であるということもわかるのですが、残念ながら学校の授業や受験勉強の中だけでその考え方に慣れるのは難しく、慣れる前に物理から離れてしまう方がほとんどです。

□ 物理では非現実的なことを考えている？

物理に抵抗を感じる原因のひとつに、「非現実的な設定が多い」という意見もありましたが、たしかに物理では、「摩擦は無視するものとする」とか、「地球を密度が一定の球と仮定する」といった単純化を行なうことがしばしばあります。

もちろん摩擦がまったくないことなど現実にはあり得ませんし、地球の密度も一定ではありませんから、大学以降はそうした現実的な設定で計算します。ところが、物理をある程度専門として使う方以外は、入試で問われるような単純化された状況設定にしか出会いません。「物理ではいつも非現実的な設定を考えている」と誤解する方がいても、無理もないと思います。

入試などで単純化した状況設定を考えるのは問題を簡単にするためですが、単純化や理想化そのものは、自然現象を理解するうえでとても有効な方法でもあります。なぜなら、一見複雑に要素が絡み合っているような現象も、ほとんどの要素はあまり大きな寄与をせず、幹となるメカニズムさえ取り出せれば現象の本質を説明できる場合が多々あるからです。そうした単純化や理想化は「うまいモデル化」であり、非現実的な設定どころか、本質をよくわかっているともいえるのです。

□「身の回りのもの＝身近なもの」とは限らない

また、「物理には非現実的な設定が多く、実生活につながっている感じがしない」ことから、物理が好きでなくなってしまう人もたくさんいます。これを防ぐため、身の回りの現象と結びついた例題を授業で取り上げるといった工夫もされています。しかし、身の回りの現象を取り上げることで物理が好きになるか（せめて嫌いにならないか）どうかはわかりません。身の回りの現象を取り上げれば物理が役に立っていることは実感できますが、それに興味を持つかどうかはまた別の話だからです。

これは物理嫌いの学生から聞いた話ですが、高校の物理の授業で、「ボウリングの球にピンポン球を当てて止めるには、どのくらいの速さのピンポン球を当てればよいか」という問題を出題されたことがあったそうです。ピンポン球はボウリングの球に比べてとても軽いため、ぶつけてもボウリングの球の勢いはなかなか減少しません。もちろん、ボウリングの球の速さやその回転の様子、ピンポン球がぶつかった際にへこんだかへこまなかったかなどにもよりますが、いずれにしても、ボウリングの球を1回の衝突で止められるほどのピンポン球となると、相当の速度が必要です。

これは「運動量保存則」に関係する問題です。運動量とは、物体の運動の勢いを表す物理量で、物体の質量と速度をかけたものです。運動量には「衝突の前後で、衝突する物体が持つ運動量の合計は変化しない」という性質（運動量保存則）があります。この性質と、ピンポン球の跳ね返り方を考慮すると、衝突後の物体の速度を求めることができます。

私にこのエピソードを教えてくれた学生は、「ボウリングの球を止めるのに必要なピンポン球の速さは人間が投げられるようなものではなかったし、そんな非現実的なことを考えて何になるのかと白けてしまった」と言っていました。ちなみに、私が適当な値を仮定して計算してみたところ、時速数万kmという答えが得られました。たしかに人間が投げられる速さではありませんし、この速さに耐えられるピンポン球もなさそうです。

運動量は物理のさまざまな分野で顔を出すのですが、小中学校では学習しません。そのため質量や速度、エネルギーといった量に比べると、あまり知られていない量です。そこでその先生は、少しでもイメージを膨らませてもらおうと、ボウリングの球とピンポン球という、よく知られたものを取り上げたのだと思います。

ところが、身の回りのものを取り上げても、そこで教員が面白いと感じていることや、重要だと考えていることに共感してもらえなければ、

「どこか遠いところの話」にしかならないのです。これが野球のボールとテニスのボールだったとしても状況は同じだったはずで、学生からは「で？」という反応しか返ってこないと思います。「身の回りのもの」だからといって、気持ち的に「身近なもの」とは限らないのです。

□ 物理の面白さとは何だろうか

いろいろなところで言ってきたのですが、かつて私はお笑い芸人になるか、物理学者になるかを真剣に悩んだ人間です。だからというわけではありませんが、どんな話題が人を惹きつけ、逆にどんな話題には興味を持ってもらえないかがいつも気になっていました。

若いころは物理の本質とは違うところでウケを狙っていたこともありますが、多くの知識や経験を得たいまは、「物理そのもの」で勝負したほうが、学生や科学イベントに来てくれる方に楽しんでもらえることがよくわかりました（勢いだけで勝負できる年齢ではなくなったというのもありますが……）。

その点では、宇宙にまつわる話題はうってつけです。私は、一般向けの講演会やイベントを数多くやらせていただいていますが、そうした中で「宇宙は好き！　でも物理や数学はちょっと……」という方に山ほど出会ってきました。むしろそうした方のほうが多いように感じます。

しかし、宇宙の始まりやブラックホール、次元や時空といった事柄と、学校で学ぶ物理は、実はシームレスにつながっています。私自身、それがはっきり見えるようになったのは、大学院に入り、深く物理学と付き合うようになってからですが、「宇宙の始まり」や「ブラックホールの中」といった「遠くの世界」で起きる現象が、身の回りで見かける現象と本質的に同じであることがわかったときは、世界が変わって見えたような気がしました。

その具体例をこれからお話ししていきますが、この「世界の見え方が変わる体験」は、物理学に限らず、何かを学ぶ醍醐味ともいえるものです。せっかく学校でその入口まで来ているのに、その先の面白い世界を味わうことがないのは、たいへんもったいないと思うのです。

本書を通じてそうした「世界の見方が変わる体験」をしてもらい、そしてその「ついで」に、宇宙やブラックホールにも詳しくなってもらえれば、この本の目的は達成されたことになります。1.1節から3.4節では、すべての節で小中高のいずれかで学ぶ基本的な物理の内容と、それらに関係した、発展的で宇宙にまつわるトピックをセットにしました。3.5節と第4章は、そこまでのまとめと、発展的な内容です。それぞれの節が（ほぼ）独立しているので、どこから読んでもらってもよいと思います。楽しんでいただけたら幸いです。

目次 contents

1

見えない世界を観る

「百聞は一見に如かず」や「一目瞭然」は「目で見ればよくわかる」ことを表す言葉ですが、裏を返せば、見えないものについて理解するのは簡単ではないということを象徴しています。ところが世の中には、目に見えないものがあふれています。例えば、原子や電子のように小さすぎて見えないものや、力やエネルギーのように、存在しているけれども概念が抽象的でわかりにくいものもあります。宇宙の果てのように、そもそも存在するのかよくわからないものもあります。

そうした「見えないもの」を見えるようにすることは、物理学に限らず、あらゆる科学の目標のひとつです。私たちの心の動きも、この社会の成り立ちも、細胞の中で起きている反応も、どれも目で見ることはできません。あらゆる研究は事象をよく観察することから始まりますが、目に見えるものを観察するのは、その奥にある構造を明らかにするためです。事実をまとめて一覧表を作ったり、集めたものを陳列したりすることはあくまで過程に過ぎず、最終目的は、それらから浮かび上がってくる「理」を「観る」ことなのです。

第1章では、物理学における「見えないものを観るための方法」をご紹介します。もしかすると、それらの方法はそんなにたいそうなものではなく、ごくごく当たり前のものばかりかもしれません。それもそのはずで、この世界には目に見えないものがあふれているため、私たち人間にはそれらを「観る」能力が備わっているからです。私たちはその能力を駆使して世界を「観て」います。普段は無意識に使っているその能力を明文化してみると、それらは物理だけでなく、さまざまな場面で応用できる力であることがわかると思います。

1.1 変化に注目する その1――時間変化と力

1.1.1 摩擦力はどっち向き?

突然ですが、物理の考え方が端的にわかる以下の問題を考えてみましょう。

□ 変化から考える

【問題】

いま、皆さんが読んでいるこの本を閉じて机の上に置き、その上に携帯電話やスマホを置いたとします。本を横からそっと押すと、携帯電話やスマホを本の上に載せたまま、本を動かすことができます。本を横から強く叩けば、だるま落としのようになって、本だけすっぽ抜けることもあります。

では問題です。本をそっと押して、本の上から携帯電話やスマホが落ちずに動くとき、携帯電話やスマホが本から受けている摩擦力はどちら向きでしょうか？

文章だけではわかりにくいので、次の図を見てください。水平面の上に本を置き、その上にスマホが置かれています。スマホには触らず、下の本に左側から力を加えて、スマホを載せたまま本を動かすという状況です。急激に大きな力を加えると、下の本だけがだるま落としのようにすっぽ抜けてしまいますが、力を調節して、スマホと本が一緒に動くようにします。このとき、上のスマホに働く摩擦力はどちら向きか、という問題です。

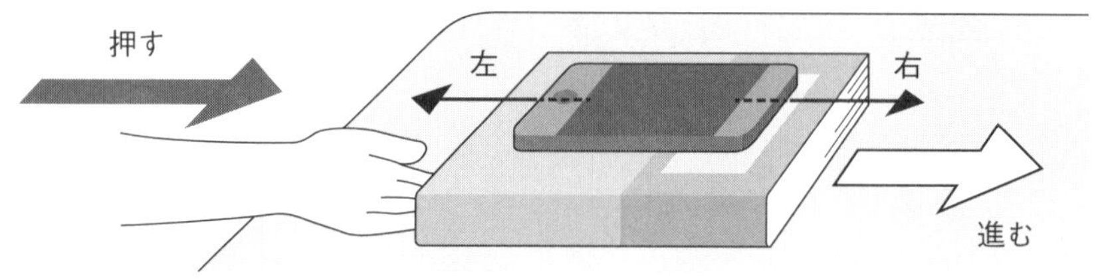

●摩擦力は左右のどっち向き？

答えは、「向かって右向き」なのですが、皆さんは合っていたでしょうか？

「摩擦力は邪魔する力だから、押す力と逆向きで、向かって左では？」

と考えた方はいないでしょうか？　答えが合っていたという方も、その理由を答えられますか？

なぜ摩擦力が右向きなのか、その理由は、

「力を加えられたのは下の本だけで、上のスマホには直接力がかかっていない。となるとスマホを動かしたのは、それに接触している下の本だけである。下の本からの摩擦力がその力である。上のスマホは止まっている状態から右に動き出したのだから、右向きの力が加わったはずである。よって、上のスマホに働く摩擦力は右向きである。」

となります。早い話が、

「右向きに動き出したのだから、右向きの力が働いたに違いない」

というわけです。シンプルですね。

止まっていたものが動き出したとしたら、そこには必ず何かしらの力が働いているはずです。何の力もないのに、物体が急に動き出すことはありえないからです。そして、止まっていたものが動き出した向きと、加えられた力の向きが一致しているのも自然でしょう。

このように、物理の考え方は至って単純です。私はこのことを、

「物理とは、最ももっともらしい屁（へ）理屈である」

と表現してきました。

物理のような自然科学はもちろん、人文科学も社会科学も、科学と名のつくものはすべてアップデートされていくものです。そのときの最先端で、最も自然な説明を与えるものが科学の理論なのです。ちなみに理屈でなく、あえて屁理屈と呼んでいるのは、物理には、剥（は）がなくてもよいヴェールを剥ぐような無粋なところもあるなあと何となく感じるからです。

□いろいろな思い込みが邪魔をする――語感の問題

では、そんな「自然な」考え方のはずの「物理の考え方」が、なぜとっつきにくいのでしょう？　その理由のひとつに、「往々にして私たちの直感に反する結論が得られる」ことがあります。

順に説明しましょう。まずこの問題では、物理とは関係ない「語感」が理解を妨げています。「摩擦」という言葉には「邪魔するもの」という

イメージがあります。「人間関係で摩擦が生じた」というとき、肯定的な意味で使われることはまずないでしょう。なんとなく私たちは、「摩擦はないほうがよい」という思い込みを持っているものです。そのため、「押している力を邪魔するように摩擦が起きる」と思い込み、「摩擦力は右向きに押す力と逆の左向きに働く」と考えたくなるのです。

ちなみに、この問題で問われているのは、

「下の本から上のスマホに働く摩擦力」

なので、その力の向きは向かって右向きなのですが、

「上のスマホから下の本に働く摩擦力」

は、向かって左向きに働いています。「上のスマホから下の本への摩擦力」と「下の本から上のスマホへの摩擦力」は作用・反作用の関係にあり、同時に存在しています。このように、「邪魔する力」としての摩擦力も存在しているので、余計にややこしいともいえます。

同じ摩擦力についての問題でも、ザラザラした地面の上に箱が1個だけ置かれていて、その箱に働く摩擦力の向きを考えるという問題なら、その向きを間違える人はほとんどいないと思います。

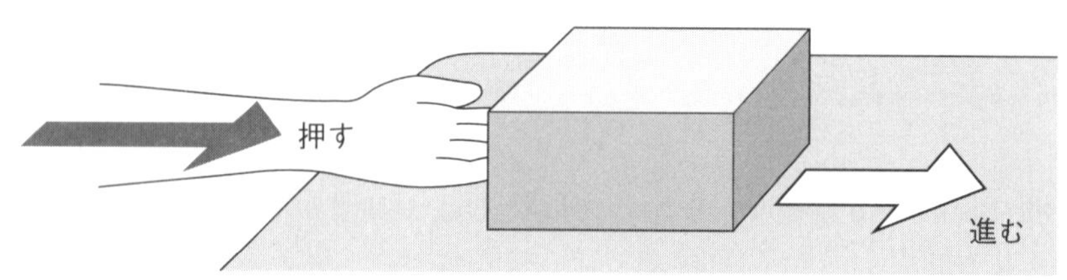

この場合、地面から箱に働く摩擦力の向きは「向かって左向き」であり、これは私たちの直感と一致します。摩擦のために、箱を地面に置いて押したときに手応えがあり、「箱が摩擦力を受け、自分が押す力の邪魔をしている」と感じた経験は誰にもあるはずです。

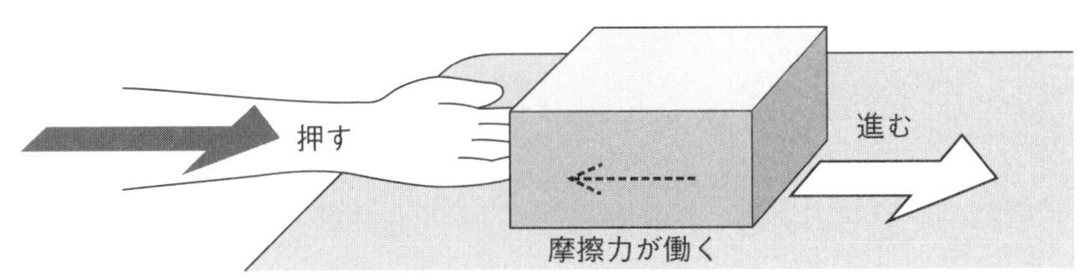

ところが、最初に取り上げた問題のように、物体を2つ重ねた場合は、自分が直接触れているのは下の本だけなので、**「上のスマホにどんな力が働いているか」を想像しにくくなっています。**スマホにどんな力が働いているかを知りたければ、**スマホがどう動いたかを観察し、傍証を見つける必要がある**のです。

□いろいろな思い込みが邪魔をする——誤概念・素朴概念の問題

「摩擦」という語感の問題だけでなく、私たちの経験が正しい理解の邪魔をすることもよくあります。ここで取り上げたスマホの問題では、

「止まっていたものが右向きに動き出したからには、右向きの力が働いたに違いない」

という主張は正しいのですが、これとよく似た、

「右向きに動いている物体がある。よって、この物体には右向きの力が働いている」

という主張は、必ずしも正しくありません。なぜでしょう？

右向き、左向きという設定はわかりにくいので、あなたが自転車を漕ぐときのことを想像してください。はたして、

「自転車が前向きに進んでいるとき、自転車には前向きの力が働いている」

という主張は常に正しいでしょうか？

よく考えてみると、この主張は必ずしも正しくないことがわかります。例えば、自転車を漕いでいて、急ブレーキをかけたところを想像してください。急ブレーキをかけても自転車はすぐには止まれず、少し前に進んでしまいます。

急ブレーキをかけているとき、タイヤには地面からの摩擦力が働きます。その向きは、自転車の動きを止めようとする向き、すなわち後ろ向きです。しかし、自転車はすぐには止まれず、しばらくは前向きに進みます。ということは、運動の向きと力の向きは必ずしも一致しないということです。このことから、

「物体が前向きに進んでいるからといって、前向きの力が働いているとは限らない」

ことがわかります。

また、力が働かなくても進み続けることもあります。動いている物体に働く力が完全にゼロという理想的な状態はなかなかないのですが、強いていえば、アイススケートを滑っている人にはこれに近い状態が成り立っています。スケートリンクからスケート靴に働く摩擦力は完全にゼロではないものの、非常に小さいからです。このため、ひとたびリンクを蹴れば、長い間スーッと前に進み続けることができます。このとき、スケートをしている人には前向きや後ろ向きの力は（ほとんど）働いていないにもかかわらず、前向きに進んでいます。やはり、「前向きに進んでいるからといって、前向きの力が働いているとは限らない」のです。

速度が変化した ＝ 力が働いた

これらのことからわかるように、物体が前向きに進んでいるからといって、物体に前向きの力が働いているかどうかは一概にはいえません。前向きの力が働いているとわかるのは、止まっているものが前向きに動き出したとか、前向きに進んでいたものがスピードアップしたとき、すなわち前向きに加速したときなのです。スピードアップしたということは、その方向に向かって何らかの作用があるはずだからです。何の力も働いていないのに、物体の運動の様子が変わったとしたら、それはとても「不自然」です。逆に、何の力も働いていないときは、加速も減速もありません。進む向きが変わることもなく、まっすぐに同じ速さで進み続けるはずです。

「え？　でも一定の速さで自転車を進めるためには漕ぎ続けないといけないのでは？　漕がないと止まってしまうんじゃない？」と思った方もいるかもしれません。おっしゃる通りで、たしかに自転車は漕ぎ続けないと止まってしまいます。それは、地面からの摩擦力や、車輪と軸の間の摩擦力などが、自転車には常に働いているからです。

すなわち、私たちが自転車を漕ぐときは、常に後ろ向きの摩擦力が加わり続けているのです。それを打ち消すように、前向きに力を加え、正味の力をゼロにすることで、ようやく一定の速さをキープできるのです。「力を受けた方向に物体は加速する」という物理の発想はとても単純ですが、私たちは摩擦がもったくない世界を体験した試しがないため、簡単には想像できないのです。

こうした物体の運動に関する、

「物体に力が働かない、もしくは物体に働く正味の力がゼロならば、物体は同じ運動状態を保ち続ける」

という性質を、ニュートンの運動の第1法則、別名「慣性の法則」といいます。「同じ運動状態」というのはちょっと堅苦しい言い方ですが、つまりは「一定の速さと向きを保ち続ける」ということです。止まっている状態も「速さがゼロ」という運動だと考えられるので、「力が働かないか、正味の力がゼロならば、止まっている物体はずっと止まっている」というケースもここに含まれます。

これに対し、物体に正味ゼロではない力が働いているときは、

「物体に生じる加速度の大きさは、物体に働く力の大きさに比例し、物体の質量に反比例する。また、物体の加速度の向きは、物体に働く力の向きに一致する」

という性質が成り立ちます。これはニュートンの運動の第2法則、別名

「運動の法則」といいます。**運動方程式**という別名もあります。この法則は言葉で説明すると長くなりますが、数式では、

$$m\vec{a} = \vec{F}$$

という簡単な式になります。$\vec{F}$が物体に働く力（force）、$\vec{a}$は力が加わったことで物体に生じる加速度（acceleration）、mは物体の質量（mass）です。この式は、両辺をmで割ると、

$$\vec{a} = \frac{\vec{F}}{m}$$

となり、このほうが物理的な意味はわかりやすくなります。この式は図のように、

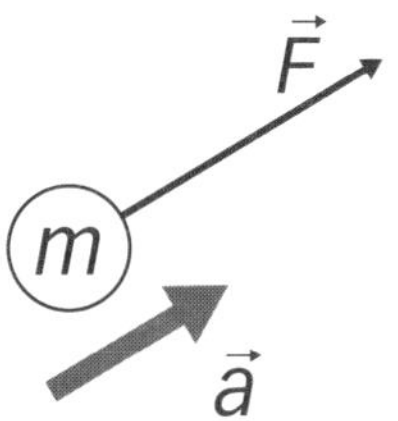

●質量がmの物体に、力$\vec{F}$を加えたら、$\vec{a}$という加速度が生じた。

力$\vec{F}$に比例して、質量mに反比例する加速度$\vec{a}$が生じることを表します。なお、力や加速度にはベクトルを表す矢印マークがついていますが、このことは、加速度と力の大きさが比例しているだけでなく、向きも同じであることを表しています。

□ 物理学を使って考える理由

さて、先ほどの自転車に働く摩擦力の例からもわかるように、私たちの経験に基づく**直感は間違いやすいものです**。このことは物理教育の分野で精力的に研究されてきました。

先ほど述べた、現実には地面からの摩擦力が完全にゼロになることはないため、漕ぎ続けなければ自転車の速さを一定に保つことはできないという経験から、私たちは、

「一定の力を加えると、物体の速さは一定に保たれる」(?)

と考えてしまうという例をあげました。こうした「体験に基づく、間違った理解」を誤概念といいます。

誤概念の中には、科学的な理解とは独立した、日常の経験に基づく捉え方が多く見られますが、それらは特に**素朴概念**と呼ばれています。物理学を学び始めたころに、自分の素朴概念と物理学の理論に基づく結論が相容れないことが頻繁に起きます。物理学から導かれる結論が何となく腑(ふ)に落ちず、納得できない葛藤状態に陥るのです。「百聞は一見に如かず」ということわざに反して、私たちは目の前の現象を思い込みによって誤解してしまい、正しく理解できないことが非常に多いのです。私たちの「一見」はかなり怪しいといえます。

日常生活でお目にかかる現象ですらこのありさまですから、光に近い速さで運動する物体や、電子や陽子といったきわめて小さな物質の運動など、非日常的な現象に至っては、私たちの直感は役に立つどころか、邪魔になることもあります。

事実、ブラックホールが存在することや、宇宙がビッグバンから始まったことなども、当初は研究者の間でもなかなか受け入れられませんでした。誰も見たことのない環境や、経験したことのない出来事なのですから当然です。相対性理論や量子力学は、それらを正しいと考えないと説明できない実験や観測がたくさん登場したことで、少しずつ信じられるようになったのです。よく、「事実は小説より奇なり」といいますが、「奇なり」どころか、事実はときに想像を絶するものですらあります。

こうした歴史を知っているため、私たち物理学者は研究の過程で、とにかくよく議論をします。自分の考えに齟齬（そご）がないか、いろいろな角度から吟味（ぎんみ）するのです。人それぞれ、視点は十人十色なので、人と話せば話すほど、自分の論が磨かれていきます。議論は他人の頭を借りて考えるようなものですが、それによって自分の論がどこまで通用するかを検証し、自分が知らず知らずにはめていた「枠」も外せるようになります。

1.1.2 宇宙を満たす見えないもの

□ 光と相互作用しないものは見えない

「力」のように、物理学には「見えないもの」が数多く登場しますが、宇宙にも目に見えないものがあふれています。中でも有名なのはダークマター（暗黒物質）です。宇宙に存在する物質のうち、およそ27%がダークマターであり、私たちが知っている、原子からなる通常の物質は5%に過ぎないことが観測からわかっています。ちなみに、残りの68%を占めるのは、ダークエネルギー（暗黒エネルギー）という、物質かどうかもよくわかっていないものなのですが、これについてはまたあとで触れます。

「ダーク」という言葉からは、何となく黒い物質を想像しがちですが、ダークマターの「ダーク」は「見えない」という性質からつけられました。ダークマターが目に見えないのは、光と相互作用しないからです。相互作用という言い方は物理でよく使われる表現ですが、平たくいえば、「光と相互作用しない」とは、「光と反応しない」ということです。いまあなたが読んでいるこの本が見えるのは、太陽や蛍光灯の光が本の表面で反射し、あなたの目に飛び込んでいるからです。

もし本の表面が光と反応せず、「のれんに腕押し」状態だったら、光は本を素通りして向こうへ通過してしまいます。逆に、本の向こうからやってくる光は、これもまた本をすり抜けて、あなたの目に直接飛び込んできます。ということは、本の向こうの机が見えるということです。つまり、本が光とまったく相互作用しなかったとしたら、本は見えなくなってしまうのです。

この様子は水に少し似ています。水は透明で、向こうの景色が透けて見えるからです。ただし、水の分子は光と相互作用します。そのため、水中で光のスピードは小さくなります。これが光の屈折の原因であり、この効果で水に入れた棒は浮き上がって見えます。この屈折があるために、水がある部分は空気と違って風景が歪みます。それにより、私たちは水を見ることができるのです。

ダークマターの場合、水分子と違って光と相互作用しないため、仮にダークマターをコップに入れたとしても、そこにダークマターが入っているようには見えません。それ以前に、ダークマターはコップを作っている物質とも相互作用しないので、そもそも閉じ込めることができないのですが……。

□ かみのけ座銀河団とミッシング・マス（失われた質量）

では、そのように非常に見つけにくいダークマターが存在していると、なぜわかったのでしょうか？　その鍵は重力にあります。ダークマターは光とは相互作用しないのですが、質量はたしかにあり、重力の源になっているのです。

「見えない物質」が宇宙には非常に多く存在しているのではないかといわれ出したのは1930年ごろからです。フリッツ・ツヴィッキーという天文学者がかみのけ座銀河団を観測し、そこには、光っている天体の400倍もの質量がなければならないという結論に達しました。

かみのけ座銀河団とは、私たちの太陽系が存在する天の川銀河から100 Mpcほど離れたところにある銀河の集団です。ここで、Mpc の M は「メガ」と読みます。これは10^6、すなわち100万を表す記号です。1km の k（キロ）が$10^3 = 1000$を表すのと同様です。pcという記号は「パーセク」と読みます。これは距離の単位で、

$$1\mathrm{pc} = 3.26\text{光年} = 3.09 \times 10^{16}\ \mathrm{m} = 3\text{京（けい）}\ \mathrm{m}$$

のことです。1光年は「はじめに」でも登場しましたが、光が1年で進む距離で、およそ 9.45×10^{15} m（9.5兆 km）、大ざっぱには 10^{16} m（10兆 km）です。ちょっと大きすぎてピンと来ませんが、「はじめに」で出てきたブラックホールと同じように、かみのけ座銀河団もまた、非常に遠くにある天体だということはおわかりいただけるかと思います（同じように、という言い方もだいぶ大ざっぱですが）。

銀河とは、太陽のように自ら光り輝く星、すなわち恒星がおよそ1000

億個以上集まってできている集団で、例えば天の川銀河は2000億個の恒星からなり、10万光年もの大きさに広がっています。そうした銀河が、数百から数千個集まっている大きなグループが銀河団です。銀河団に属する銀河は、それぞれがさまざまな速度で動いているのですが、互いに万有引力で引き合うことで、集団を形成しています。もしその引力が小さいと散り散りになってしまいます。

そこでツヴィッキーは、銀河団をまとめておくために必要な引力を銀河団の広がりから見積もってみました。すると不思議なことに、観測されている銀河の量では、質量が全然足りないことがわかったのです。すなわち、目に見えない重力源が銀河団の中にあって、それによって銀河たちが引き合っていないと、バラバラになってしまうはずなのです。この結果から、光っていないなど、何らかの理由で観測できていない質量が銀河団には含まれているはずだと考えられました。質量は万有引力、すなわち重力の発生源だからです。この「見えない質量」はミッシング・マス（失われた質量）と呼ばれました。

□ 銀河は思ったより「広がって」いる——銀河の回転曲線

こうした「見えない何か」が宇宙に存在している可能性は、ツヴィッキー以外の天文学者によっても指摘されました。しかし、それらの存在が真剣に議論されるようになったのは1970年代になってからです。大きなきっかけとなったのは、ヴェラ・ルービンらによる、銀河の回転スピードの観測です。

銀河にはいろいろな形がありますが、天の川銀河は渦巻銀河というタイプで、その名の通り、渦を巻いたような形で回転しています。そのスピードは、太陽系のあるあたりでは秒速 120 km くらいだと考えられています。

さて、この銀河の回転スピードですが、中心からの距離に応じて変化しているだろうと予想されていました。というのも、銀河はフリスビーのように厚みが一定ではなく、図のように真ん中が膨らんでいて、外へ行くにしたがって薄くなっています。つまり、外側ほど星の数は少なくなります。

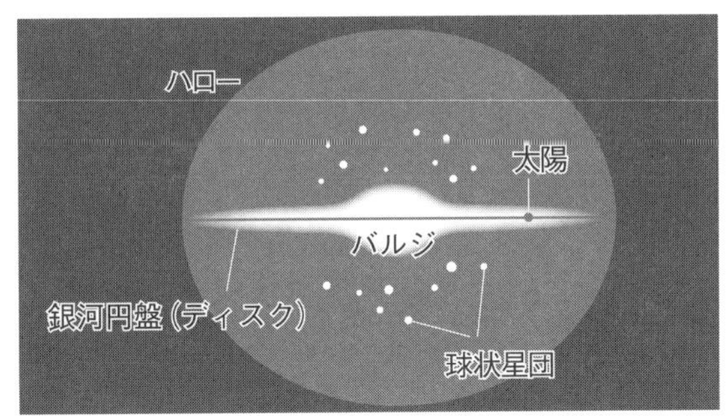

●天の川銀河を横から見た図。直径は10万光年程度。バルジと呼ばれる真ん中付近に質量が集中している。希薄な星間物質や球状星団を含む領域（ハロー）がその周囲に存在する。

これを少々大げさにモデル化すると、ちょうど土星とその円盤のように、銀河は真ん中に星がたくさん集まったところがあり、その周りに薄い輪があるような構造だということになります。銀河を構成する質量が中心の近くに集中しているということは、銀河の周辺部にある星は、中心付近にある星よりも小さな引力で銀河中心に向かって引かれているはずです。なぜなら万有引力には、距離の2乗に反比例して弱くなるという性質があるからです。銀河の中心からの距離が2倍遠くなれば、引力は1/4に、3倍遠くなれば引力は1/9になります。

回転している銀河に含まれる星が銀河から飛び出ていってしまわないのは、銀河の中心から引力を受けているからです。地球が太陽からの万有引力によって太陽の周りを公転できるのと同じで、中心に向かって引き寄せる力がないと、星は遠心力でどこかへ飛んでいってしまうはずです。

銀河の中心に星は密集しているため、銀河の外側へ行くにつれて中心部分からの万有引力は小さくなると考えられます。ということは、銀河の回転スピードは中心から外へ向かうにつれ、遅くなっているのではないでしょうか。というのも、回転スピードが大きいと、遠心力が銀河中心部からの万有引力に勝って、周辺部の星がどこかへ飛んでいってしまうはずだからです。車がカーブを曲がるとき、スピードが大きいと遠心力も大きくなることは、皆さんも経験していると思います。

ところが、ルービンらが得た銀河の回転スピードの観測結果は、この予想を裏切るものでした。次の図のように、中心からの距離にかかわらず、銀河の回転スピードはほぼ一定であるという結果を得たのです。この図は銀河の中心からの距離に対して、どんなスピードで銀河が回転しているかを描いたグラフで、銀河の回転曲線といいます。現在もさまざまな銀河について回転スピードが調べられており、おおむねどの銀河も同様に、銀河の中心部を除き、中心からの距離にかかわらず、ほぼ一定の速さで回転していることがわかっています。

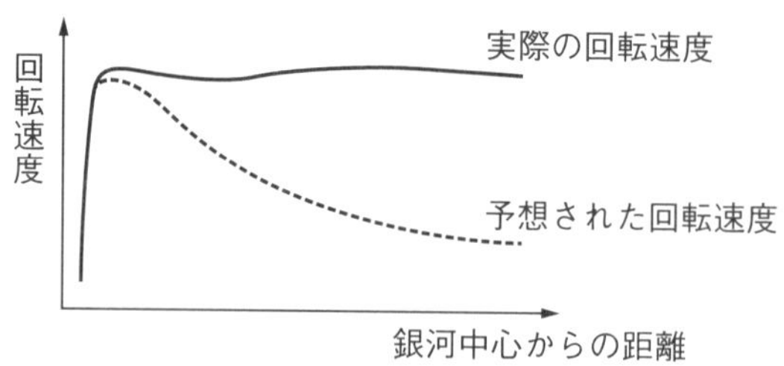

●銀河の回転曲線の模式図。中心から離れても回転スピードはほぼ一定。

このことから銀河には、光っていないから見えないだけで、中心部分以外にも物質が存在していると考えられるようになりました。暗くて見えない物質、すなわちダークマターが存在し、それが重力源となって、銀河周辺部の星が飛んでいってしまわないように引きつけているはずだと考えられるようになったのです。

こうして、ツヴィッキーらが発見した、銀河団に存在すると考えられる「見えない物質」は、銀河間に存在して銀河団をつくっているだけでなく、銀河ひとつひとつにも付随して存在していることがわかりました。ルービンらの発見からおよそ50年経った現在では、ダークマターは星や銀河など、宇宙におけるさまざまな構造の成り立ちに大きな役割を果たしていることがわかっています。

あとの章で詳しく述べますが、ごく初期の宇宙には、「量子ゆらぎ」と呼ばれるエネルギーの濃淡が発生したと考えられています。その濃淡はやがて、ダークマターの密度分布にも影響を与えます。

たくさん物質が集まり、質量が集中しているところは、大きな重力源になり、他の物質を引き寄せます。そして物質が引き寄せられることで、その部分はより大きな重力源となり、そこにチリやガスがどんどん引き寄せられ、星や銀河が生まれるのです。さらには銀河が集まって銀河団ができていきます。銀河や銀河団の分布を「宇宙の大規模構造」といいますが、その大規模構造の形成にはダークマターが大きな役割を果たしたのです。

ダークマターは光では見えませんし、通常の物質を使って集めることもできません。しかし、重力源にはなるため、他の天体の運動に影響を与えます。現在では「重力レンズ」という現象を利用して、ダークマターのより詳細な分布もわかってきていて、「宇宙マイクロ波背景放射」という、宇宙空間に満ちている電磁波を使って、ダークマターの存在量を見積もることもできます。

重力レンズと宇宙マイクロ波背景放射のどちらもあとで説明しますが、私たちの目に見えず、手で触れることができないダークマターも、他の天体の運動に及ぼす影響に着目することで「観る」ことができるのです。

このことは、摩擦力のところで紹介したことと本質的に同じです。誰も触れていないのに物体が動き出したとしたら、そこには力が働いているはずです。それと同じ理屈で、天体の動き方を詳細に観察することで、目に見えない物質の存在にも気づくことができるのです。

1.2 変化に注目する その2 —— 空間変化とゆらぎ

1.2.1 波は世界の「半分くらい」

□変化ならわかりやすい

前節で見たように、力は目で直接的に見ることはできませんが、「止まっていた箱が動き出した」といった状態変化から見抜くことができます。変化の様子をつぶさに調べれば、どんな向きに、どのくらいの大きさの力が働いているかもわかります。

「変化に注目する」のは、私たちの得意技でもあります。逆に、絶対的な量を評価するのは容易ではありません。少し妙な例えですが、「あなたは幸せですか？」と聞かれても答えにくいと思いませんか？　幸せとは何か、よくわからないからです。にもかかわらず、「昨日と比べて、今日は幸せでしたか？」とか、「あの人に比べたら、自分は幸せだと思いますか？」という（ちょっとイヤな）質問であれば、答えやすいように思いませんか？　「絶対的な幸せ」がどんなものかよくわからなくても、「〜より幸せ」といった「相対的な幸せ」なら何となくわかるのです。それは、「AとB、どちらがよいか？」のように、相対的な比較なら、比較する対象がはっきりしているからです。

このことは物理現象についても同様です。絶対的な基準とは何かを考えるのは簡単ではありませんが、何らかの状態からの変化やゆらぎを捉えることならできます。前節で見たように、変化やゆらぎが生じたからには、その背後に何らかの力や相互作用が働いているはずだからです。

前節では、ひとつの物体に着目し、その運動の変化から物体に働く力を見抜きましたが、世の中には、水や空気、土や泥のように、一粒一粒に分けて捉えるよりも、連続的につながった物質として捉えたほうがわかりやすいものもあります。そうした**連続体**に何らかの力や相互作用が加わると、**振動**や**波動**が発生します。

□ 周期的な変化――波

ピタッと静止した水面に小石を投げると波が発生し、波紋が広がります。水がつくる波、すなわち水面波です。自然界には波が他にもたくさん存在しています。音の正体は空気の振動が伝わる波、すなわち音波ですし、光や赤外線、紫外線、X線などはすべて、電磁波という波の一種です。

非常に大ざっぱな言い方をすれば、世の中にある物質の半分は粒のようなもの、もう半分は波のようなものからできています。実は、世の中はすべて波のようなものといっても過言ではないのですが、その理由を説明するには量子力学が必要になるので、第3章以降でお話しします。

さて、波にもいろいろありますが、中でも水面波は目に見えるためわかりやすい波です。しかも、コップの中の水に起きる波紋から海の波まで、水面波は至るところで目にします。

海の波が寄せては返すように、波は周期的に同じ運動を繰り返すことが特徴です。現実の波はさまざまな波が重なっているため、きれいに揃(そろ)った波に出会うことはあまりありませんが、周期的に繰り返す振動がその基本であることは変わりません。

●海の波。さまざまな波長の波が重なり合っている（shutterstock / TOMO）。

周期的な波で、次の図のような形をしているものを**正弦波**（せいげんは）といいます。正弦波は波の山や谷がはっきりとしたきれいな形をしています。正弦波にもさまざまなタイプがあり、振動する**周期**や進む**速さ**、そして波の山から山までの長さである**波長**と、波の山の高さ（または谷の深さ）である**振幅**を見ると、その波の特徴がわかります。

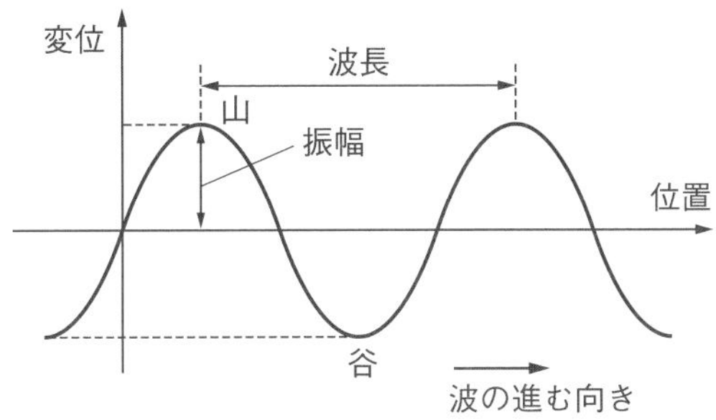

●波を特徴づける量。正弦とは三角関数のサイン（sin）のこと。

□ 波の波らしさ——重ね合わせの原理

繰り返しになりますが、現実の波は図の正弦波のようなきれいな形をしていません。これは、周期や波長、振幅が異なるさまざまな正弦波が重なっているためです（正弦波の重ね合わせではつくれないタイプの波もあります)。

この「重なることができる」という性質こそ、波の**最も波らしいところ**です。先ほど「世の中の半分は粒、半分は波」と言いましたが、波と異なり、粒子であるパチンコ玉や野球のボールは重なることができません。2つ以上ぶつかったら、お互いを弾き飛ばします。

一方、波は2つ以上のものが重なることができます。これを波の干渉といいます。例えば、池に小石を2つ投げて波紋をつくったとしましょう。2つの波紋が重なったところを見ていると、波の山が重なったときには2倍の高さの山ができます。波の谷が重なったときには2倍の深さの谷ができます。逆に、片方の波紋から山、もう片方から谷が来て重なると、山と谷が重なり合って潰れてしまい、その場所の水面は動きません。

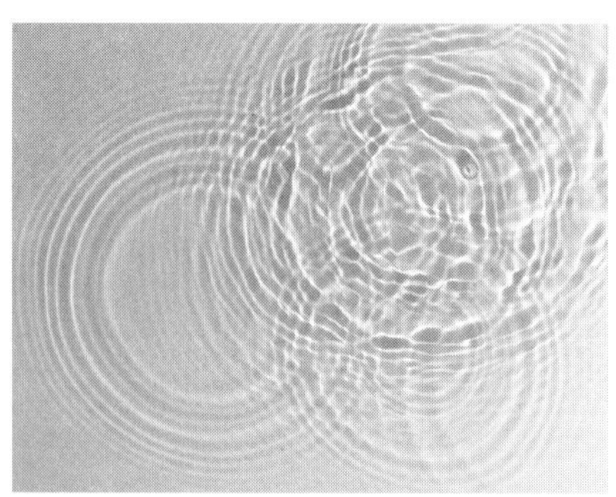

●2つの波が重なると、さらに大きな山や深い谷ができることもある(shutterstock / leungchopan)。

こうやって2つの波が重なることができるのは、波の本質は「媒質の振動」にあるからです。波は媒質がその場で振動することで伝わります。水面波は水分子が媒質であり、音波は空気の分子が媒質となります。水の波なら、水分子はその場で振動するだけなのですが、その振動が隣の水分子に伝わり、そうやって、並んだ水分子が次々と振動を伝えていきます（より正確には、水の波では水分子は回転しています)。この動きが、私たちには波が伝わるように見えます。

人がつくる「ウェーブ」は、これを理解するいい例です。ウェーブをつくるとき、私たちひとりひとりはその場で立ったりしゃがんだりしているだけですが、それを隣の人より少しだけ遅いタイミングで行なうと、全体としては波の振動が伝わっていくように見えます。この場合、私たち人間ひとりひとりが媒質というわけです。

このように、媒質は「どんなタイミングで振動するか」という情報を伝えます。この情報のことを**位相**といいます。さらに、位相に加え、波は媒質を振動させるためのエネルギーも伝えます。ちなみに、この点については、人がつくるウェーブと、水面波や音波は異なっています。なぜなら、隣の人に手をつながれて無理やり手を上下に動かされたのでもない限り、隣の人からエネルギーをもらって立ち上がったり屈んだりしているわけではないからです。強いていえば、「波が来ちゃったし、自分もやらないとな……」という気遣いは伝わってきていますが。

エネルギーと情報の2つが別方向からやってくると、媒質としてはその両方を重ね合わせた動きをします。波紋もそうでしたが、次の図のように山と山が重なれば、2つの山の高さを合計した高さの山ができます。逆に、山と谷なら2つが重なって打ち消し合い、潰れてしまいます。

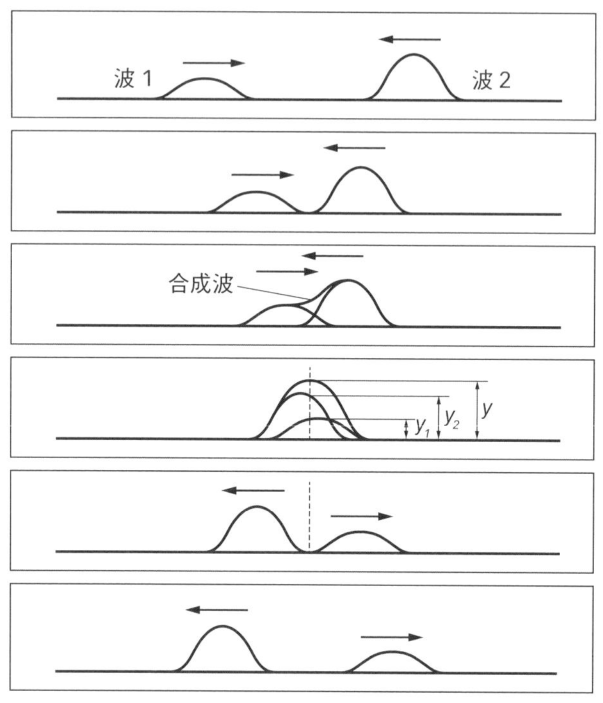

●波の重ね合わせ。2つの波が重なると新しい波をつくり出す。このとき$y=y_1+y_2$が成り立つ。これを重ね合わせの原理という。

□ 現実の波は揃っていない——正弦波を調べてどうするのか？

すでに述べたように、日常で見かける波は正弦波のようなきれいな形をしていません。これは、単純な重ね合わせの法則では表せない複雑な波もあること、そしてもうひとつの理由は、重ね合わせの法則に従っていても、周期や振幅、速さなどがバラバラの波が重なっているからです。

●現実の波はきれいな周期をしていない
(shutterstock / Epic Stock Media)。

では、正弦波のようにきれいな波を考えることは意味がないのかというと、もちろんそんなことはありません。高校の物理では正弦波を中心に学びますが、それは単なる理想化や簡単化ではなく、正弦波を重ねることでいろいろな形の波ができるからです。その様子を実際に見てみましょう。

□ いろいろな波を重ねる

次の図を見てください。これは矩形波(くけいは)という波です。矩形とは、長方形のように角が直角の図形のことです。正弦波のように滑らかな波とはだいぶ形が違いますね。

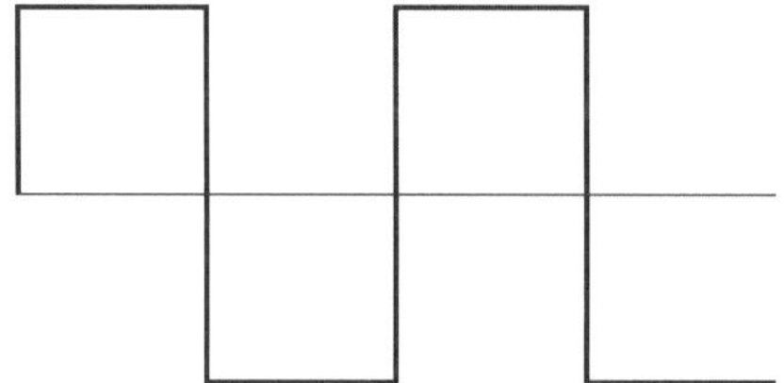

●矩形波

ところが面白いことに、矩形波は正弦波を重ねることでつくることができるのです。まず、次の図の左側のような、波長や振幅が異なる2つの波があるとします。この2つの波を重ねたのが右側の図の波です。すでに、先ほどの矩形波の形が少し見え始めているのがわかるでしょうか。

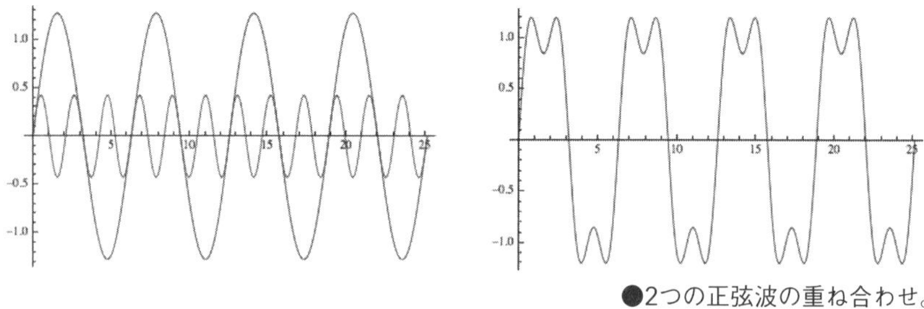

●2つの正弦波の重ね合わせ。

これは2つの波を重ね合わせた場合ですが、波長や振幅を変えた正弦波をさらにいくつも重ねていくと、次の図のような合成波になっていきます。どんどん矩形波に近づいていくのがわかると思います。

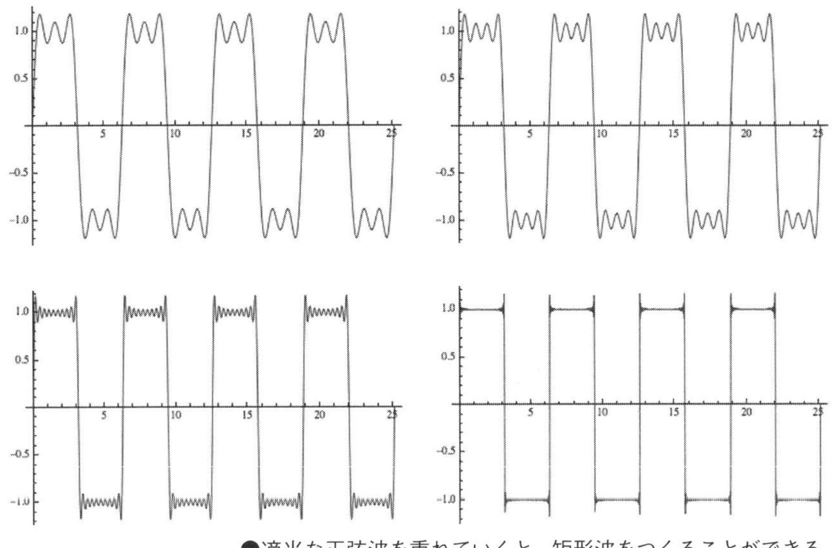

●適当な正弦波を重ねていくと、矩形波をつくることができる。

これはほんの一例にすぎませんが、何種類もの正弦波をうまく重ね合わせることによって、さまざまな形の波ができるのです。逆に、何らかの形をした波が見つかったとき、その波はいくつかの正弦波からできている可能性があるといえます。場合によっては、波のもととなる正弦波に分解することもできます。

実はその分解が本質的な原因である自然現象があります。例えば虹がそうです。雨上がりに見える虹だけではなく、シャボン膜に映った虹色や、プリズムを通した光による虹色もそうです。

●プリズムを通すと、光が波長ごとに分かれて見える。
虹は空気中の水滴がプリズムの役目を果たしたものである（shutterstock / Mila Drumeva, Varnak）。

□ 光の波——電磁波

プリズムによって「虹の7色」が出るのは、光の正体が電磁波と呼ばれる波だからです。波である証拠に、2つの光が重なって強め合えば明るくなりますし、弱め合えば暗くなります。CDやDVDの裏面の虹模様も光の干渉によるものです。

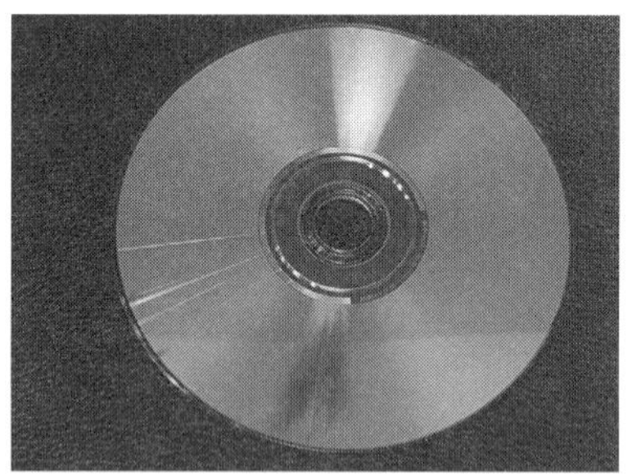

●CDやDVDの裏面に映る虹色。光が干渉することが虹色の原因である。

電磁波も波であるため、その様子は波長や振幅などで特徴づけられます。電磁波は波長ごとに呼び方が違っており、次の図はそれをまとめたものです。

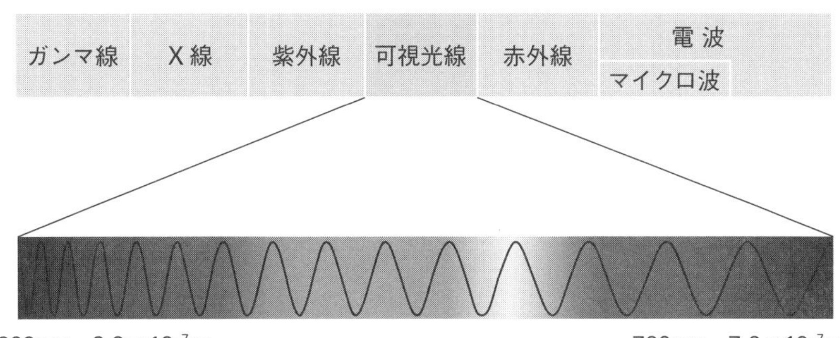

●光は電磁波。波長が異なると呼び方が異なる。
可視光のうち、波長が長いものは赤く、短いものは紫に見える。
紫外線、X線、ガンマ線の境界は、はっきりとは定まっていない（口絵1）。

私たちの目に見える光は可視光といわれます。その波長はおよそ380〜780 nm です。ここで nm（ナノメートル）は長さの単位で、1 nm ＝ 10^{-9} m、すなわち1 mmの100万分の1の長さです。図にあるように、波長が長い可視光は私たちの目には赤く見えます。波長が短くなると、橙、黄、緑、青と色が変わっていき、私たちの目に見える光で最も波長が短いのは紫色の光です。

□ 光の正体——電磁波

電磁波についてもう少し解説しておきます。光の正体である電磁波とは、電場（電界）と磁場（磁界）が互いに互いを生み出しながら進んでいく波のことです。

電場と磁場という言葉は聞き慣れないかもしれませんが、子どものころ、頭を下敷きでこすって持ち上げると、髪の毛が下敷きにくっついて逆立つのを体験したことはありませんか？

これが静電気によるものだということは知っている方も多いでしょう。目には見えないけれど、静電気の影響が空気中にも広がっていて、それが髪の毛を引きつけています。この、空間に広がった電気による「影響」が電場です。正確にはただの「影響」ではなく、電場は実体を持っているのですが、詳しいことはひとまず置いておきましょう。

磁場も、電場と同じく目には見えないのですが、磁石の周りに砂鉄をばらまくと、すじ状に砂鉄が並ぶことから、磁石の力の影響も周囲の空間に広がっていることがわかります。これが磁場です。

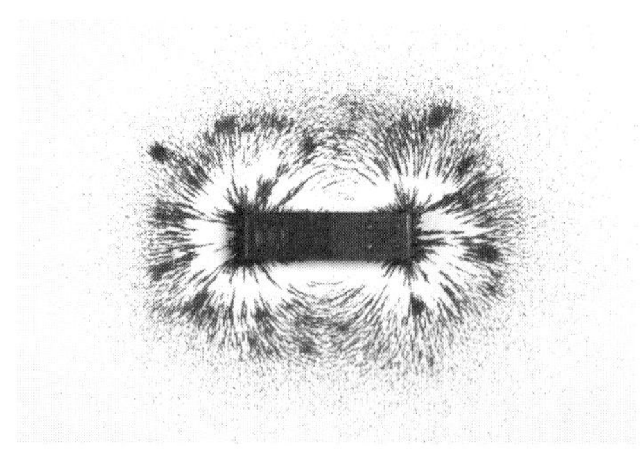

●磁場のあるところでは砂鉄が並ぶ。
（Shutterstock / Shutter Stock Studio）

電場と磁場には、互いが互いを生み出すという性質があります。あまりピンと来ないかもしれませんが、電流と磁場が関係していることなら知っている人も多いのではないでしょうか。

例えば、電流が流れている導線の周りに方位磁石を置くと、方位磁石の針が動きます。これは、電流の周りに磁場が発生しているからです。電流が磁場を生み出しているのです。逆に、コイルのようにグルグル巻いた導線の中に磁石を出し入れすると、導線に電流が流れます。これは電磁誘導という現象で、コイルに磁石を出し入れすることで、コイルを貫く磁場が変化し、その結果、コイルが電池のような役割をして電流が流れるのです。発電はこの現象を利用しています。

電流を流すためには、電池などによって回路に電圧をかける必要があります。電磁誘導現象によって回路に電流が流れるということは、コイルが電池の役割、すなわち回路に電圧をかける役割を果たしているということです。

電圧や電流、電場など、似たような言葉が出てきてややこしいので、整理しておきます。といいつつ、さらにややこしくするようで申し訳ないのですが、電圧は別名「電位差」といいます。電位とは、電気的なエネルギーの高低を表すものですが、少し抽象的すぎるので、山に例えて説明しましょう。

まず、山があったときに、その標高に当たるのが電位です。電位が高いということは、山でいうと上のほう、すなわち標高が高いところに相当します。電圧の別名が電位差ですから、これは山でいうと標高差に相当します。つまり、標高1000 m地点と標高400 m地点の2か所の標高差である600 mが電圧に相当します。電位や電圧にはV（ボルト）という単位を用い、電位が10 Vの地点と電位が4 Vの地点があるとき、その2点の電位差、すなわち電圧は6 Vということになります。

これらに対し、電場は山の斜面の傾きに相当します。斜面の傾斜がきついところは電場が大きいところに対応し、ゆるやかなところが電場の小さいところに対応します。山の斜面にボールを置くと、ボールは転がり始めますが、斜面の傾きに応じて転がる加速度は変わります。傾斜がきついほどよく加速し、ゆるやかならあまり加速しません。電気の場合も同様で、電場があるところにイオンや電子などの電気を帯びた物体（電荷）を置くと、電場が大きいところでは電場から大きな力を受けてよく加速され、逆に電場が小さいところではあまり加速されません。山に標高差があれば必ず斜面があるのと同様に、電位差すなわち電圧があれば、必ず電場があります。電磁誘導現象において、コイルに電圧が発生したということは、電場が生み出されたということなのです。

山の斜面の場合、ボールを置くと斜面の傾きがよりきついほうへ向かってボールが転がり落ちます。つまり、ボールがどちらへ転がるかを見れば、斜面がどう傾斜しているか、その向きもわかります。これは電場でも同様で、電場には向きがあり、正の電気を帯びた物体（正電荷）は電場の向きに、負の電気を帯びた物体（負電荷）は電場とは逆向きに進みます。

正の電気を帯びた物体としては、例えば水素イオン（陽子、H^+）や、ナトリウムイオン（Na^+）などがあり、負の電気を帯びた物体としては電子（e^-）や塩化物イオン（Cl^-）、酸素イオン（O^{2-}）などがあります。水素原子は陽子1個と電子1個からできていますが、陽子は正電荷、電子は負電荷の代表的なものです。正電荷は電場の向きに進むといいましたが、むしろ本当は「正電荷が進む向きを電場の向き」というほうが正確です。なぜなら、山の斜面とは異なり電場は目に見えないため、電場中に置かれた正電荷が動く向きから、電場の様子を判断するしかないからです。

電場と磁場の関係に話を戻しましょう。両者は密接に関係し、お互いがお互いを生み出すような性質があることがわかりました。波のように時間変化する電場と磁場が、お互いを生み出しながら進む波が電磁波です。

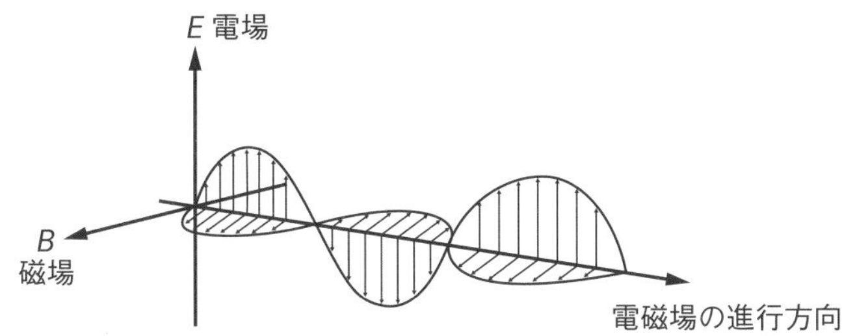

●電磁波は電場と磁場が互いを生み出しながら進んでいく波である。

ちなみに、電場と磁場は密接に関係しているどころか、実は「同じものの別の顔」です。電気の力と磁気の力は、まとめてひとつのものから現れていると考えることができるのです。これについては第3章でお話しします。

□「見える」メカニズム

電場と磁場が織りなす波である電磁波ですが、私たちの目に見える可視光は、そのうち波長が380 nmから780 nmくらいのものでした。可視光も波長が長いほうから短いほうに対応して、赤・橙・黄・緑・青・紫と色が変わっていきますが、これらの光が合わさると、私たちの目には白色に見えます。いくつもの色の絵の具を混ぜると黒や灰色っぽくなるのと対照的です。

これは、白色光は光源からの光を直接見ているものなのに対し、絵の具の色は絵の具のもとの物質に光が当たり、反射した光を見ているからです。例えば赤い絵の具は、白色光に含まれる赤以外の色を吸収し、赤を強く反射する物質でできています。このため、さまざまな色の絵の具を混ぜると、あらゆる色の光を吸収し、何も反射しなくなってしまうのです。

ここで「見える」とはどういうメカニズムか、少し説明しましょう。私たちの目の中には網膜という場所があり、そこには桿体細胞と錐体細胞という2種類の視細胞があります。そこに光が届くと「見える」ことになります。光にはエネルギーがあり、そのエネルギーによって細胞内では化学反応が起きます。

2つの視細胞のうち、特に桿体細胞は微弱な光にも反応する細胞です。これがあるおかげで、暗いところでもかすかな明かりを感じることができます。一方、錐体細胞は色を判断する細胞です。錐体細胞には3種類あり、それぞれ赤・青・緑の3色に強く反応します。

細胞内に電磁波が届き、化学反応が起きると電流が流れます。脳はその信号によって映像を構築するのです。これが「見える」というメカニズムです。見ることに限らず、嗅ぐ・触るといった私たちの感覚に関わる現象はすべて、突き詰めれば化学反応によって生じる電気信号を脳で再構築した結果です。言うなれば、「手触り」も、外の世界にある物質と自分が相互作用したことで、脳の中に描き出した「仮想現実」なのです。

さて、虹に話を戻しましょう。さまざまな色の可視光が混ざると白色に見えるといいましたが、プリズムはそうした白色光を分解する装置です。プリズムはガラスでできており、光はその中に入ると減速します。私たちが空気中より水中のほうが進みにくいのと同様に、光はガラスの中では空気中より減速します。これは、水中やガラス中は空気中より分子が密集しているからです。

プリズムによって白色光が分解されるのは、ガラスに入ったことによる減速の度合いが色ごとに少しずつ異なるためです（その理由は、色ごとにプリズム内の電子の振動の様子が異なるからですが、詳細は割愛します)。そのせいで、プリズムを通過した光が外へ出る際に、色に応じて少しずつ異なる角度で出ていきます。その結果、さまざまな色の重ね合わせだった白色光は、元の色ごとに分かれて虹の7色を描き出すのです。虹は、空気中の水滴がプリズムの役割を果たし、太陽から届くさまざまな色の光が分けられたものです(水滴中では屈折だけでなく、反射も起きています)。

1.2.2 自然界のゆらぎ・宇宙におけるゆらぎ

プリズムが白色光を分解して元の色を描き出すように、さまざまな正弦波の重ね合わせである矩形波も、元の正弦波に分けることができます。そのための数学的手法をフーリエ解析といいます。

□ 波を分解すると発生原因がわかる

フーリエ解析によって、波を正弦波の集合へ分解することはとても重要です。なぜなら、自然界に存在するものはすべて、物質ごとに特定の色の光を出すという特徴があるからです。その理由は第3章で述べますが、直感的には、弦の長さや太さ、そして弦をどれだけピンと張るかによって弦から出る音が異なるのと同じです。

先ほど、さまざまな正弦波を集めて矩形波ができる様子を見ましたが、その逆に、波をもともとの正弦波に分けると、どんな長さ・太さの「弦」からその波ができているかがわかります。これは、その波を発生させた物理的な原因がわかるということです。

例えば、次の図は水素ガスから出る光を波長ごとに分解したものです。水素原子のスペクトルといいます。スペクトルとは、重なっていたものを分解したときに現れる要素のことです。この、目に見える赤・青・紫の光をバルマー系列といいます（紫は2色あります）。これ以外にも赤外線や紫外線が出ていますが、人間の目に見えるのはこの4色だけです。何らかのガスから出る光を測定し、この色が見えたとしたら、そのガスは水素であることがわかります。

●水素原子のスペクトル。赤・青・紫の光が見える（口絵2）。

逆に、太陽から来る光をプリズムで分解すると次の図のようになりますが、きれいな虹色ではなく、ところどころに黒い線が入っています。これをフラウンホーファー線といいます。

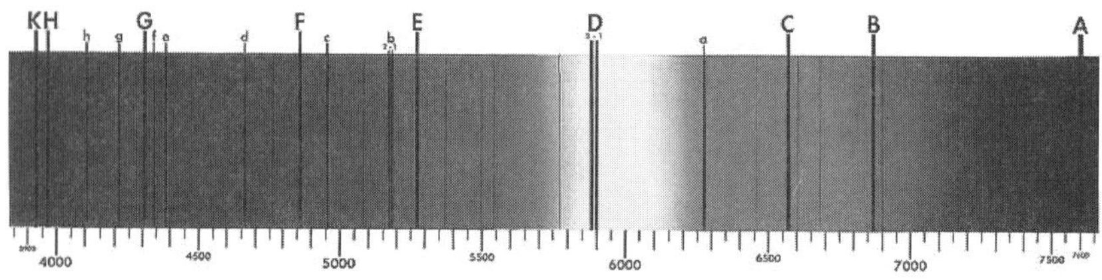

●フラウンホーファー線。太陽の上層や地球の大気に含まれる元素がわかる（口絵3）。

これは、太陽の上層や地球の大気に含まれる元素の種類を表しています。なぜなら、水素や酸素など、すべての元素はそれぞれが特有の色を発したり、それと同じ色を吸収したりするという性質を持ちます。色の違いは波長の違いでしたから、太陽からの光をプリズムで分解し、どの波長の色が黒く抜けているかを見れば、途中にどんな元素があって、太陽の光が吸収されたかがわかるのです。

□ 宇宙マイクロ波背景放射とそのゆらぎ

太陽からの電磁波だけでなく、宇宙にはさまざまなゆらぎが存在し、それらから宇宙の成り立ちについての情報を引き出すことができます。電磁波の放出源からその天体に関する情報が引き出せるのは当然ですが、宇宙に満ちている電磁波を使って、宇宙そのものの様子を調べることもできます。宇宙に満ちているマイクロ波という電磁波が、1.1節で述べた**宇宙マイクロ波背景放射**（Cosmic Microwave Background）、略して**CMB**です。

マイクロ波とは、波長が1 mから1 mm程度の電磁波です。これは可視光よりも波長が長く、私たちの目で見ることはできません。身近なところでは、マイクロ波は電子レンジで使われています。波長が12 cmのマイクロ波は水分子に吸収されやすいため、それを当てることで食べ物の中の水分を温めることができるのです。このため英語では、電子レンジのことをmicrowave（マイクロ波）といいます。

電磁波からは、温度の情報を引き出すことができます。それは、物体を熱すると、温度に応じた色の光を出すからです。特に、内側の壁が真っ黒な空洞を熱したとき、その壁から発せられる電磁波を「黒体輻射（こくたいふくしゃ）」といいます。輻射は放射と同じ意味の言葉で、電磁波が発せられることをいいます。英語では輻射も放射もradiationです。

製鉄などでは、炉の中の温度がいくらかを知る必要がありますが、100年ほど前までは内部の温度を測る温度計がなかったため、人が目視によってその温度を経験的に見出していました。そうした工業的な要請から、温度と電磁波の波長の関係は非常によく調べられていたのです。

色と温度に関係があるのは、マイクロ波のような可視光以外の電磁波でも同様です。色の違いは電磁波の波長の違いによるものです。ということは、電磁波の波長を調べると、その波長に対応した温度がわかることになります。

観測から、この宇宙にはおよそ波長2 mmのマイクロ波をピークとして、さまざまな波長の電磁波が存在していることがわかっています。黒体輻射の場合、温度が決まると、どんな波長のマイクロ波が何%ずつ存在しているかが決まってしまいます。その存在割合をプランク分布といいます。

プランク分布の知識と観測結果を比較したところ、宇宙に満ちているマイクロ波の分布は、温度がおよそ3Kの黒体輻射であることがわかりました。Kは温度の単位でケルビンと読み、273 K = 0 ℃です。ということは、3K = −270℃です。

−270 ℃ですから、ずいぶんと低い温度で空洞を「熱した」ときに出る電磁波が宇宙に満ちているということになりますが、実はこのマイクロ波の存在が、宇宙の始まりに「ビッグバン」という高温・高密度状態が存在した証拠なのです。

詳しいことはあとの章でお話しすることにして、ここではなぜ3Kのマイクロ波がビッグバンの傍証となるのかを簡単に説明します。まず、宇宙全体に同じ温度に相当するマイクロ波が満ちているということは、宇宙全体に関係する出来事が宇宙の歴史の中で起きたということです。なぜなら、どこか特定の方向のみにマイクロ波が観測されるのであれば、その方向に何らかの天体があることなどによって、マイクロ波が発生したと考えられるからです。ところが、宇宙のどの方向を向いても同じマイクロ波の分布が見つかるということは、宇宙全体に関わる出来事があったからに違いありません。

そのマイクロ波の分布が－270℃というごく低温になっているのは、宇宙が膨らんだことで、もともとの黒体輻射が冷えたためだと考えられます。熱い空気のかたまりが膨張すると、冷めて温度が低くなりますが、直感的にはそれと同じです。もともとは相当に高い温度で宇宙が熱せられた状態にあり、その高温に対応する電磁波の黒体輻射が宇宙に満ちていたものの、長い年月がかかって宇宙が膨張することで－270℃まで冷えたのだと考えられるのです。相対性理論を使って宇宙が冷える様子を正確に計算すると、およそ138億年経つと、非常に高温の黒体輻射も－270℃に相当するところまで冷えることがわかるため、宇宙マイクロ波背景放射はビッグバンが存在した状況証拠だと考えられています。

□ 宇宙の始まりのゆらぎ

宇宙マイクロ波背景放射は電磁波ですから、それ自体がゆらぎのようなものですが、そのゆらぎにも、さらなるゆらぎがあります。宇宙マイクロ波背景放射は非常に精密に観測されていて、その結果、－270℃のプランク分布から、場所ごとに微妙にズレていることがわかっています。どのくらい微妙かというと、実に10万分の1のズレです。これがどれだけ小さなゆらぎかを理解するには、1 mの深さのプールを想像してください。深さ 1 mの10万分の1は0.01 mmです。ということは、このズレは、1 mの深さのプールにたった0.01 mmの振幅の波しか立っていないようなものだということです。とんでもなく小さなゆらぎなのです。これを温度ゆらぎといいます。

そんな小さなゆらぎを真剣に調べても意味がなさそうに思えるかもし

れませんが、実はこのゆらぎが、宇宙におけるさまざまな構造と関係しているのです。1.1節でも出てきましたが、「構造」とは、星や銀河、銀河団といった、宇宙に存在する物質の分布の様子のことです。宇宙には大小さまざまな天体が存在していますが、それらの分布と宇宙マイクロ波背景放射の温度ゆらぎには相関があります。それらはどちらも、ごく初期の宇宙で生じたミクロの世界のゆらぎに端を発しているからです。

宇宙は誕生してすぐ、急激な膨張をしたと考えられています。その膨張をインフレーションといいます。インフレーションの詳細もあとで述べますが、これは「急激」という言葉では表現しきれないくらい急な膨張で、モデルにもよるのですが、例えば宇宙が誕生して10^{-36}秒後から10^{-34}秒後というとてつもなく短い時間の間に、宇宙が10^{26}倍もの大きさに膨らんだ、というものです。10^{26}倍というと、ちょうど細胞が銀河1個分の大きさになるくらいの膨張です。

そんな急激な膨張が起きたからには膨張させた原因があるはずですが、その原因物質を「インフレーションを起こした物質」ということで、「インフラトン」と呼んでいます。妙な名前ですが、これはインフラトンが実際にどんな物質なのかよくわかっていないからです。インフラトンは仮の名前なのです。

インフラトンによって宇宙は急激に膨張し、その際にインフラトンはゆらぎも生み出します。原子や分子など、ミクロの世界の物理法則をまとめたのが量子力学ですが、その量子力学の研究から、あらゆる物質は必ず量子ゆらぎという性質を持ち、ピタッと止まることがないとわかっています。正体こそよくわかっていませんが、インフラトンもまた、必ずゆらぐはずなのです。

インフラトンのゆらぎは、エネルギーのゆらぎを生みます。ピタッと静止した水面がゆらいで高低差が生まれるように、インフラトンがゆらぐと、エネルギーが微妙に高いところと微妙に低いところのコントラストが生じます。

相対性理論から、エネルギーが高いところは低いところに比べて、大きな重力を生むことがわかっています。するとその重力によって、そこには物質がよく集まるようになります。ひとたびどこかに物質が集まると、その位置の重力はさらに大きくなるため、ますますそこに物質が集まるようになります。そうやってガスが集まったところに星ができ、さらにその星同士が集まって銀河や銀河団ができたと考えられています。

宇宙初期のゆらぎは、現在の宇宙におけるあらゆる構造の根源であり、CMBの温度ゆらぎもまた、その名残なのです。波やゆらぎといった変化をよく観察することで、私たちがここにこうして存在しているきっかけもわかるかもしれないのです。

1.3 つついてみる・視点を変える——押してダメなら引いてみな

1.3.1 何をもって何を観るか

□ 見方を変えれば見えるものは変わる

前節で述べたように、光の正体は電磁波という波です。波長に応じて、目に見える可視光であったり、目には見えないマイクロ波であったりします。他にも波長ごとに電磁波には名前がついていて、そのそれぞれが世界の違った側面を見せてくれます。

例えば次の図を見てください。どれも手の画像ですが、それぞれが異なる情報を伝えてくれています。一番左は私たちが自分の目で手を見たときに見える画像で、これは可視光で手を見たときの様子です。太陽や蛍光灯からの光が私たちの手の表面で反射し、その光が私たちの目に飛び込んで見えたものです。

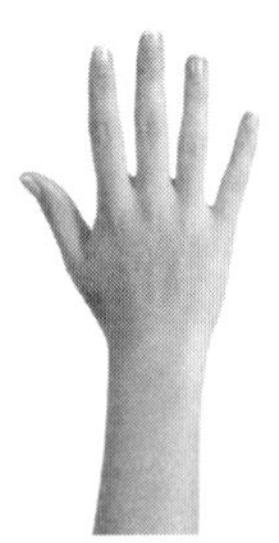
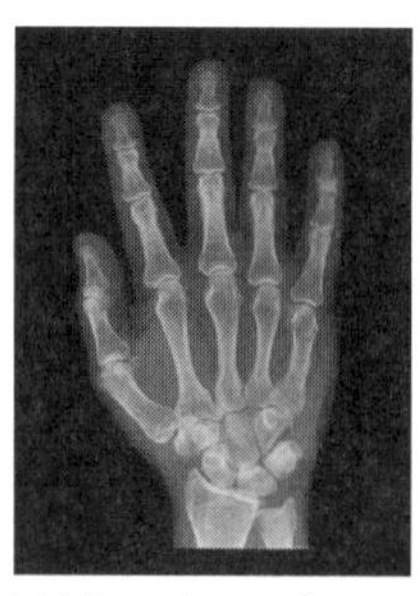
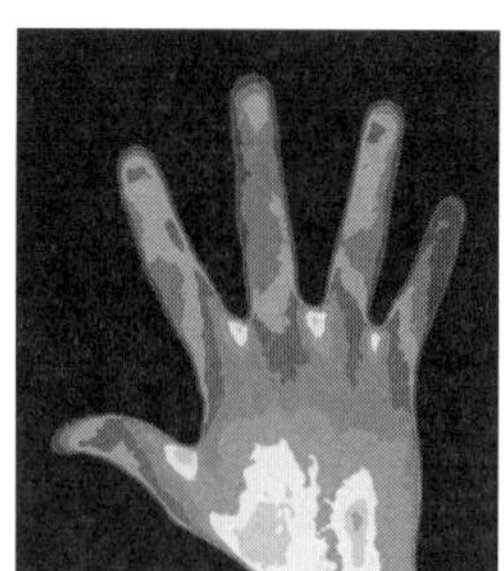

●可視光·X線·赤外線のどれを使って見るかによって、手の様子が変わる。しかしどれも「本当の」手である（shutterstock / Antonio Guillen, Skyhawk x, Anita van den Broek）。

真ん中の画像は手のレントゲン写真で、これはX線を使って手を見たものです。電磁波の中でもX線は波長が短く、強い透過力を持ちます。そのため手の肉に当たるところは通過して、手の向こうに置いたフィルムにX線が到達します。骨は手の肉とは異なり、X線を通しません。これは本質的には、骨を構成しているカルシウムがタンパク質よりも密度が高いからです。そのため、骨がある部分はフィルムに塗った薬品がX線によって感光しないことになります。その結果、手の内部の画像を撮影することができるというわけです。

右の画像は、サーモグラフィーという装置で撮ったものです。これは手から出る赤外線を撮影したものです。比較的温度が高いところを赤く、温度が低いところを青く表示しています。

赤外線は可視光に比べて波長が長く、私たちの目は赤外線を見ることはできませんが、赤外線は温かさとして感じられます。私たちの体をはじめ、身の回りにあるさまざまなものは熱を持っており、その熱に対応する赤外線を出します。これをキャッチして、画像にしたのがサーモグラフィーです。

□ どれが本当の手？

ところで、もし皆さんが「この3つの画像のうち、どれがあなたの本当の手ですか？」と聞かれたら、どう答えますか？　ちょっと困ってしまいますよね。可視光で見た手、X線で見た手、赤外線で見た手、どれも自分の手には変わりないからです。「どれも本当の自分の手です」が答えとなるでしょう。

よく物理学は、ひとつの真実へ向かって何かを追求していくようなイメージで捉えられがちなのですが、そもそも「たったひとつの真実」なるものは存在しません。手の画像ひとつとってもわかるように、どうやって「観る」かによって、答えは変わってきます。むしろそれこそが物理学です。すなわち、「何をもって何を観るか」こそ、物理学なのです。

どの電磁波で観測するかによって姿がまったく変わってくるのは天体も同様です。私たちが肉眼で観察したり、望遠鏡をのぞいたりして観察しているときは、天体から出ている可視光を見ています。しかし、天体が発している電磁波はそれだけではありません。例えば、天体の中に強いエネルギーを持つ部分があれば、そこからはX線が出ていることがあります。また、熱として観測される赤外線や、ラジオやテレビで使われる電波も出ており、天体の活動の様子を知ることができます。どんな電磁波を使うかによって、天体の性質のうち、見えてくるものが変わってきます。

私たちが仕事のときと親しい友人や家族と過ごすときとで表情を変えるように、物理学で扱う対象もまた、時と場合に応じて表情を変えます。どんなものも、大きさを持たない1点のような単純な構造はしておらず、まるで私たち人間のように、さまざまな表情を持っているのです。

□ 視点を変えると現れるものもある

使う電磁波の波長を変えるだけでなく、物理では視点を変えることもしょっちゅうです。面白いことに、視点を変えると、力が現れたり消えたりすることもあります。そのような、視点を変えることで消えたり現れたりする力は**慣性力**（かんせいりょく）といわれています。

慣性力のひとつが**遠心力**です。よく知られているように、車に乗っていてカーブするとき、私たちは外側に体が飛ばされるような感覚を味わいます。このとき感じる力が遠心力です。他にも、バケツに水を入れてグルグル振り回しても水がこぼれないときなどに、「遠心力が働いている」といいますね。実は、この力は視点を変えると消えてしまいます。

例えば、あなたが車に乗っている様子を上空から見ることができるとしたら、どんな様子が観測されるか考えてみましょう。あなたは車の後部座席右側に乗っているとします。

車が左に曲がるとき、私たちはカーブの外側、すなわち右向きに遠心力を受けるように感じることを知っています。ところが、その様子を上空から俯瞰した視点で見てみると、右向きにあなたの体を吹き飛ばそうとしている力の源はどこにも見当たりません。

電気の力や磁力、そして万有引力であれば、接触していない物体にも力を加えることができます。しかし、通常私たちが何かに力を加えたければ、直接その物体に触れなければいけません。棒でつついたり、ひもで引っ張ったりと、間に道具を挟むことはありますが、いずれにしてもそうした道具が物体に接触している必要があります（ちなみに、力の正体を突き詰めていくと、すべて電気の力や磁力、万有引力など、離れていても働く力がその根本にあることがわかるのですが、これについてはひとまずおいておきます）。

ところが、車に乗っているあなたの姿を上空から見ると、どこにも右向きにあなたを押す力は見当たりません。「座っていることで車のシートに接触しているから、そこで力を受けているのでは？」と思った人もいるかもしれません。たしかにその通りで、車のシートから摩擦力を受けることで、シートから滑り落ちないようになっていますが、その力はむしろ左向きです。なぜなら、結果として車が左に曲がるのに合わせて、あなたもまた左に曲がるからです。

となると、私たちが感じる「カーブと反対側に吹き飛ばされるような感覚」は、いったい何によって引き起こされるのでしょう？　カーブしているときの様子をよく観察してみましょう。

車が左に曲がろうとしているとき、あなたの体はすぐにそれに反応して一緒に左に曲がれるわけではありません。先ほどいったように、あなたは摩擦力で左に引っ張られているのですが、その力は床に置かれた足の裏や、シートに接触している背中やお尻だけに働いています。体のそれ以外のところには直接接触している箇所がないため、左に曲がろうとする車からの力は働きません。足の裏や背中、お尻からの力が骨や筋肉を通して徐々に伝わり、結果として左へカーブすることになります。

そうした力が働くまでは、私たちの体はまっすぐ前に進もうとします。なぜなら、**あらゆるものは、力が加わっていないか、加わっていても打ち消し合って正味ゼロならば、同じ運動状態を続けようとする**からです。1.1節でも登場した**慣性の法則**です。

車がカーブを曲がることと、あなたがそれについていくことの間にはどうしてもタイムラグがあるため、車が曲がり始めてもしばらくは、あなたの体はまっすぐ進み続けます。すると、車が左に曲がったことで、あなたは車の内側の壁に押しつけられることになります。「車の右側の壁から力を受けた」ことによって、あなたは「自分は右側へ押しつけられている」と感じ、遠心力によってカーブの外側へ放り出されそうになっていると考えるのです。

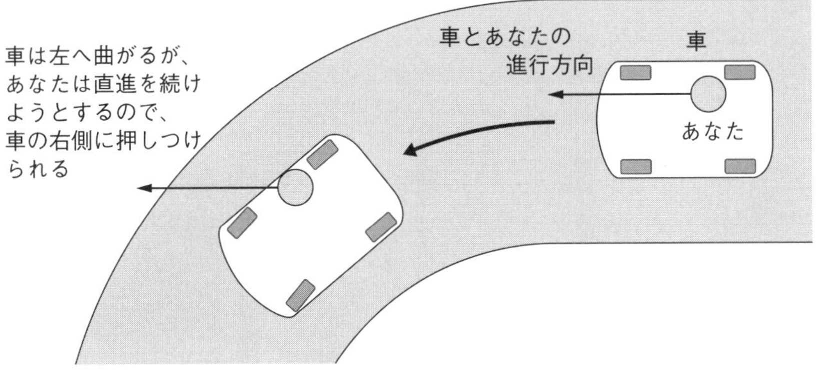

似たようなことは、私たちが地球からの重力を感じるときにも起きています。立っているとき、私たちは自分の体重を感じます。それを私たちは地球からの重力だと思っていますが、実際には私たちが感じているのは、立っている足の裏を地面が押し返している力です。この力は**垂直抗力**です。

エレベーターが上の階に行こうとするとき、体重がズシッと重くなったような感じがします。しかし、もちろん私たちの体重が本当に重くなったわけではありません。エレベーターが上に動き出し、その床が私たちの足の裏を押す力が増したことによって、私たちは強く床に押しつけられたと感じます。その結果、体重が重くなったように感じるだけなのです。私たちは地球が私たちを引っ張っている力、すなわち地球からの万有引力を直接感じ取っているわけではないのです。

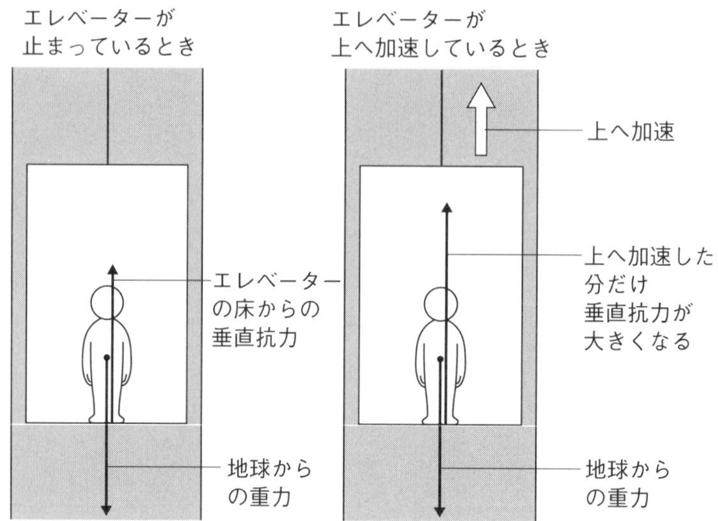

(エレベーターが止まっていても動き出しても地球からの重力は同じ大きさのまま)

□ バケツに入れた水がこぼれないわけ

バケツに水を入れて素早く振り回すと、頭の上に来たときにもバケツから水が落ちない理由も、2つの視点から説明することができます。

まず、小さくなってバケツの中に入り、水と一緒にグルグル回されてみると、あなたはバケツの底に押しつけられるような遠心力を受けます。バケツの底面があなたを押してくる力(これも垂直抗力です)と重力を加えたものが、その遠心力と釣り合っているなら、あなたやバケツの中の水が下に落ちてくることはありません。

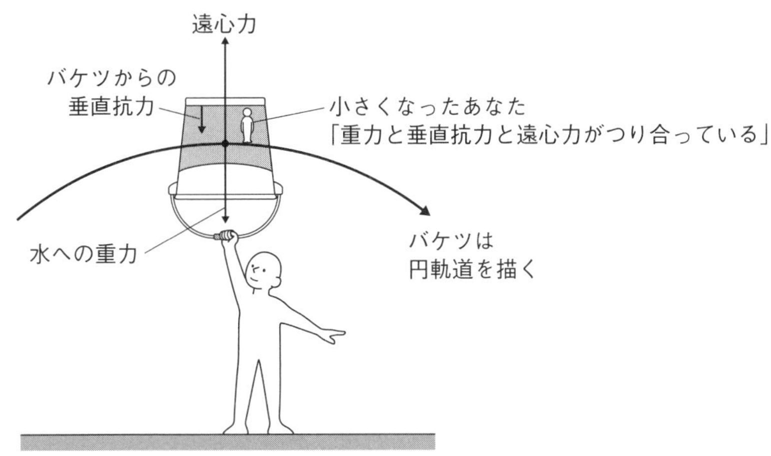

今度はこの状況を、バケツの外で、地面に静止したまま観察してみましょう。この場合、観察しているあなたには、遠心力はないように見えます。なぜなら、水に接触しているのはバケツだけですから、バケツの底（や内側の面）しか、水を押すことはできません。ただし地球からの重力は例外で、離れていても水を落下させるように力が働きます。すると、バケツが回転の一番上に来た瞬間に水に加わる力は、バケツの底面からの垂直抗力と重力のみということになるからです。どちらも下向きです。

ではなぜ、上向きの遠心力がないのに、バケツの中の水が下に落ちてこないのでしょう？　思考実験として、仮に一番上の点に来た瞬間に、バケツが一瞬で消えてしまったとしましょう。すると、水は水平に打ち出された形になり、放物軌道を描いて放り出されるでしょう。ボールを水平に打ち出したときと同じです。水はボールのようにしっかり固まっているわけではありませんが、水のかたまりにも質量があり、重力を受けてボールと同様の運動をします。

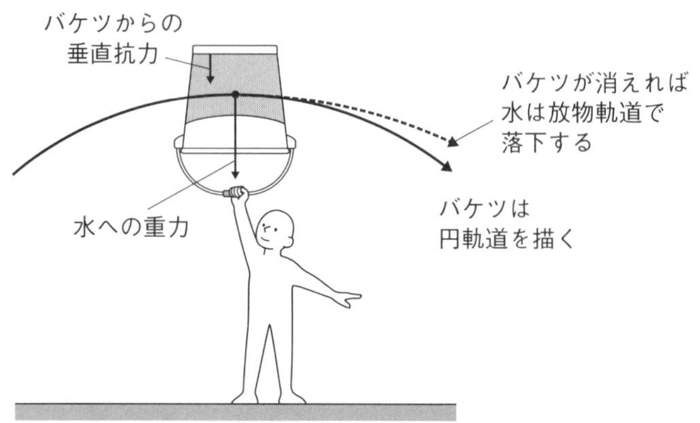

つまり、バケツに入れられて回転している水は、回転の最上部に来たときにも真下に落ちるのではなく、放物軌道を描いて斜め下へ動いていくのです。ということは、**水が落ちようとするそのペースよりも早くバケツを振り回し、水を「拾っていく」ようにすれば、水はバケツからこぼれない**ことになります。つまり、水は落ちているけれども、バケツがそれを拾い続けているようなものなのです。このように、遠心力がなくても、水がこぼれない理由は説明できるのです。

□ 宇宙ステーションは落ち続けている

バケツに入れた水と同じ状況になっているのが宇宙ステーションです。国際宇宙ステーションは地上400 kmの軌道を周回運動しています。その速さはおよそ秒速8 kmです。この速度は第1宇宙速度と呼ばれています。

第1宇宙速度は、物体を水平方向に投げたときに地面に落ちてこなくなる速度です。次の図のように、この速度のとき、物体に加わる遠心力と地球からの重力とが釣り合います。この場合もまた、投げられた物体からの視点で考えるのではなく、「外」から見ると、遠心力は存在していません。

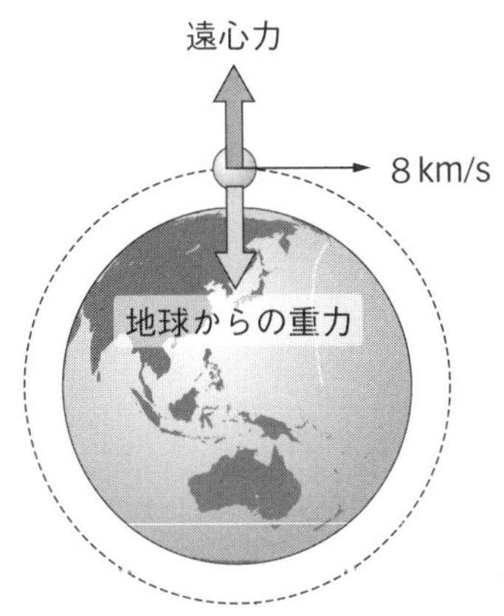

「外」とは地面や宇宙空間のことですが、そこから見ている人からすると、宇宙ステーションには上向きの遠心力は働かず、落ち続けているように見えます。ところが地球の表面が曲がっているため、宇宙ステーションの高度が下がった分だけ地面が下がれば、いつまでたっても地面に衝突しないことになります。ちょうど、宇宙ステーションの高度が下がる割合と、地面のカーブの割合が一致するような回転速度が第1宇宙速度なのです。

ちなみに実際には、宇宙ステーションの速度は摩擦などによって一定値をキープすることができないため、第1宇宙速度より小さくなってしまいます。そのため、年に何回か、下がりすぎた分を取り戻すため、高度を上昇させているそうです。

1.3.2 素粒子の大きさ

□ 大きさとは何か？

前項で述べたように、見る道具や視点を変えれば違った世界が現れます。それは、視点を定めるということが、何らかの基準を与えるからです。力のように、目に見えないためにわかりにくいものでなくても、例えば大きさのような「一目瞭然」に思えるものすら、「視点」に応じて変化してしまいます。これは考えてみれば当たり前のことです。なぜなら大きさとは、そもそも何かと比べて何倍かをいったものに過ぎないからです。

例えば、1 mという長さは、最初は「地球の赤道と北極点の間の、海抜ゼロでの子午線弧長の1000万分の1」と決められていました。地球の赤道の円周の長さは約4万 kmですが、そもそも1 mという単位自体が、およそ赤道円周の4分の1の1000万分の1として定められていたのです。1 mという長さは、だいたい人間の身長と同程度のスケールですから、この単位を基準とするのは何かと便利なわけです。

ちなみに現在の1mの定義は「1秒の299792458分の1の時間に、光が真空中を伝わる距離」です。何だかわかりにくい定義ですが、これは真空中の光の速さが不変であることに基づいています。光の速さについては第3章で詳しくお話しします。

さて、当初の定義にしろ、現在の定義にしろ、ものの長さや大きさを考えるとき、私たちは1 mという基準の長さに照らして、その2倍なら2 m、5分の1なら20 cmのように表します。物差しを当てて測るときもあれば、月までの距離のように、地球から飛ばしたレーザー光線が月面に置かれた鏡で反射して帰ってくるまでの時間で測るときもあります。いずれにしても、**何かと比較して大きさを決めている**ことがポイントです。大きさとは、比較による相対的なものなのです。

□ 原子の大きさはどう測る？

物質の根源でもある原子や分子、その中にある陽子・中性子・電子などは「小さい」というイメージがありますが、それらは具体的にどのくらい小さいのでしょうか。例えば、水素原子の大きさ（直径）はおよそ10^{-10} m（100億分の1 m）です。

原子が規則正しく並んだものが結晶です。世の中にはさまざまな結晶がありますが、結晶の格子の間隔はおよそ10^{-10} mくらいです。これはどうやってわかったのでしょう？　もちろん、こんな小さい物差しはありませんし、あったとしても私たち人間の目には見えません。人間の目で見ることができるのは0.1 mmくらいまでが限界です。物差しにはたいてい1 mm間隔で目盛りが振ってありますが、たしかに1 mmよりももう少しだけ小さい幅なら見ることができますね。ちなみに、個人差はあるものの、髪の毛の太さがだいたい0.1 mmくらいです。たしかに、仮に髪の毛をさらに1/10に細く分けることができたとしても、見ることは難しそうです。

人間の目に見えない0.01 mmくらいの大きさなのが細胞です。実際、私たちは自分の皮膚にある細胞を肉眼で見ることはできませんね。まして原子となると当然無理です。

このとき役立つのが、またも電磁波です。電磁波にはさまざまな波長のものがありますが、結晶を見るときに特に有効な電磁波はX線です。

これは、X線にはちょうど結晶の格子間隔と同じくらいの波長を持つものがあるからです。

波の一般的な性質として、波長と同じくらいの大きさのものに当てると、よく反射したり屈折したりするという性質があります。波長は波の「大きさ」のようなものです。**波は自分と同じ大きさくらいの物体によく反応する**のです。実は、「自分と同じくらいの大きさのものによく反応する」という性質は、波に限らず、たいていのものについていえることです。自分よりも小さすぎるものには、何もなかったかのように素通りしてしまいますし、逆に自分よりも大きすぎるものには影響を与えることができません。私たちが地球の上でどれだけ飛んだり跳ねたりしても、地球の運動に大きな影響を与えることがないのと同じです。

さて、結晶格子にX線を当てると、ブラッグ反射と呼ばれる反射が起きます。発生するいくつかの反射光のうち、特定の方向に出た光のみが強め合って明るくなる現象です。これは1.2節で見た、DVDなどの裏面が虹色に光ることと基本的に同じメカニズムです。この明るくなる反射方向を調べることで、結晶の格子間隔がわかるのです。結晶の格子の間隔は原子の大きさで決まりますから、X線を使えば原子の大きさもわかることになります。

□ 加速器で原子の中を見る

では、さらに小さい世界に目を凝らして、原子の中を見るにはどうしたらよいでしょう？　原子の中心には原子核があり、その周りを電子が飛んでいるということを知っている人は多いと思いますが、その構造はどうやったらわかるのでしょう？　これも第3章で述べる原子の発見に関係している話ですが、基本的には、X線などの電磁波を当てたときに、どんな角度に、どんな強さの電磁波が出てくるかを測定することでわかります。電子や陽子のビームを当てて、物質の様子を探ることもあります。例えば図のように形のわからないものがあったとして、そこにビームの束を当てたときの反射の様子を見ることで、どんな形のものが中にあるかわかるというわけです。

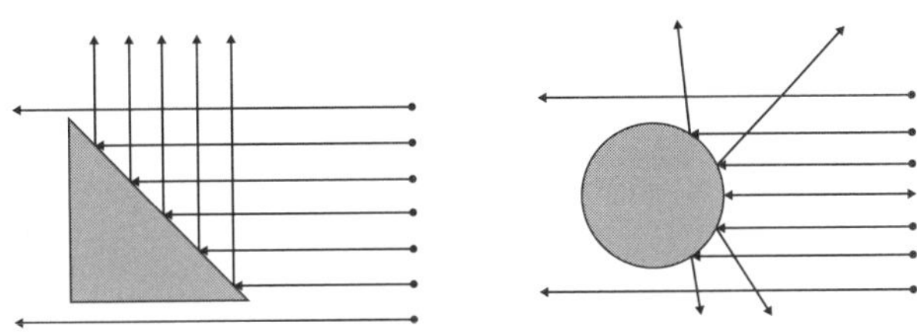

これを精密化したのが加速器という実験装置です。加速器にも電子を飛ばすものや陽子を飛ばすものなど、いくつかの種類があります。加速の方法にも、まっすぐ加速するものや、何周も円運動させて加速させるものなど、いろいろなタイプがあります。いずれも加速させるのは、加速させて高エネルギー状態にしないと、調べたい物質を壊して中を見ることができないからです。

□ 電子の大きさはどのくらいか？

このように、物質の様子を調べるには、電磁波なり粒子なり、何かをぶつけて反応を見る必要があります。ということは、**何を使って調べるかによって、結果が変わってしまう**ことに気がつかれたでしょうか？

いま、泥で中がよく見えない池に何らかの物体が沈んでいて、それが何なのか知りたいとします。池の中を見ようとライトで照らしても、水が濁っていて中は見えません。そこで棒を入れてみたところ、あまり手応えがありません。ではその物体は小さいのかというと、そうとも限りません。網を入れてみれば糸くずの塊のようなものがすくえるかもしれませんし、ゼリーのようなものがすくえる可能性もあります。

このように同じ物体でも、棒を使って触れるか、網を使ってすくうかによって結果は異なります。これは前に述べた、天体の観測と同じことなのです。可視光、X線、赤外線、電波のいずれを使うかで異なる様子が見えますが、それはどれもその天体の真実です。

電子や陽子のように電磁波以外で様子を見ることも多々あります。例えば、ニュートリノという粒子があります。これは電子などと同様、**素粒子**の一種です。素粒子とは、自然界を構成する基本的な粒子のことです。ニュートリノはベータ崩壊という特殊な反応の際に現れる粒子なのですが、私たちの体をつくっている原子や分子とはほとんど反応しません。そのためニュートリノはこうしているいまも、私たちの体をどんどん通り抜けています。毎秒何億個も通過していますが、反応しないので、私たちが気づくことはありません。影響がないのです。ということは、ニュートリノからみれば、私たちの体も、この本も、そして地球さえも、実質的な大きさはゼロということになります。反応しないものにとっては、ないも同然だからです。

これもすでに述べたことですが、私たちは「百聞は一見に如かず」とか、「手触り」「肌感覚」といった、直接触れられるものに何となく「確かさ」のようなものを感じますが、それもまた、体の表面に存在する原子や分子同士の相互作用の結果です。それらに反応しないものには、手触りもないのです。

見える風景も、力も、大きさも、すべて「道具と、時と場合によって変わる」ということに座りの悪さを感じる方もいるかもしれませんが、私たちはいつでもそうやって生きてきています。常に自分というフィルターを通じて物事を見ているからです。

これは悪いことではありません。さまざまなフィルターを用意し、いろいろな視点から見れば、そのたびに新しい世界が見えてくるということでもあります。「はじめに」でも触れましたが、2015年に、2つのブラックホールが合体した際に放出された重力波が検出されたことがニュースになりました。その後、2017年には、中性子星が合体する際の重力波も検出されました。そのときは重力波だけでなく、中性子星を電磁波で観測するための望遠鏡も一緒に稼働し、「マルチメッセンジャー天文学が始まった」といわれました。

天体からは、さまざまな波長の電磁波に加え、天体の重力の効果が時空の歪みとして伝わってきます。それが重力波です。自然界に存在する物質はすべて、なんらかの情報を出しています。それをキャッチする方法を開発すれば、そのたびに新しい世界が見えることになります。「何をもって、何を観るか」によって、多種多様な表情を見せてくれるのです。繰り返しになりますが、このことは、私たちが仕事のときと、親しい友人や家族の前で見せる表情が異なるのと同じなのです。

1.4 ウロウロする――「ここはどこだ?」

1.4.1 古代の天文学――地球の大きさ・月の大きさ・月までの距離

□ 宇宙の「外」には出られない

マルチメッセンジャー天文学の時代が到来し、これからますます宇宙について詳しいことがわかってくると期待されますが、「宇宙そのもの」についてもそうなのでしょうか？　というのも、私たちは宇宙を「外」から眺めることはできないからです。そもそも「宇宙の外」があるのかないのかということ自体よくわかっていませんし、仮に宇宙の外があったとしても、地球の外へ出るのより桁違いに難しそうです。しかし幸運なことに、そして面白いことに、宇宙の中にいながらにして宇宙の形を知る方法があるのです。

このことは、「地球の外へ出なくても地球の形はわかる」という事実とよく似ています。いまや、地球が丸いことは誰でも知っています。地球を飛び出して宇宙空間から地球を眺めれば、地球が丸いことは一目瞭然です。しかし、地球が丸いことは、実は紀元前から知られていました。しかも形だけでなく、地球の大きさや月の大きさ、さらには月までの距離も、月食の様子などを利用して、いまから2200年以上も昔にわかっていたのです。

もちろん、その当時に求められた値は現代ほど正確ではありません。しかし、地球にいながらにして、地球の形や大きさを知ることができていたという事実には驚かされます。では、宇宙の形はどうでしょう？　方法やスケールこそ違うのですが、宇宙の「外」へ行かなくても求める方法があるのです。

□ 昔の人は科学的ではない？

私たち現代人は、「私たちにとって常識であることも、昔の人には想像もできなかっただろう」と思ってしまいがちですが、必ずしもそうとは限りません。その好例が、先ほど述べたように、地球が丸いことは紀元前からわかっていたという事実です。身近な天体である太陽と月が球形をしていることから、地球も含め、他の星も球形であろうと考えられていました。

また、水平線の向こうに消えていく船の様子からも、地球が球形であることはわかっていたといわれています。なぜなら、船が遠ざかるにつれ、だんだんと船の下のほうから見えなくなり、最後に船のマストが消えるからです。つまり、自分から遠ざかるほうに向かって、地球が丸い「下り坂」になっていると想像されていたのです。

さらに、月食の様子からも、地球は球形であると予想されていました。月食は、地球の影の中を月が通過することによって起きる現象ですが、その影の形が丸いことから、地球は丸いと考えられていたようです。「地球は平らなお盆のようなもので、その果てには海がこぼれ落ちる滝があって……」というイメージで描かれた絵も残っていますが、どうやらそれは、「地球平面説を信じていた人たちがいた」という説をつくりたい人たちによって描かれたもののようです（ややこしいですね）。

□ 地球の大きさ――井戸の底に太陽は映るか

地球が球形だとすると、その大きさを求めることができることに気づき、その半径を最初に求めたのは、アレキサンドリアの図書館長であったエラトステネスという人物だといわれています。驚くことに、それは紀元前250年ごろのことです。

エラトステネスは、夏至の日の正午に、シェネ（いまのアスワン）あたりにある井戸の底に、太陽が映ることを知りました。ところが、アレキサンドリアではそういうことは起きません。これをエラトステネスは、地球の表面が球面だからであると考えました。

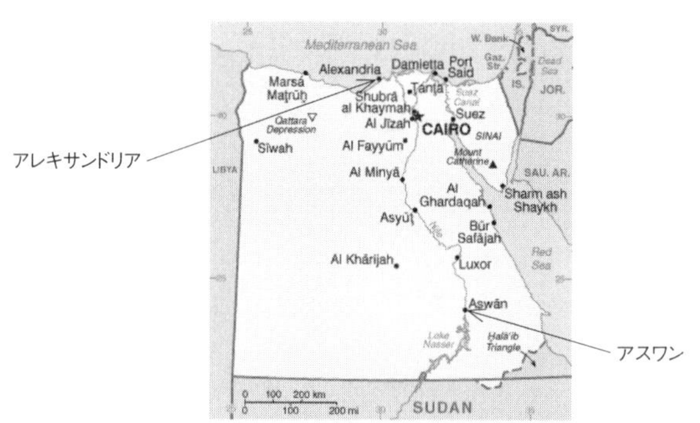

●シェネ（アスワン）とアレキサンドリア。

井戸は地面に対して垂直に掘ります。もし地球が平面なら、地上のどこでも井戸は平行になります。なお、太陽は地球から十分遠くにあり、地球は太陽に対してとても小さいので、太陽からの光は地上のどの地点にも平行線で届くと考えて差し支えありません。

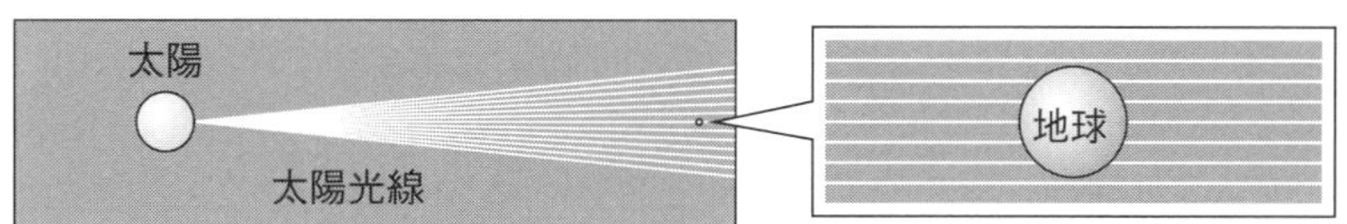

●太陽と地球は遠く離れており、太陽に対して地球は十分小さいので、太陽からの光は地球のどこでも平行に届く。

そのため、井戸が平行に掘られているなら、次の図の左のように、どの井戸の底にも太陽の光は届くはずです。しかし、地球の表面が球面だと、図の右のように、井戸はそれぞれ地球の中心に向かって掘るため、穴が平行にはなりません。エラトステネスは、アスワンの井戸とアレキサンドリアの井戸で異なる現象が起きるのは、この井戸の向きの違い、つまり地球の表面が曲がっているためだと考えたのです。

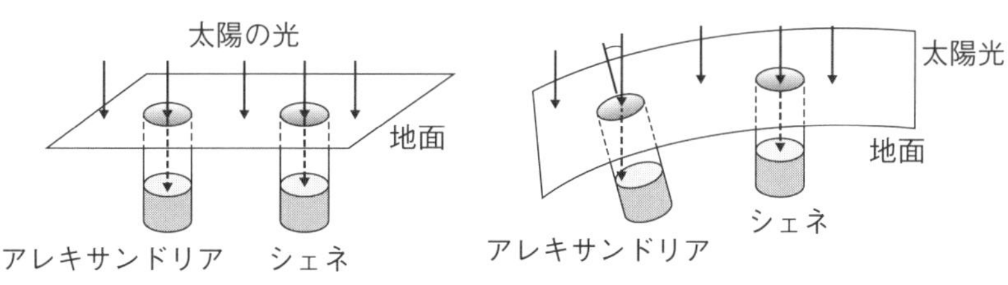

●地球の表面が平らなら、井戸は平行になるので底まで日の光が届くが、地球は球体なので、アレキサンドリアの井戸の底には日の光が届かない。

現代では、アスワンの井戸の底に太陽が映るのは、アスワンが北緯23.4度、すなわち北回帰線のすぐ近くにあるからだとわかっています。地球の地軸は次の図のように、地球が太陽の周りを回転する際につくる円盤（公転面）に対して23.4度傾いています。このため、夏至の日に太陽に一番近くなるのは北緯23.4度の地点となり、アスワンはその付近なのです。

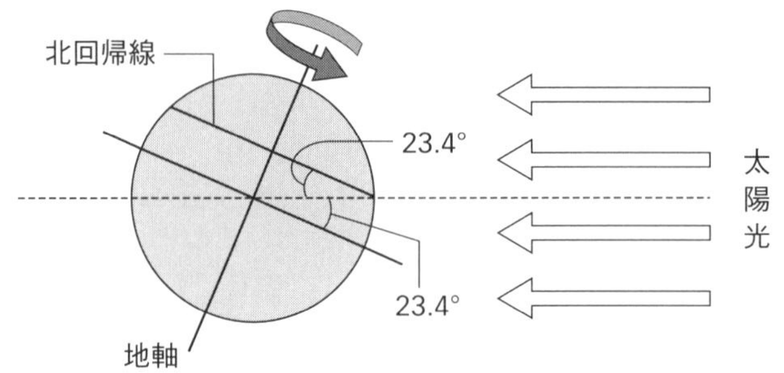

●地球の地軸は公転面に対して23.4度傾いている。

さて、このアスワンとアレキサンドリアの位置関係を用いれば、簡単な比の関係だけで、地球の大きさを求めることができます。そのためにはまず、アレキサンドリアに棒を立てます。ここに日が射すと、図のように地面に影が映ります。

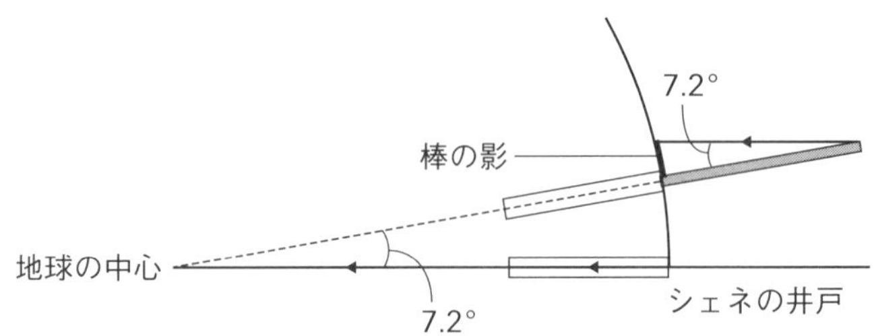

●比を使えば地球の半径がわかる。中心の角7.2度は誇張して描かれている。

エラトステネスは、棒と太陽光線のなす角を測り、7.2度という値を得ました。棒と棒の影、そして太陽光線がつくる図形は、棒の影と、アレキサンドリアとアスワンを結ぶ曲線を直線だと近似すれば、互いに相似な三角形が2つできていることがわかりますから、図で、地球の中心で半径がなす角も7.2度であるとわかります。ここで、7.2度は360度の50分の1ですから、アレキサンドリアからアスワンまでの距離を50倍すれば地球の円周が求められるのです。

エラトステネスはこの計算により、地球の円周が当時の単位で25万スタディアであることを突き止めました。1スタディアは当時の陸上競技で標準となっていた長さで、およそ180 m前後であったと考えられていますが、時代や地域ごとに値が異なるため、エラトステネスが使った値がいくらであったのか、はっきりとはわかりません。仮に180 mとすると、

25万スタディア×180＝4万5000 km

となります。ちなみに実際の地球の円周は、どの方向に向かって測るかでわずかながら違うものの、およそ4万 kmです。皆さんはこのエラトステネスの計算結果をどう思うでしょうか。

たしかに誤差はだいぶ大きいような気がします。実際、誤差は12.5％もあります。これはいまから2000年以上前に出された結果ですから、優れた値ともいえると思いますが、そうした正確さよりも重要なことは、エラトステネスが行なったこの計算、これこそが科学の計算であるということです。

宇宙空間から地球を眺められる現代ならいざ知らず、井戸に映る太陽という自然現象について理由を考え、地球が球形であるという仮定に基づいて実験と観測を行なうというこの一連の流れこそ、私たち科学者が普段やっていることとまったく同じなのです。

私は宇宙の始まりについて研究していますが、これまでにわかっている実験や観測データを分析し、宇宙の始まりについて仮説を立て、そこから何らかの結論を導いて、その検証方法について考察する……、という、エラトステネスと同じことをしています。

エラトステネスは、自ら求めた地球の円周長が正しいかどうか、別の方法で確かめるすべを持っていませんでしたが、実は宇宙に関する研究も分野によっては、どうやって理論を検証するかが難しいという問題を抱えています。これについてはあとの章でお話しします。

□ 月の大きさ——月食を利用せよ

地球の大きさを求めただけでもエラトステネスには驚かされますが、実はエラトステネスは月までの距離も求めています。そのために必要となるのは月の大きさでした。

月の大きさは、エラトステネスと同じく紀元前3世紀ごろに活躍した、古代ギリシャの天文学者であるアリスタルコスによって、月食を利用することで求められていました。先に述べたように、月食とは地球の影に月が入ってしまう現象であることは予想されていました。アリスタルコスはこの影を使い、月が欠けていく時間を測ることで、地球と月の大きさの比を求めました。これを図で説明しましょう。

ひとくちに月食といっても、月が完全に欠けて見えなくなる皆既(かいき)月食もあれば、部分的に欠ける部分月食もあるので、月食の継続時間はまちまちです。ここではわかりやすくするために、図のように地球の影が長方形をしていて、そこに月全体がすっぽり入ってしまう状況を考えましょう。

実際の観測時間とは異なりますが、例えば月が欠け始めてから完全に欠けて見えなくなるまでに20分かかったとします。これは、月が地球の影に入り出してから、影の中に月全体が入ってしまうまでの時間です。

次に、月が欠け始めてから、月食が終わって再び月が出てくるまでに

60分かかったとします。再び月が出てきたということは、月が地球の影から出てきたということですから、月が地球の影を通過するのに60分かかったということになります。

図のように、地球の大きさと地球の影の大きさが同じだとすれば、この測定時間から、

地球の大きさ：月の大きさ＝60：20＝3：1

であることがわかります。このようにしてアリスタルコスは、月は地球の大きさの3分の1であると予想しました（アリスタルコスは地球の影をより正確に台形でモデル化しています）。なお現在の観測では、月は地球の大きさの4分の1だということがわかっています。先ほどの地球の大きさと同じく、値そのものは正確ではありませんが、この方法もまた、実に科学的な手法ですね。

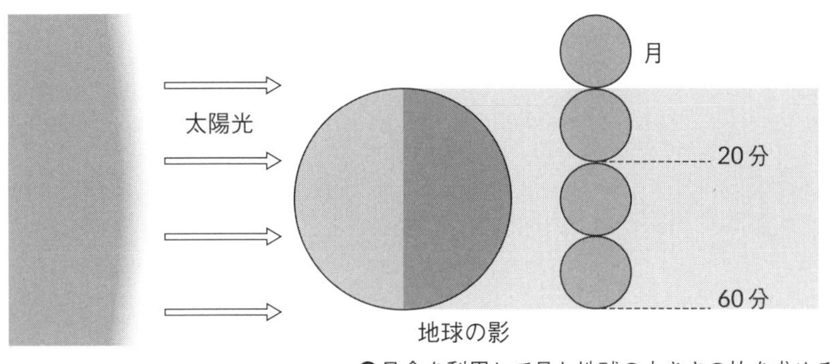

●月食を利用して月と地球の大きさの比を求める。

□ 月までの距離――あとは5円玉だけ

月の大きさがわかれば、月までの距離はあと少しでわかります。その

ためには、図のように、5円玉を前後に動かしながら、5円玉の穴に月がちょうど入るように、腕を曲げ伸ばししてください。驚かれるかもしれませんが、大人が腕を伸ばして5円玉の穴から覗(のぞ)くと、満月がちょうどぴったり穴に収まります。月はもっと大きいように感じるのですが、実は地球から見ると、5円玉の穴の大きさ（5 mm）と同じなのです。ちなみに太陽もほとんど同じ大きさに見えます。

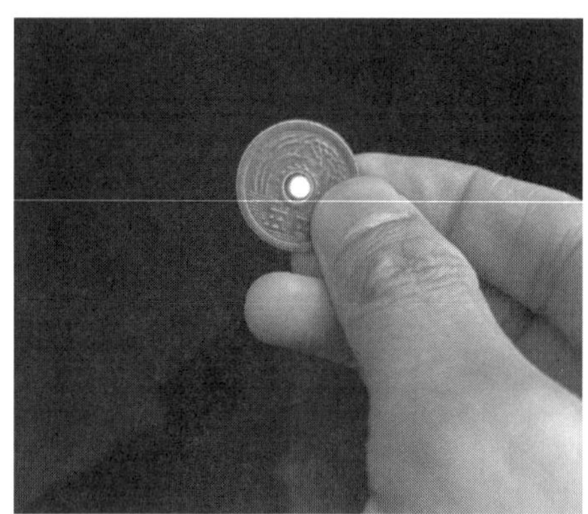

●満月が5円玉の穴にすっぽり収まる（著者撮影）。

さて、5円玉の穴に月が隠れるということは、次の図のように、互いに相似な関係にある、5円玉の穴の直径を一辺とする三角形と、月の直径を一辺とする三角形ができているということです。ということは、目から5円玉までの距離を測り、再び比を使えば、

5円玉の穴の直径：月の直径＝目から5円玉までの距離：目から月までの距離

という関係によって、月までの距離が求められることになります。これが、エラトステネスが月までの距離を求めた方法の原理です。もちろん、エラトステネスは5円玉を使ってはいませんが。

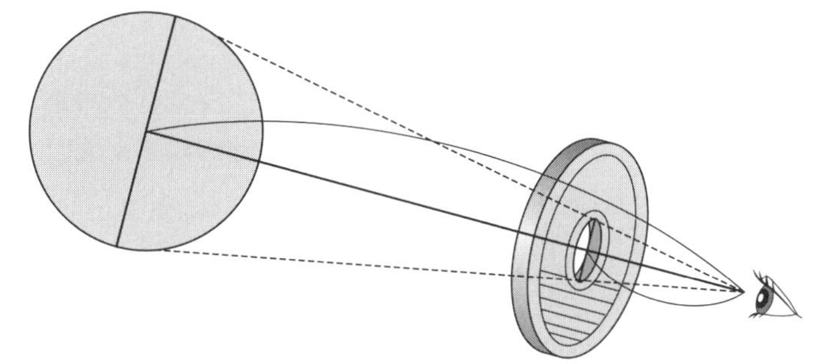

●5円玉で月までの距離が出せる。

私は親子向けの講座でこの方法を紹介するときには、雨が降った場合など、実際の月で測定できないことも多いため、月に見立てたボールを用意して、そこまでの距離を比で求めてもらうようにしています。どの家族が一番正確に求められるか競争すると、なかなか盛り上がります。

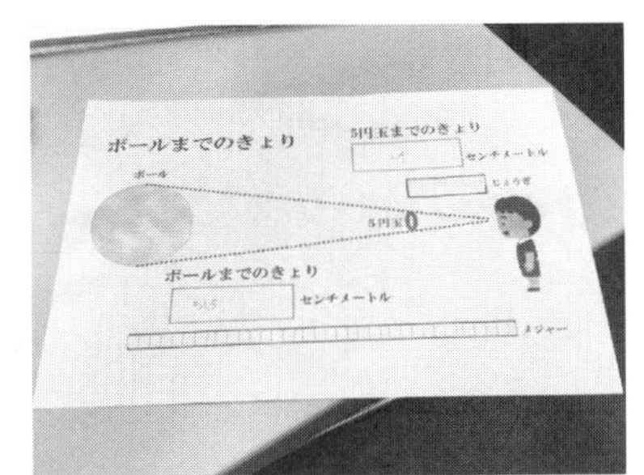

●親子科学イベントで、月に見立てたボールまでの距離を比で求めているところ。

さて、このようにエラトステネスは、地球から出ることなしに、地球の大きさや、月までの距離を求めました。現在は、レーザーを月に向かって発射し、反射して戻ってくるまでの時間から距離を測っています。レーザー光線は実際に月面に到達しているわけですから、ものさしや巻尺こそ当てているわけではありませんが、ある意味で直接的に測る、わかりやすい方法だといえるでしょう。

エラトステネスの方法でも、影の長さを測るところなどは直接的な部分であり、そうしたところでは実験の技術や装置の出来が重要になります。テクノロジーが活躍する部分です。それに対し、井戸の底に太陽が映る映らないということや、月食という現象をつぶさに観察して、そこから仮説を引き出すところ、そしてどういう実験であれば検証できるかを考えるところに科学らしさがあります。

宇宙についていまわかっていることは、どれも同じように、目の前の現象を観察して仮説を立て、テクノロジーに支えられた実験や検証を重ねてわかってきたものです。ブラックホールや宇宙の始まりといった手強そうな問題も、エラトステネスが地球の大きさを測ったときのように、工夫次第で調べることができるようになります。

大切なことは、自分の周りにある情報を精査し、つなげることです。かっこよくいえばそうなりますが、要は「ウロウロしてみる」ことです。ウロウロしてみることで、宇宙の形すらわかるようになります。

1.4.2 宇宙から出なくても宇宙の形はわかるか

□ ガウスの驚愕定理と宇宙の形

ウロウロすることで宇宙の形がわかることは、アインシュタインによってつくられた相対性理論を使うことで明らかになりました。第1章で説明したように、相対性理論は物質と時間や空間の曲がり方の関係を説明する理論です。

これをイメージするには、ゴムでできた伸び縮みするシートの上に、石を置いたところを想像してください。ゴムシートの曲がり方は、どんな石を置くかによって変わります。これと同じで、物質の密度や圧力に応じて、その物質の周囲の時間や空間が歪むのです。ということは、私たちの宇宙にどんな物質が含まれているかがわかれば、時空の歪み方、すなわちこの宇宙の曲がり方や形状がわかってしまうことになります。

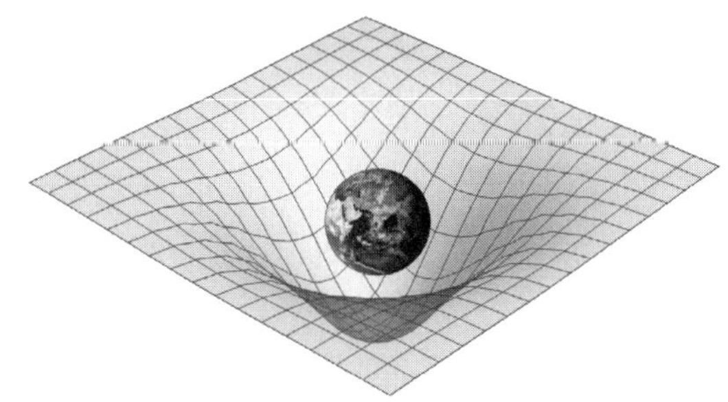

宇宙の内部にいながらにして、宇宙の曲がり具合がわかってしまうことを示したのは数学者ガウスです。ガウスは驚愕（きょうがく）定理と呼んだ定理の中で、空間の曲がり具合は、それを外部から見た様子ではなく、内部にいながらにして測れる量だけで表せることを証明しました。

直感的には、次の図のように長さが1 mのひもを用意して、円を描く様子を想像してください。机のように平らなところで円を描くと、その円周の長さは2π [m]になります。半径が1 mの円だからです。

では、例えば地球の表面のように、丸くなったところで円を描いたらどうでしょう？　今度は図のように、円の半径が1 mより短くなります。

ということは、円周の長さもまた、2π [m] より小さくなるはずです。ひもを使ってグルッとしてみることで、自分が乗っている面が平らなのか、それとも曲がっているのかがわかるのです。

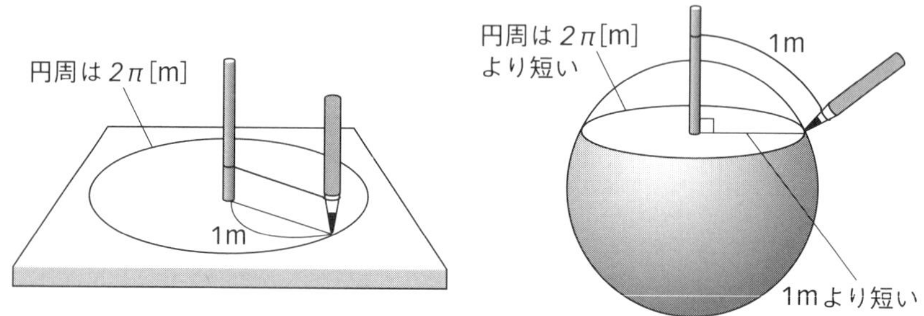

□ 宇宙はほとんど平ら

宇宙の曲がり方、すなわち宇宙の形を調べるためには、宇宙にどんな物質がどのくらい存在するかを観測する必要があります。宇宙を観測してみると、宇宙に存在する天体の分布は、どの方向を見ても特に変化がないことがわかります。もちろん、地球に近いところでは太陽があったり、火星があったりと、まったく一様というわけではありません。しかし、10^{25} m程度の非常に大きな範囲で平均してみると、宇宙には天体が同じように分布していて、どの方向も代わり映えしないのです。これを「宇宙は一様等方である」といいます。

また、そのように見えるということは、私たちも含め、宇宙の中には特別な場所があるわけではないことを意味しています。もちろん、宇宙を隅から隅までくまなく調べたわけではありませんから、これは仮説ではありますが、この自然な仮説は**宇宙原理**と呼ばれています。

宇宙が一様で等方的であると仮定すると、相対性理論を用いて宇宙の膨張の様子などを計算することができます。宇宙が一様等方であるとき、その形状は、

- 曲率が正の3次元空間（3次元球面、S^3）
- 曲率が0の3次元空間（3次元ユークリッド空間、E^3）
- 曲率が負の3次元空間（3次元双曲面、H^3）

の3種類に分類することができます。

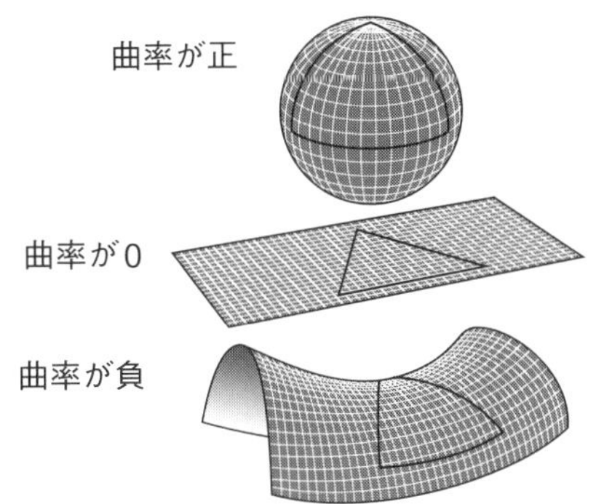

●上から、曲率が正、0、負の2次元曲面。
この表面を3次元に拡張したものがS^3, E^3, H^3。

このモデルと、宇宙マイクロ波背景放射の観測結果などを合わせたところ、宇宙の曲がり具合はほとんどゼロであることがわかっています。つまり、この空間はほとんど「平ら」なのです。ただし平らといっても3次元空間の意味なので、平面というわけではないことに注意してください。上の図は、3次元空間を図示するのが難しいため、あくまで類推するために2次元面で曲率を表したものです。

□ 宇宙に果てはあるか？

曲がり具合が正の空間は3次元球面のような形状をしているため、大きさが有限の宇宙に対応します。しつこいようですが、3次元球面S^3とは地球のような「ボール」のことではなく、表面が3次元になっている球面です。4次元空間に埋め込まれた球の表面がS^3です。一方、曲がり具合がゼロの空間は、2次元平面から類推すると、無限に広がっていて、球のように丸まった形をしていないように思えます。空間の曲がり具合がゼロだとすると、宇宙は無限に広がっているということなのでしょうか？　実はそうとも限りません。

空間がドーナツの「表面」のような形状をしているときも、曲率はゼロになります。この形状をトーラスといいます。次の図は2次元のトーラスです。2次元トーラスは、ドーナツの表面に当たります。トーラスを外から眺めると、その表面と平面とでは形が違うことがわかります。しかし、ドーナツの表面に住んでいる「2次元人」が曲がり具合を測ると、結果は平らな面、すなわち2次元平面に一致するのです。

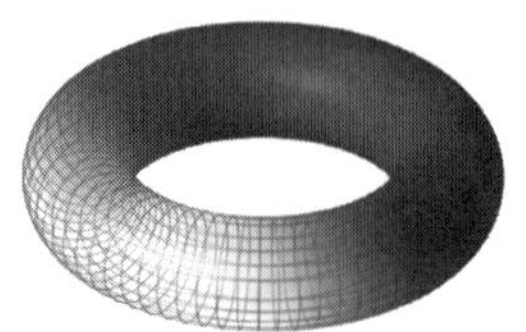

●2次元トーラス。この表面の曲率（専門的にはリーマン曲率という種類の曲率）はゼロである。

しかし、「ウロウロする」、すなわち自分の近所を歩き回るだけでなく、トーラス全体をくまなく動き回ると、自分の住んでいるところが無限に広い平らなところではなく、ある方向に進むと元の位置に戻ってくるような構造をしていることがわかるはずです。宇宙の場合、3次元空間がこのトーラスの構造を持っていれば、空間は平ら（曲がりがない）だけれども、有限の体積を持った空間であるということになります。

ただし、宇宙がトーラス状になっているとすると、その影響が何らかの形で宇宙に現れると考えるのが自然です。いまのところそうした観測結果はひとつもありません。ただ、それはトーラスの半径がきわめて大きいため、空間が丸まっているのが見えないだけという可能性もあります。宇宙に果てがあるのかどうかは、第4章で再び考えます。

□ 宇宙をモデル化する

宇宙の果てがどうなっているかという、宇宙の大域的な特徴をつかむのは難しいにしても、非常に大きな範囲で平均化すれば宇宙がほとんど一様等方であるという観測結果を使うと、宇宙の形をモデル化することができます。宇宙のモデルとして最もよく使われているのは、フリードマン・ルメートル・ロバートソン・ウォーカー宇宙モデル（Friedmann-Lemaître-Robertson-Walker宇宙モデル、FLRW宇宙モデル）です。数式も紹介しておくと、

$$ds^2 = -c^2dt^2 + a^2(t)\left(\frac{dr^2}{1-Kr^2} + r^2d\theta^2 + r^2\sin^2\theta\, d\phi^2\right)$$

というものです。式中のKが、宇宙の曲がり具合を表すパラメーターです。$K=1$、0、-1がそれぞれ、宇宙の曲率（曲がり具合）が正、0、負に当たります。

この式に含まれるさまざまな文字には意味があります。中でも重要なのはcと$a(t)$の2つです。cは真空中の光の速さを表しています。これは秒速30万kmという凄まじい速さです。この値は相対性理論で非常に重

要な役割を果たします。それについては第3章で詳しく述べます。

一方$a(t)$は、スケール因子と呼ばれ、これが宇宙の大きさを与えます。宇宙がビッグバンから始まって、いまも膨張し続けているということは多くの方がご存じかと思いますが、その宇宙の膨張を表すのが$a(t)$です。宇宙に存在する物質を調べ、一般相対性理論を用いて、その物質がどのように$a(t)$を変化させるかを計算すれば、宇宙の進化の様子がわかるのです。

始まりから現在まで、宇宙の進化についてわかったことについて理解するには、量子力学と相対性理論という、20世紀の幕開けとともに始まった「現代物理学」について知っておく必要があります。それらは第3章でまとめてお話しします。

2

世界をモデル化する

第1章の最後で、一様等方という性質に注目して宇宙をモデル化すれば、その進化も扱えるようになることをお話ししました。モデル化とは「見立てること」です。見立てとは例えば、「人生とはマラソンのようなものだ」というように、あるものを何か別のものになぞらえることです。AをBに見立てるためには、AとBの似たところや共通しているところを見抜き、そうした幹となる部分以外の枝葉は落としていかなければいけません。どんな共通性に注目するか、そこに「物理の考え方」が隠れています。

2.1 共通項を見出す――物理の真骨頂

2.1.1 単振動の世界

□ やたら出てくるセットアップ――バネとおもり

前章で「物理学とは、何をもって何を観るかである」という言葉を紹介しました。すなわち、私たちの目的に応じて、見える世界は変わってきます。これは何も物理に限ったことではありませんが、私たちの周囲を取り巻く環境には無限の情報があふれており、それらをすべて取り入れていたら何もわかりません。そのため、「何かを見たいなら、何を見ないようにするか」が肝要です。

「見立てる」という作業は、そうやって、いらない情報をそぎ落とすことでもあります。なぜなら、AとBには本質的に共通するところがあるということをわかっていなければ、見立てることはできないからです。

物理で頻繁に登場するそうした見立てに、「バネにつけられたおもりの振動」があります。自然界に存在するさまざまな現象を、「バネにつけられたおもりの振動」に見立てることができるのです。

バネにつけられたおもりがどう運動するかは、高校物理の「単振動」という単元で学びます。バネには「伸びや縮みに比例した力で、元の姿に戻ろうとする」という性質（フックの法則）があり、それが単振動という規則正しい振動を生みます。フックの法則は小学校の理科で登場します。そのくらい基本的な運動なのですが、中学理科や高校物理をはじめ、相対性理論や量子力学から最先端の研究に至るまで、何度も現れるのです。

高校物理では、物理学の基本である**力学**から学習を始めます。その力学分野の最後に登場するのが単振動です。図のように、軽くて丈夫な(物理のお得意のセットアップですね)バネの一端を壁に固定し、反対の端におもりをつけただけのシンプルな装置をつくり、おもりを少し引っ張ったり、押し込んだりしてから手を離すと、おもりはビヨンビヨンと振動します。このときの振動の仕方を単振動といいます。

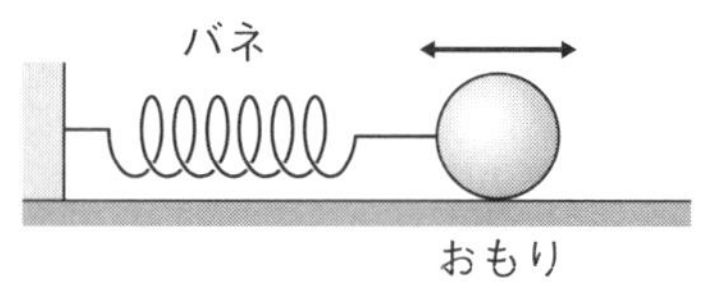

●バネにつけられたおもりの振動。

振動にもいろいろな種類がありますが、単振動はその中でも最も単純でわかりやすい振動です。その振動の様子は、次の図のようなきれいな波の形で描かれます。数学的には、

「単振動＝一定の速さで円運動している物体の影の動き」

です。このきれいな動きは、三角関数として知られるサイン(sin、正弦)・コサイン(cos、余弦)という関数のグラフと同じ形をしています。

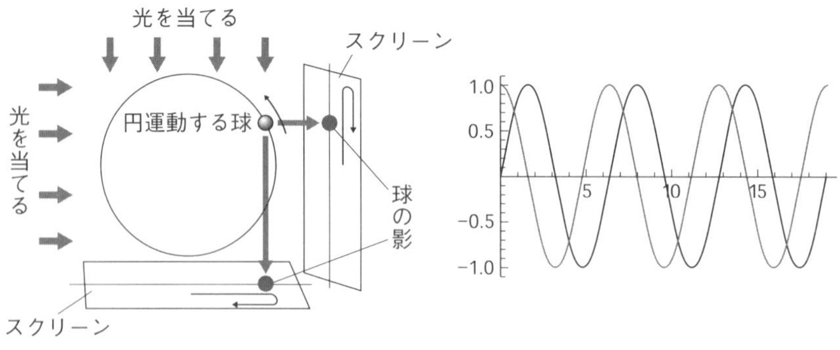

●振動は円運動する球の影の動き。　●三角関数のグラフの例。

1.2節でお話ししたように、世の中に存在するさまざまな波や、そのもとである媒質の振動は、一般には単振動のようなきれいな形ではありません。例えば音の波は空気の振動によって生じるものですが、その振動はサインやコサインのグラフのような形をしていません。これは、いろいろな種類の振動が混ざり合って、ひとつの音をつくっているからです。

バネにつけられたおもりの振動が単振動という単純できれいな振動になるのは、フックの法則が成り立つためです。ちなみに、ロバート・フックは17世紀の物理学者で、イギリスの王立科学協会ではアイザック・ニュートンのライバルとして論争を繰り広げ、万有引力の法則についても、どちらが最初の発見者であるかを争った人でもあります。

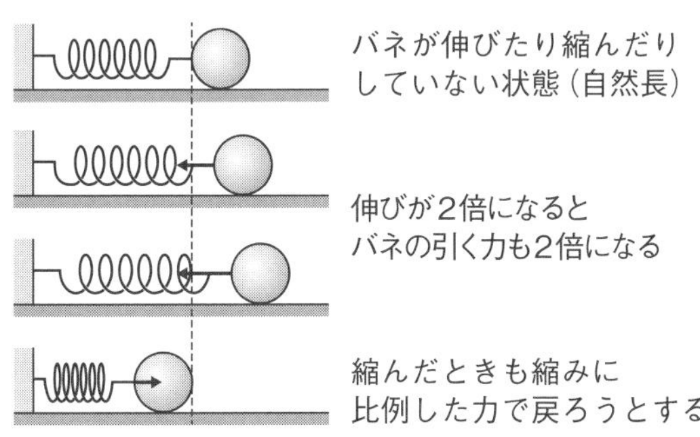

●バネは伸び･縮みに比例した大きさの力で元に戻ろうとする。

伸びたり縮んだりしたバネが元に戻ろうとする力を「復元力」といい、おもりはバネからの復元力によって振動を繰り返しています。摩擦が十分小さく、空気抵抗のようなものもないならば、復元力によっておもりは行ったり来たりを繰り返し、永遠に単振動を続けることになります。

□ 電気回路に見る単振動

先に述べたように、単振動に見立てることができる現象はいたるところにあります。単振動が自然界に多く存在するのは、「変化に比例した力で元の状態に戻ろうとするもの」がたくさんあるからです。振動せず、完全に止まっているものなど世の中にはないということも、その理由のひとつかもしれません。事実、第3章で紹介するように、量子力学の研究から、ミクロの世界ではあらゆるものが振動していて、完全に止まっているものはひとつもないことがわかっています。そうした振動の基本も単振動なので、「バネにつけられたおもり」について理解することは、ミクロの世界を理解することにもつながります。

例えば単振動の例は、電気回路にも見ることができます。電気回路にはいろいろな部品がありますが、導線をらせん状に巻いた図のような部品をコイルといいます。コイルには「電流を流すと、その電流を妨げるように、逆向きの電流を流そうとする」という、あまのじゃくな性質があります。

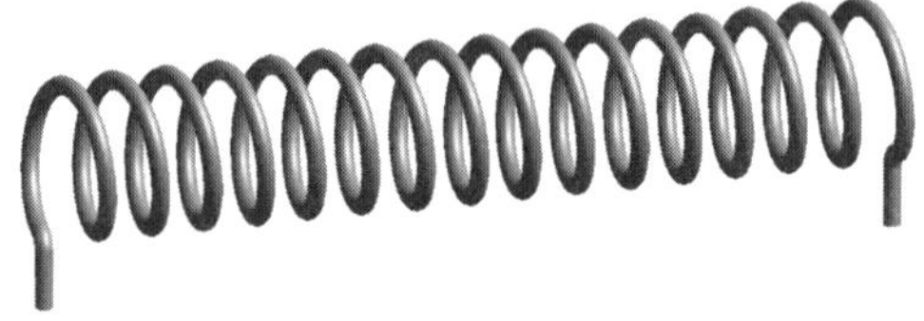

また、電気を一時的に溜め込むことができる部品もあります。コンデンサーといい、次の図のような筒状のものがよく知られています。その中には、2枚の薄い金属板を向かい合わせ、間に絶縁体を挟んだものが丸められて入っています。

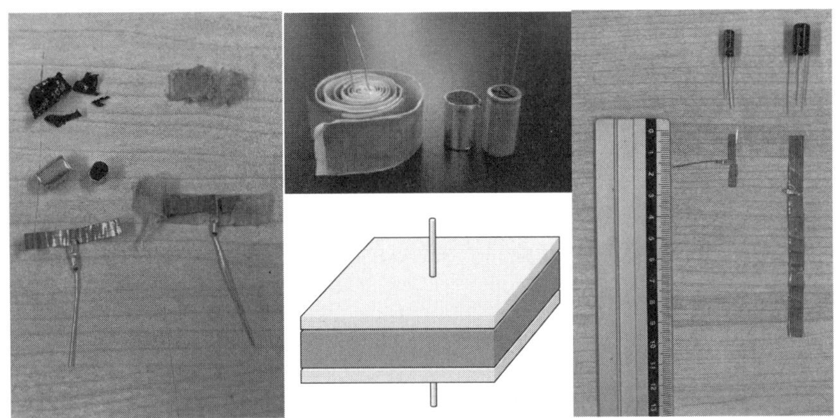
●電解コンデンサーを分解したものと平行平板コンデンサーの模式図。

コンデンサーに電気を蓄えておいて、これをコイルにつないだだけの簡単な回路を用意すると、コンデンサーから電流が流れ出していきます。その電流がコイルに流れると、コイルはその電流に逆らって逆向きの電流を流そうとします。コイルはあまのじゃくなその性質から、流れてくる電流が大きいほど、強くそれに反発して、逆向きの大きな電流を流そうとします。コイルは逆向きに電流を流すような電源の役割をするのです。

コンデンサーに蓄えた電気が少なくなり、流れ出る電流が減ってくると、再びコイルのあまのじゃくな性質が発揮され、今度は電流を増やそうとします。この、コイルによる「電流が増えると減らそうとし、減ると増やそうとする」という逆らい方は単振動と同じで、「変化に比例して、元に戻ろうとする」という逆らい方になっています。このため、この電気回路に流れる電流の変化は単振動と同じになり、電流が行ったり来たり、増えたり減ったりしながら流れます。この現象は電気振動と呼ばれています。

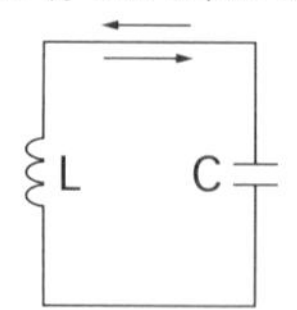

●コンデンサーとコイルだけからなる回路（LC回路という）。
コンデンサーから流れ出た電流が単振動のように振る舞う。

□ 自然現象は、どことなく人間っぽい

あまのじゃくなのはなにもコイルだけではなく、自然界にはそうしたものがたくさんあります。というより、ほとんどのものに「最初に安定して存在していたものを少しずらすと、ずらした程度に比例した力で元に戻ろうとする」という性質があります。

このような性質は、どことなく人間っぽい感じがします。私たちもそうですが、落ち着いているところを邪魔されると反発したくなるものです。そして、強く邪魔されれば強く反発します。

反発の方向が一方向ではないことも単振動に似ています。無理に押し付けられたら「やりたくない」と感じますが、急に「じゃあやらなくていいよ」と言われたら、なんとなく「あれ、やっとけばよかったかな」と思ったりしますよね。自然現象もどことなく人間っぽいのです。

□ 振り子も単振動の一種

振り子を小さく振ったときの振動も、単振動の代表的なものとしてよく知られています。いまはほとんど使われていませんが、昔は振り子が

時計としてよく使われていました。特に図のような、ひもの先におもりがついただけのものを単振り子といいます。

なぜ単振り子の振動が単振動なのかを少し説明しましょう。静止している振り子をちょっとずらすと、振り子はおもりに働く重力によって揺れ始めます。このとき、重力の大きさは、振り子の傾きによって変化します。振り子がちょうど真ん中にあるときは、重力は真下に働くため、振動させる力にはなりません。重力はひもをピンと張る役目を果たしているだけです。

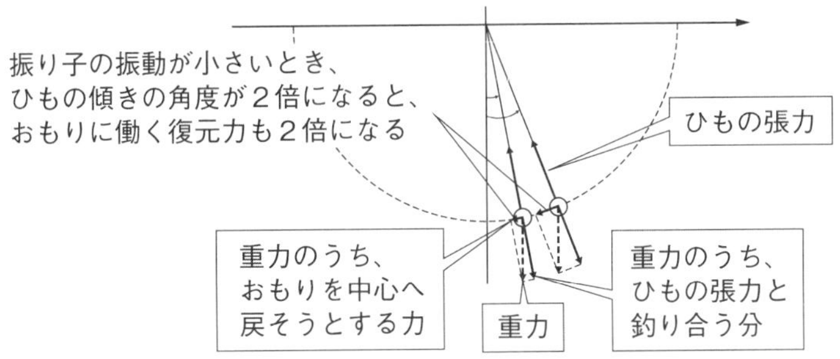

●単振り子。振り子が小さく振動しているとき、中心からの傾き角に比例した復元力がおもりに働く。

しかし、振り子が斜めに傾いてくると、ひもの方向と重力の働く方向がずれてくるため、重力は一部分がひもをピンと張るのに使われ、残りは振り子を中心へと戻すように働くことになります。振り子が小さく振動しているとき、振り子を中心へと戻す力は、揺れ幅に比例して変化します。バネと同じで、変化に比例した力が働くシステムなので、単振り子も単振動になるのです。

□ 微小な揺れは単振動になる

お椀の縁からビー玉を転がしたときの運動も単振動によく似ています。ビー玉はお椀の底を中心として何度か振動を繰り返し、やがてお椀の底に落ち着いていきます。もし、お椀の表面とビー玉との間に摩擦がなければ、ビー玉はずっと振動しつづけるでしょう。お椀の形がどんなものであっても、振動の揺れ幅が小さいときは、その揺れ方は単振動になります。

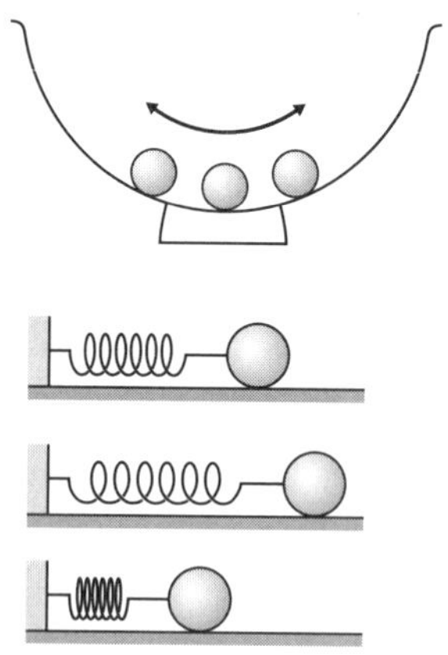

●お椀の底で小さく振動するビー玉と、バネにつけられたおもりの振動はどちらも単振動。

このように、振動しているものや揺れているものは自然界にたくさんありますが、摩擦がなく、微小な振動であれば、それらは皆、単振動になります。電気振動や振り子、さらにはお椀の中で揺れるビー玉などの振動を「バネにつけられたおもり」に見立てて理解できるのです。

こうした見立ては、目に見えない世界を理解する際に威力を発揮します。例えば電気振動が起きているとき、中で電子や電流がどうなっているかは目に見えません。しかし、「単振動である」という本質さえわかってしまえば、「バネにつけられたおもりのように振動しているのだ」と考えることができます。これが「見立て」の威力です。目に見えずわかりにくいものを、手に取ることができる、わかりやすいものに置き換えて考えられるようになるのです。さらには、「バネにつけられたおもりに起きる現象と、まったく同じ現象が、他の単振動で動くものにも起きるのでは？」という推測まで立ってきます。

□ うまい見立て、下手な見立て

見立てることで、一見かけ離れたものが結びついて理解されることは、物理の真骨頂のひとつですが、ここで注意しなければならないことがあります。それは、「世の中には似て非なるものがたくさんある」ということです。そのため、そうした見立てが本当に正しいのか、そしてうまい見立てであるかどうかは、きちんと検証しなければいけません。

検証するときに役立つのが数式です。2つの現象を同じ形の数式で表せるかどうか、検証してみればよいのです。「同じ形」という意味は、2つの数式で使っている文字が違ってもよいということです。例えば、$x-1=0$と$y-1=0$の答えはどちらも1ですが、これは文字が違っても、同じ形の方程式だからです。物理では速度をv、電流をIといった具合に、物理量ごとに慣習的に使われている文字があります。現象が違えば使う文字も変わりますが、運動の様子を表す「方程式」が同じ形をしていれば、$x-1=0$と$y-1=0$と同様に、同じ答えが得られます。

□ なぜ単振動だと見立てていいのか

ではここで、単振動の数式を紹介しましょう。バネにつけられたおもりの振動を表す式は、

$$\frac{d^2x(t)}{dt^2} = -\frac{k}{m}x(t)$$

という形をしています。おもりの位置がx、時刻がtです。時刻に応じて位置が決まるので$x(t)$と書いています。kはバネの固さを表す量で、バネ定数といいます。mはおもりの質量です。$d^2x(t) / dt^2$は、位置$x(t)$を時間tで2回微分するという意味です。位置を時間で1回微分すると速度が得られ、それをもう1回微分すると加速度が得られます。つまり$d^2x(t)/dt^2$は加速度です。高校物理では加速度をaと書くので、

$$a = -\frac{k}{m}x \quad \text{または} \quad ma = -kx$$

という式のほうがよく知られているかもしれません。

ひと言でいえば、「位置を時間で微分する」とは「位置が毎秒どれだけ変わるかを求める」ということです。微分とは変化の様子を表すものであり、時間による微分とは何らかの量の時間変化を表すものだからです。毎秒毎秒、位置がどれだけ変化するかを表すのが速度です。そして、毎秒毎秒、速度がどれだけ変化するかを表すのが加速度です。

さて、この単振動の式と同じ形になるのが、コンデンサーとコイルをつないだだけの回路（LC回路）における、コンデンサーに蓄えられた電気量の変化です。具体的には、

$$\frac{d^2q(t)}{dt^2} = -\frac{1}{LC}q(t)$$

という式で表されます。qがコンデンサーに蓄えられている電気量です。ここでも電気量が時刻に応じて変化することを明示するため、$q(t)$と書いています。Lは電流の変化にコイルがどれだけ激しく反応するかを表す量で、リアクタンスといいます。Cはコンデンサーにどれだけ電気を蓄えられるかを表す量で、キャパシタンス（電気容量）といいます。

これらの式の詳細はどうでもいいので、2つの式の「絵面（えづら）」を眺めてください。k、m、L、Cはすべて定数なのですが、それを踏まえると、これらの式はどちらも、

$$\frac{d^2A(t)}{dt^2} = (-1) \times (\text{定数}) \times A(t)$$

という形をしています。この事実が、バネにつけられたおもりの振動と、LC回路でコンデンサーに蓄えられた電気量が同じように単振動すると結論できる理由です。$x-1=0$ と $y-1=0$ が同じ形をしているため、$x=y=1$という同じ答えになるのと同様、同じ形の方程式に従うため、同じ運動になるのです。

もちろん、「AをBと見立てることができる」といっても、「A＝B」ということではなく、あくまで「対応がある」ということですが、電気回路の中を流れる電気のような目に見えないものを、バネにつけられたおもりの振動に置き換えて考えると、グッとわかりやすくなります。

2.1.2 宇宙におけるバネとおもりの振動

□ 摩擦のある振動とビッグバンの関係

宇宙における現象の中にも、「バネにつけられたおもりの振動」と見立てることができ、解析が簡単になるものが多々あります。波が関わる現象はすべてそうなのですが、ここでは宇宙のビッグバンの「前段階」で起きている再加熱（reheating：リヒーティング）という現象を紹介しましょう。

宇宙がビッグバンから始まったと聞いたことのある方はたくさんいると思いますが、正確には、ビッグバンは宇宙の始まりではありません。1.2節でも述べたように、宇宙は何らかの状態から始まり、その直後にインフレーションと呼ばれる急激な膨張をしたと考えられています。（図のInflation）物価の急上昇をインフレーションといいますが、宇宙のインフレーションはそこから名づけられたものです。

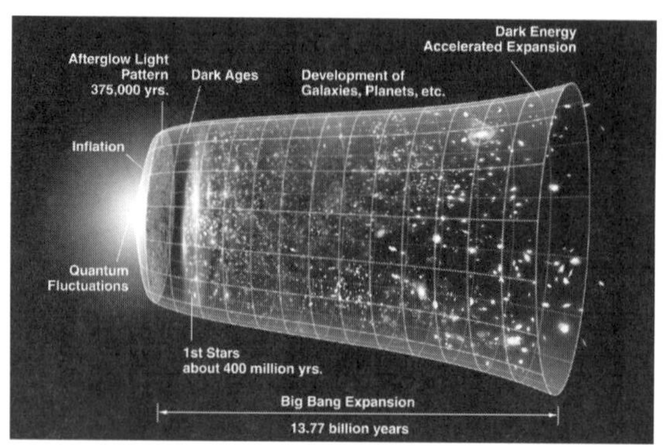

●宇宙が膨張する様子。宇宙の大きさを円で表している。左から右へ向かって時間が流れている。生まれた直後に、急激に膨張しているところがインフレーションである（NASA / WMAP Science Team）。

これもすでに述べましたが、インフレーションは、10^{-34}秒間程度の、きわめて短い時間しか継続しなかったと考えられています。10^{-34}秒とは、

$$10^{-34}\text{秒} = \frac{1}{\underbrace{10000000000000000000000000000000000}_{0\text{が}34\text{個}}}\text{秒}$$

という、言葉では表しきれないほど、「ほんの一瞬」です。しかもこれだけの短い時間に、細胞1つが銀河1個分の大きさになったほどの、急激な膨張が宇宙に起きたと考えられているわけです。

宇宙には数えきれないくらい多くの天体がありますから、私たちに想像もつかない現象が起きるのも不思議ではないのかもしれません。例えば銀河は、太陽のような恒星の集まりですが、私たちの太陽系が含まれる天の川銀河には、恒星がおよそ2000億個存在しています。そんな大量の恒星の集まりである銀河が、地球から観測できる範囲だけでもおよそ1000億個存在しています。宇宙は私たちに観測できない範囲まで広がっていると考えられていますから、もっと多くの天体があるでしょう。

とはいえ、10^{-34}秒もの短い時間で、細胞1つが銀河1個分の大きさになるほどの膨張が起きたというのは、すぐには鵜呑(うの)みにできない話です。しかも、そうした急激な膨張には何らかの「原因物質＝インフラトン」が必要だと思われますが、その正体はまだわかっていません。

インフレーションは、佐藤勝彦、アラン・グース、アンドレイ・リンデ、アレクセイ・スタロビンスキーたちによって1980年ごろに提唱されたアイデアですが、それから40年近く経ったいまも、インフラトンとは具体的に何なのかはわかっていません。

にもかかわらず、私も含め多くの研究者が、インフレーションが起きた可能性が高いと考えています。インフレーションが起きたと思われる直接的な観測結果はまだ得られていないものの、「傍証」とも呼べるものがいくつかあるからです。詳しくは第4章で述べることにして、ここではインフレーションからビッグバンへとつながるシナリオについてお話ししましょう。それが、単振動を少し変形した振動である、「摩擦を受けてだんだん止まる振動」や、「ブランコを漕ぐ運動」に見立てることができるからです。

□ インフレーションから再加熱へ

インフラトンによって宇宙は急激に膨張しますが、それがずっと続いたとは考えられません。なぜなら、この宇宙はいまも膨張しているものの、インフレーションのような急激な膨張はしていないことが観測からわかっているからです。つまり、インフレーションはどこかで終了したはずなのです。

インフレーションが終わるためには、インフラトンのエネルギーが宇宙の膨張以外の何かに使われなければいけません。インフラトンのエネルギーが電磁波や粒子のエネルギーに形を変え、宇宙空間に放出されたはずなのです。この、インフラトンのエネルギーが放出されることで宇宙空間が熱くなるプロセスを**宇宙の再加熱**といいます。再加熱によってすさまじい熱さになった宇宙が**ビッグバン宇宙**です。

□ 宇宙の再加熱と、空気抵抗があるときの振動は同じ

再加熱のときのインフラトンの運動は、いくつかのタイプの振動が組み合わさったものなのですが、そのひとつは、バネにつけられたおもりに空気抵抗の効果を取り入れた場合の運動と同じです。空気だと抵抗がいまいちわかりにくいので、水や油の中に、バネにつけられたおもりが入っているところを想像してください。

私たちがプールの中で歩くときと同じで、空気中と違い、水や油の中で振動すると、おもりは大きな抵抗力を受けます。おもりの速さがあまり大きくなければ、この抵抗力は、おもりの速さに比例して大きくなります。水中でゆっくり動くときよりも、急いで動くときのほうがより大きな抵抗を受け、動きにくくなることは、感覚的にも納得できるのではないでしょうか。ちなみに、速さをどんどん大きくした場合、抵抗力は速さの1乗ではなく2乗に比例するようになります。

水や油から抵抗力を受けると、おもりの振動は次第に弱まっていきます。周囲の水や油にエネルギーを奪われるためです。このような、速さに比例する大きさの抵抗を受けて、だんだんへたっていく振動は「減衰振動」といわれています。

前にあげたコンデンサーとコイルだけのLC回路では、コンデンサーに蓄えられた電気量の変化が単振動と同じになっていました。そのLC回路に抵抗を入れると、今度は減衰振動とまったく同じ振る舞いをする回路になります（抵抗はresistanceなので、LCR回路といいます）。

抵抗で熱が発生することで、空気中にエネルギーが逃げていくのですが、そこで発生する熱は回路に流れる電流に比例しています。つまり、

バネにつけられたおもりが、その速さに比例した抵抗力を受け、振動が次第に弱まるのと同様に、電流に比例した発熱によって、回路に流れる電流が次第に弱まっていくのです。電気回路では、回路に蓄えられていた電気的エネルギーが、抵抗で熱エネルギーに変換されて外に放出されます。これと同じことが宇宙の再加熱でも起きるのです。

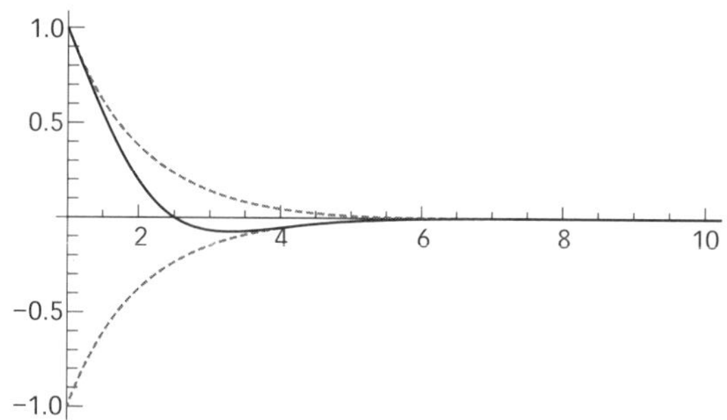

●減衰振動。速度に比例する抵抗力のために、振動が急激に小さくなる。

インフラトンのエネルギーによって宇宙が急激に膨張していくと、今度はインフラトンが宇宙の膨張によって自由に動きにくくなります。これを理解するため、1.4節と同じように、時空をゴムシートに例えましょう。

インフラトンも宇宙空間に存在する物質であることに変わりはないので、時空の上で運動しています。インフラトンのエネルギーによって宇宙が膨張するということは、ゴムシートが伸びていくということです。すると、その上に乗っているインフラトンは、ゴムシートの動きの影響を受けるのです。

私たちが水中で動きにくくなるのも本質的には同じことで、周囲の水分子からの影響によるものです。水が止まっているときならまだしも、「流れるプール」のように、水全体が流れているときは、かなり影響を受けます。宇宙の膨張も同じで、「宇宙空間の動き」に合わせて運動するのは楽ではないのです。そのときにインフラトンが味わう「苦労」の分だけ、インフラトンのエネルギーが解放され、熱エネルギーへと転化します。正確には、このときの抵抗は速度に比例するタイプではなく、もう少し小さなもので、「ベキ的な減衰」と呼ばれるものです。また、再加熱でインフラトンが崩壊する際には、別のタイプの振動も重要な役割をします。その振動は、「どんなタイミングでブランコを漕ぐと、ブランコの勢いが増すか」という問題と本質的に同じなのですが、それはパラメーター共振と呼ばれる複雑な運動なので、詳細は割愛します。

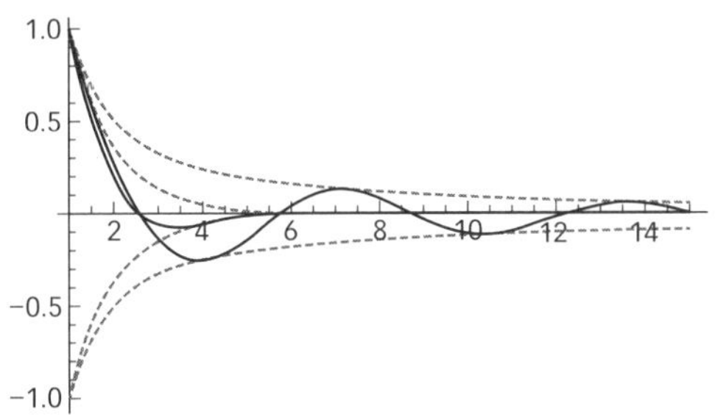

●ベキ的な減衰は指数的な減衰より穏やかな減衰である。

□ 熱エネルギーの正体

さて、これもあまり知られていないことですが、熱エネルギーの正体は、「物質の運動エネルギー」です。動いている物質が持っているエネルギーが運動エネルギーですが、例えば空気の温度は、空気中の窒素や酸素といった物質の動きによる運動エネルギーから決まるものです。私たちは、温度が高いものに触れると火傷（やけど）をします。火傷とは、皮膚の細胞組織が熱によって破壊されてしまう現象です。大きな運動エネルギーを持った物質に接触すると、そのエネルギーによって皮膚の組織が壊されてしまうのです。その「高エネルギー物質と接触している」という危険な状態を、私たちの脳は「熱い」と判断しているわけです。

つまり、「インフラトンのエネルギーが熱エネルギーに転化する」とは、「インフラトンのエネルギーが、大きな運動エネルギーを持った物質に化ける」ということなのです。物質の中には、高いエネルギーを持った電磁波も含まれます。

再加熱によって宇宙が何度になったか、正確にはわかっていませんが、10^{27}～10^{32} K程度であろうと考えられています。ここで一番高い10^{32} Kという見積もりはプランク温度と呼ばれています。Kは前にも出ましたが、ケルビンという温度の単位で、0℃＝273 Kです。273 Kということは、およそ300 Kですから、10^{32} Kという温度は文字通り「桁違い」です。このような極端な高温状態をつくり出したのが、インフラトンが振動したことによる、一種の摩擦熱の放出なのです。

□ビッグバンという表現はあまり適切ではない

ところで、インフラトンが「摩擦熱」を出したことで宇宙が加熱され、ビッグバン宇宙へとつながったと聞くと、ビッグバン（大爆発）という言葉の語感に少し違和感を覚えないでしょうか？　爆発というより、「熱くなった宇宙」というほうが正確だからです。

歴史的にも、初めからビッグバン宇宙という言葉で呼ばれていたのではなく、「火の玉宇宙」と呼ばれていました。そのように名づけたのは、誕生直後の宇宙が非常に熱かったはずだと最初に考えたジョージ・ガモフです。ガモフは、宇宙が非常に熱かったのであれば、宇宙が膨張して冷え、現在に至っても、昔の名残(なごり)があるはずだと考えました。

私が科学講座でビッグバンのお話をするときは、何が名残として残るのか、ガモフが考えたことを想像してもらうために「ビッグバン再現実験」をお見せします。本当の再現などできるはずもありませんが、「空気をギュッと縮めると熱くなる」様子でモデル化することができます。

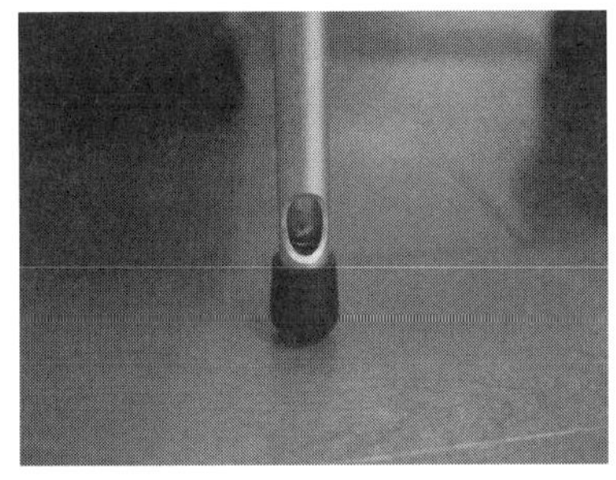

●圧縮発火器で空気を圧縮すると、空気の温度が上がって中のティッシュが燃える（口絵4）。

この写真は、ガラス管に空気を封じ込めてピストンで圧縮する装置です。ガラス管にティッシュの切れ端を入れてから空気を素早くギュッと圧縮すると、中のティッシュがパッと光って燃えます。圧縮された空気が高温になって発火するのです。

実験というものは「音・色・動き」の3つの要素があるとウケるのだそうですが、この実験にはその3つがすべて揃っているので、どこでやっても評判がよく、「子どもたちが飽きてきたかな」というときにはもってこいです。大学の講義でもよく使います。大学生もすぐ飽きるので……。

□ 膨張宇宙の証拠

ちなみに、このとても手軽な「ビッグバン再現実験」は「子どもたち」の興味を引くのですが、「面白かった！」だけで終わっては意味がありません。そこで、実験の前には、いつも、「宇宙がいまも膨らんでいるって知ってる人！」と聞きます。すると小学生はもちろん、中には幼稚園児でも知っている子がいたりします。ところが続けて、「じゃあ、宇宙が膨らんでいるのを見たことある人！」と聞くと、子どもたちはキョトンとします。

「ゆうべ空を見たら、宇宙がバックしているのが見えた人、いるかな？」とさらに続けると、子どもたちは笑いながら「見えな〜い！」と答えてくれます。「じゃあ、宇宙がビッグバンから始まって、いまも膨らんでいる証拠って何かな？」と畳みかけると、子どもたちはだんだん「あれ？」という顔をし始めます。

このあと、「どんな証拠があるんだろうね？」と優しく質問するときもありますが、特に高学年の子どもたちには「え？　どうして自分で確認したこともないのに、信じてるの？　学校で教わったから？　テレビで見たから？　それ、信じていいの？」と意地悪く聞くこともあります。ちなみに子どもたちの後ろでは、大人たちがいつも、「まずい……、こっちには聞かないで」と伏し目がちにしています（笑）。

なぜ宇宙が膨張していると考えられるのか、詳しい理由は3.5節でお話しします。そこでは20世紀初頭の宇宙観測と、一般相対性理論の誕生による宇宙モデルの構築が重要な役割を果たします。

2.2 本質を浮き彫りにする――枝葉を落とす

2.2.1 モデル化の妙味

□ ありがちな批判

モデル化、すなわちうまい見立てかは、物事の本質を浮き彫りにできるかどうかにかかっていますが、物理のモデル化では「大きさを無視できる点」とか「軽くて伸び縮みしないひも」など、「理想的な物体」がよく登場します。「はじめに」でも述べたように、そうした物体を考えることは、「物理では非現実的なことばかり考えている」という批判の対象になるのですが、それは2つの意味で誤解です。

事実、大きさを無視できるようなケースは多々あります。例えば地球の公転運動を考えるとき、地球を「大きさが無視できる点」、すなわち**質点**と考えるのはおかしなことではありません。なぜなら、地球と太陽の間の距離は1億5000万kmありますが、地球の直径は1万3000kmであり、地球と太陽の間の距離（公転半径）のおよそ1万分の1しかないからです。

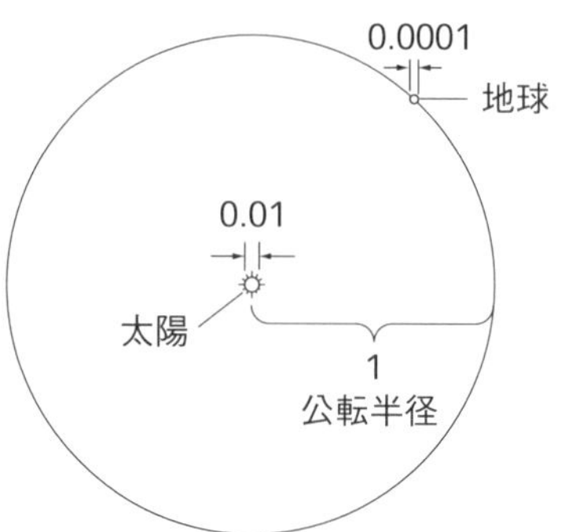

●地球の公転半径を1とすると、太陽の直径はその1/100。
地球の直径はさらにその1/100である。
図では太陽も地球も誇張して大きく描いてある。

身長150cmの人がいたとして、その1万分の1というと0.15mmです。これは髪の毛の太さくらいです。身長150cmの人にとって、0.15mmは気にもならないほどの大きさであることは納得してもらえるのではないでしょうか。前にも述べましたが、私たち人間が肉眼で見ることができる最小の大きさがちょうどこのくらいです。

それと同じで、地球の公転半径（1億5000万km）と比べれば、地球の直径（1万3000 km）は無視できるほど小さいといえます。地球を「大きさを持たない質点」と近似することは不自然ではなく、**むしろセンスがいい**といえるのです。もちろん、地球の自転が重要な役割を果たす問題を考えるときは、地球を質点とみなすことはできません。質点と近似できるかどうかは、考えている問題によります。何に注目したいのか、どんなことを知りたいのかによって、妥当な近似を用いているかどうか、そこが研究者の腕の見せどころです。

たしかに、あらゆる要素を取り入れて解析するのは難しいため、練習問題として、最初に単純な設定で試してみることもよくあります。どんな学問でも最初は簡単な例から始めますし、スポーツや芸術でも、いきなり世界レベルの課題から入ることはありません。のちに役立つ深い意味のある問題で、かつ初学者や初心者がとっつきやすい課題を設定できるかどうかも、非常に重要です。

2.2.2 座標によらない物理

□ 視点を変えても変わらないもの

1.3節で、物理学では視点を変えることもしばしばあるといいました。視点を変えるという操作は、数学的には座標を変えることに相当します。座標とは、物体の位置などを表すための地図のことです。

学校でよく使われる座標は直交座標というものです。座標軸が直角に交わっています。その中でも、デカルトによって発明されたデカルト座標が最もよく使われます。デカルト座標では、物体の位置を「東へ3 km、北へ5 km」のように、原点から上下左右にどれだけ進んだかで表しています。

地図にいくつかのタイプがあるように、座標にもいろいろな種類があります。例えば、原点からの半径と、x軸からの傾きで物体の位置を表す極座標などが有名です。地図や座標に種類があるのは、目的に応じてそれぞれメリットやデメリットがあるからです。

例えばメルカトル図法は、経線と緯線が90度で交わるように描かれた地図です。将棋盤や碁盤のように90度で交わる線で区切った格子と同じで、メルカトル図法で描かれた世界地図はわかりやすいものです。しかし、もともとが球面である地球の表面を開いて描いたものだけに、デメリットもあります。そのひとつが、実際の面積を表すことができないことです。南北に赤道から離れれば離れるほど、実際の面積よりも地図での面積は大きくなってしまいます。一番極端なのは北極点や南極点で、それらは本来1点なのに、メルカトル図法で書かれた地図では1本の線になってしまいます。

面積が実際のものに一致するようにして描いた地図（モルワイデ図法）もありますが、地球の表面が球面である以上、2次元の平面に写そうとすると、結局は何かしらの無理が生じます。なるべく実際の様子をそのまま写し取るには、地球儀のように立体図形を用いるか、もっといえば、実際の地球そのものを直接扱うことができるなら、それに越したことはないように思えます。

□ 相対性理論は座標によらない物理

この考え方を推し進めたのが、物理学の一分野である解析力学です。相対性理論に比べ、解析力学はあまり知られていないかもしれませんが、「力学の幾何学化」という観点からニュートンの力学を定式化し直した理論で、相対性理論や量子力学の考え方のベースにもなっている重要な分野です。

解析力学では、物体を放り投げたときの放物軌道や、バネにつけられたおもりの振動など、現実に起きるあらゆる運動には幾何学的に特別な意味があると捉え直します。「特別な意味」とは「作用と呼ばれる量が最小になる」ということなのですが、これについては2.4節で詳しく説明したいと思います。

さて、相対性理論ではこの解析力学の哲学である「座標によらない量を見出して現象を解析すれば、物理的な本質を抜き出せるのでは？」をさらに推し進めました。これは、物理現象を解析するとき、私たちは座標を設定して計算しますが、物理現象は私たちが採用する座標とは関係なく存在しているものであるという事実から来ています。

相対性理論では、そうした幾何学的で座標によらない量として**テンソル**という量を用いて現象を表します。テンソルとは聞き慣れない言葉かもしれませんが、高校で教わる**ベクトル**がテンソルの一例です。

ベクトルというと矢印を思い出す方も多いでしょう。ベクトルには成分があり、

$$\vec{a} = (1, 2, 3)$$

などと表しますが、実はベクトルの本体は矢印のほうであって、成分は座標を決めたことで現れる副次的なものです。そのため座標に言及しなくても、図だけで物理的な本質を見抜くことができます。

例えば1.1節でお話ししたように、ニュートンの運動方程式は$m\vec{a} = \vec{F}$と書きますが、成分がわからなくても、この式のいわんとしていることははっきりしています。少し書き換えて$\vec{a} = \vec{F}/m$とすると一層はっきりします。質量mの物体に力$\vec{F}$を加えるとき、その方向に加速度$\vec{a}$が発生します。大きさは力に比例し、質量に反比例するといっているわけですが、その事実は平面上の運動でも、空間中の運動でも変わりません。すなわち、運動方程式$m\vec{a} = \vec{F}$は何次元でも成立する法則であり、ベクトル

で書かれた式はそれを直接的に表しているのです。

このように、幾何学量であるベクトルで物理法則を書くことで、次元や座標といった個々の場合によらない、物理的な本質を見抜くことができます。数式の詳細には触れませんが、相対性理論で中心的役割を果たすアインシュタイン方程式は、

$$R_{\mu\nu} - \frac{1}{2}g_{\mu\nu}R = \frac{8\pi G}{c^4}T_{\mu\nu}$$

という形をしています。左辺の$R_{\mu\nu}$やRが時空の曲がり具合を表す**曲率テンソル**という量です。$g_{\mu\nu}$も同じく時空の曲がり具合を表す量で、計量テンソルといいます。右辺は物質の分布を表す**エネルギー・運動量テンソル**というものです。この方程式は、「物質の分布がわかれば、それに応じた時空の曲がり具合がわかる」ということを表しています。中身はとても複雑なのですが、これを解くと、非常に高密度な天体があればその周囲はブラックホール時空になることもわかりますし、前に述べたFLRW宇宙モデルを用いて宇宙の歴史を調べることもできるのです。この宇宙モデルに基づく、宇宙の進化の様子については第3章で述べます。

2.3 枝葉を落とせないこともある —— 次元解析

2.3.1 振り子の周期はどう決まるか

□ 振り子の等時性

すでに何度も登場している振り子ですが、「振り子の性質」は小学校の理科でもとても教育的な題材として扱われます。小学校5年生のカリキュラムでは、ひもとおもりで振り子をつくり、その振動の周期を測ります。振り子の長さが25 cmであれば、周期はおよそ1秒です。この周期は、振り子の長さを変えずに、およそ30°以下の小さい角度で振り始める限り、振り始めの角度にかかわらず一定です。おもりの質量を変えても同様で、振り子の長さが同じなら、やはり振動の周期は変わりません。これを**振り子の等時性**といいます。

では、振り子の長さを変えた場合はどうなるのでしょう。例えば、振り子の長さを25 cmから4倍の1 mにしてみると、周期はおよそ2秒になります。振り子の周期は、振り子の長さの正の平方根（1/2乗）に比例するのです。繰り返しになりますが、振り子に使っているおもりの質量や、振り子を最初にどのくらいの角度にして振り始めたかにはよりません。振り子のこの性質はガリレオ・ガリレイによって発見されました。

振り子の周期の正確な式は微分方程式を使えば導けますが、実はこの運動に関係する量の「単位」に注目するだけで、ある程度見抜くことができます。そのため、振り子の運動がそもそも何によって決まっているかを考えてみましょう。

振り子を特徴づけているのは、振り子の長さとおもりの質量です。そして振り子が揺れるのは、最初に角度（振れ角）をつけて手を離したということと、おもりに重力が加わっていることによります。文章だけだとわかりにくいので、少し文字式を導入しましょう。振り子のひもの長さをl、質量をm、はじめの振れ角をθ_0とします。重力については、地球上ではあらゆる物質におよそmgの重力が加わることがわかっています。ここでmはいま導入した物質の質量であり、gは重力加速度の大きさと呼ばれています。

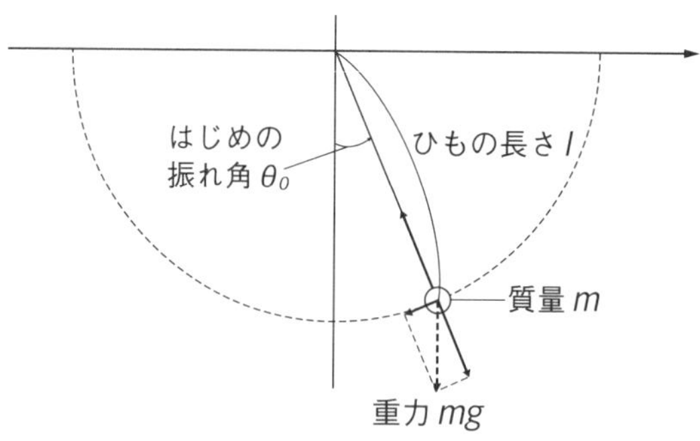

□ 重力加速度とは

重力加速度について少し説明しましょう。物体をどこか高いところから落下させると、物体には加速度が生じ、地上に着くまでその速度が増えていきます。パラシュートのような形をしているものや鳥の羽のようなものだと、空気抵抗が強く働くため、いつまでも加速し続けるということはありませんが、空気抵抗を受けにくい形状のものであれば、物体は落下とともに落下速度がどんどん大きくなります。

空気抵抗をまったく受けない物体はないので、どんなものでもいずれ空気抵抗によって加速しなくなりますが、落下して間もなくの間は、どんな物体でも重力のみを受けて落下します。そのときの加速の様子を測定すると、地球上であればどこでもほとんど、

$$g = 9.8\ \mathrm{m/s^2}$$

というペースで加速していることがわかります。重力によって加速する割合ということで、この値を重力加速度の大きさといいます。わざわざ「大きさ」という言葉がついているのは、加速度のように「度」をつけるとき、力学では方向も考えるという約束になっているからです。加速度には、プラスマイナスのように正負の向きがあるのです。

加速度が9.8 m/s^{2}という大きさということは、1秒ごとにおよそ10 m/sずつ速くなっていくということです。10 m/sという数値にはあまりピンと来ないかもしれませんが、陸上100 m競走の最速記録くらいです。なぜなら、100 mの選手で一番速い人であれば、100 mを10秒でいけるかいけないかくらいだからです。ちなみに、10 m/sは時速に直すと36 km/hです。原付バイクより少し速いくらいですね。

さて、高いところから物体を落下させると、1秒後には時速36kmに、2秒後には時速72 kmに達することになります。空気抵抗がなければ、東京スカイツリー（高さ634 m）から物体を落とせば、およそ11秒後に地面に激突します。衝突するときの速さは秒速でおよそ111 m、時速400 kmにもなる猛スピードになってしまいます。実際には空気抵抗のため、ここまで高速にはならないにしても、相当なスピードまで加速されることに変わりはありません。

重力は静電気の力や磁力に比べると非常に小さい力です。その証拠に、

私たちは人間同士の間に働く万有引力を感じることはありません。磁石にしても、互いの磁力で動き出すことはあっても、磁石同士の万有引力によって動き出すことはないわけです。しかしそんな重力でも加速の原因になります。加え続けていれば、ものの数秒で時速100 km近い速度に到達するのです。

□ 振り子に関係する物理量を組む

ところで、重力加速度の大きさは「m/s²」という単位を持っています。これは、速度の単位がm/sであり、速度の単位時間あたりの変化が加速度だからです。つまり、

$$\text{速度}[\text{m/s}] = \frac{\text{位置の変化}[\text{m}]}{\text{かかった時間}[\text{s}]}$$

であり、

$$\text{加速度}[\text{m/s}^2] = \frac{\text{速度の変化}[\text{m/s}]}{\text{かかった時間}[\text{s}]}$$

だからです。対して、おもりの質量mの単位はkg、ひもの長さlの単位はmです。振り子を振り出す振れ角θ_0には単位がありません。なぜなら、角度とは基本的に「比率」だからです。1°という角度は、円をグルッと一回りしたときの角度を基準として、その1/360です。

振り子の周期は、これら振り子に関係する物理量で決まっているはずです。ということは、周期は時間の単位を持つ量ですから、これらの量を掛けたり割ったりして組み合わせ、時間の単位を持つ量をつくるだけで、振り子の周期がどのようになるか、大まかな推測もできるはずなのです。

実際にやってみましょう。物理では、単位よりもさらに基本となる**次元**という考え方があります。例えば長さの単位にはm、km、cmをはじめ、尺や寸、インチやマイルなどがありますが、どれも長さには変わりありません。同様に、時間にも秒、分、時間、さらには月や日などがありますが、どれも時間を表す単位です。また、g、kg、t（トン）はどれも質量の単位です。ここに現れた長さ・時間・質量の3つと、電流の単位であるA（アンペア）を組み合わせると、自然界にあるものの次元を表すことができます。

速度は「長さ÷時間」の次元を持っていますし、加速度は「長さ÷（時間の2乗）」の次元を持っています。よくこのことを、長さをL（length)、時間をT（time)、質量をM（mass）という記号で表して、

$$\left[\text{速度}\right]=\frac{L}{T}=LT^{-1}$$

$$\left[\text{加速度}\right]=\frac{L}{T^2}=LT^{-2}$$

と書きます。この表記に則ると、振り子に関係する量は、

$$\left[\text{振り子の長さ } l\right]=L=L^1$$

$$\left[\text{おもりの質量 } m\right]=M=M^1$$

$$\left[\text{重力加速度の大きさ } g\right]=\frac{L}{T^2}=LT^{-2}$$

と表せます。振れ角θ_0は単位がないので、これは無次元量です。

さて、これらを組み合わせて時間の次元を持つようにするにはどうしたらよいでしょう？　計算では次のようになりますが、答えに進んでも

構わないという方は、計算を飛ばして結果のみご覧ください。

計算すると、

$$[l^{\alpha}\, m^{\beta}\, g^{\gamma}] = L^{\alpha} M^{\beta} (LT^{-2})^{\gamma} = T^{1}$$

より、 $\alpha + \gamma = 0$、$\beta = 0$、$-2\gamma = 1$ だとわかり、

$$\alpha = \frac{1}{2}、\beta = 0、\gamma = -\frac{1}{2}$$

が得られます。すなわち、

$$T \propto \sqrt{\frac{l}{g}} \propto \sqrt{l}$$

のように、**振り子の周期は振り子の長さの平方根に比例する**ことを予想できるのです。ここで $\propto$ は「比例する」という記号です。前に、振り子の長さが25cm のときの周期がおよそ1秒であるのに対し、1m の振り子では、およそ2秒になるといいましたが、これは、周期がひもの長さの平方根に比例するため、25 cm から4倍の 1m にすれば、4の平方根である2倍になるからです。

このように、単位から現象の大まかな様子や法則を見抜く方法を**次元解析**といいます。例えば、「体積1000cm^{3}の物体」には、直方体や球などさまざまな形があり得ますが、そのひとつとして、「一辺が10cmの立方体」を思い浮かべるようなものです。

次元解析では、大まかなことはわかりますが、細かい数値はわかりません。事実、振り子の周期は、

$$T=2\pi\sqrt{\frac{l}{g}}$$

のように、2πが比例定数としてつきます。2πには次元がないので、これがついても単位は変化しないのです。

しかも、無次元量である最初の振れ角θ_0が入る余地もあります。θ_0は無次元量なので、θ_0を何乗しても無次元のままです。そのため、それを$2\pi\sqrt{l/g}$にいくら掛け算しても、時間の単位であることに変わりはないのです。

振り子の等時性は広く知られているため、振れ角が小さければ、最初に振ったときの振れ角と周期が関係しないことは頭ではわかっていても、最初に大きく振ったほうが、振り子の周期が長くなりそうな気も実際はします。そしてその直感はハズレではありません。最初の振れ角が30°以下くらいであれば、たしかに周期と振れ角は関係ないのですが、振れ角を大きくしていくと、周期もどんどん長くなってきます。振り子の等時性は破れるのです。

ここから先は高校物理を超える内容になりますが、振れ角依存性まで取り入れて、振り子の周期を求めてみると、

$$T=2\pi\sqrt{\frac{l}{g}}\left(1+\frac{1}{4}\sin^2\frac{\theta_0}{2}+\frac{9}{64}\sin^4\frac{\theta_0}{2}+\cdots\right)$$

のように、初めの振れ角の影響が少しずつ出てきます。完全な式は楕円積分という、楕円の曲線の長さを求めるために使う計算を用いると求めることができます。ちなみにその値は、

$$T = 2\pi\sqrt{\frac{l}{g}}\left[\sum_{n=0}^{\infty}\left\{\frac{(2n-1)!!}{(2n)!!}\right\}^2 \sin^2\frac{\theta_0}{2}\right]$$

となります。振れ角を小さくして振る単振り子は、この式でθ_0の効果が非常に小さい場合に対応する「簡単な」振り子なのです。

2.3.2 究極の次元解析

このように、次元解析を使うと物体の大まかな性質を見積もることができます。例えば、中性子星という星の半径は数十km なのですが、これを見積もることもできます。

中性子星は、非常に重い星が自分の重さでつぶれてできる、とても密度の高い天体です。私たちの体もそうであるように、質量のある物体は、常に地球の中心へと引っ張られています。これは地球を構成している岩石やマントルなども同様で、あらゆるものは地球の中心へと引っ張られ続けています。

太陽のような恒星は、その主成分が水素やヘリウムなどのガスでできていますが、この場合も事情は同じで、星の中心へとガスは引かれ続け、球状の形をキープできています。高密度で圧縮されるため、内部では核反応を起こせるくらいの状態になり、核融合によってエネルギーを出して光を発します。なお核反応については第3章で説明します。

核反応が進んで外へとエネルギーを発する力が弱まってくると、自重によって中心へと引っ張られる効果のほうが勝つようになり、天体は圧縮されて小さくなっていきます。小さくなる過程は天体の質量によって異なりますが、中には中性子星になるものがあります。中性子星とは、圧縮されることで、通常は原子核の周りを回っている電子が陽子に取り込まれて中性子になり、その中性子が集まって星が成り立っている状態です。

中性子は、普段は原子の中の、原子核で見ることができます。原子の大きさは1.3節で触れたようにおよそ10^{-10} mくらいですが、原子核はそれよりずっと小さく、10^{-15} m程度です。原子本体に比べて、中心にある原子核は10万分の1の大きさしかないのです。

太陽は水素原子を主成分とする星です。対して中性子星は、中性子を主成分とする星です。ということは、その大きさもおよそ10万分の1程度になるのではないでしょうか。実際、太陽の半径は70万kmであり、その10万分の1というと7 kmです。実際の中性子星は半径数十kmですから、数倍の違いがあるとはいえ、大まかな見積もりとしては使えることがおわかりいただけるでしょう。

□ プランク単位とは

次元解析は、まだ観測されていないことや、実験が難しいことなどに特に有効です。実際に観測できるのであれば見積もるまでもないように思えるかもしれませんが、観測装置や実験装置をつくるにあたって最初の見積もりが必要になるため、結局はいつでも次元解析を使うことになります。

さて、そんな次元解析の中で、ある意味究極ともいえるのが、**プランク単位**とか**プランクスケール**に関わるものです。プランクスケールとは、自然界の根本に関わる3つの物理定数を組み合わせてつくられる、長さ・時間・質量などのことです。

自然界の根本に関わる3つの物理定数とは、真空中の光の速さc、ミクロの世界の指標となるプランク定数h、そして万有引力定数Gのことです。このうちhは、さまざまな場面でhを2πで割った量も現れるため、$\hbar = h/2\pi$をよく使います。それぞれおよそ、

$$c = 3.00 \times 10^{8}\ \mathrm{m/s}$$
$$\hbar = 1.05 \times 10^{-34}\ \mathrm{J \cdot s}$$
$$G = 6.67 \times 10^{-11}\ \mathrm{m^3/(kg \cdot s^2)}$$

という値です。ここでJ（ジュール）はエネルギーの単位で、1 calがおよそ4.2 Jです。また、

$$1\ \mathrm{J} = 1\ \mathrm{kg \cdot m^2/s^2}$$

です。

振り子の周期の式をつくったときのように、これらを組み合わせることで、

$$\text{プランク長さ}\ l_p = \sqrt{\frac{\hbar G}{c^3}} \fallingdotseq 1.62 \times 10^{-35}\ \mathrm{m}$$

$$\text{プランク時間}\ t_p = \sqrt{\frac{\hbar G}{c^5}} \fallingdotseq 5.39 \times 10^{-44}\ \mathrm{s}$$

$$\text{プランク質量}\ m_p = \sqrt{\frac{\hbar c}{G}} \fallingdotseq 2.18 \times 10^{-8}\ \mathrm{kg}$$

という値をつくることができます。これらはいったい何を見積もったも

のなのでしょう？

cは真空中の光の速さであり、これは相対性理論で中心的な役割を果たす量です。第3章で述べますが、$E = mc^2$という式が有名で、この式は「質量mは、mc^2という値のエネルギーと物理的に等価である」ということをいっています。すなわち、質量mの物質があれば、原理的にはそこからmc^2 [J] ものエネルギーを取り出すことができるのです。cはとても大きな値のため、mが小さくてもmc^2は莫大なものになります。事実、原子力発電も、太陽内部の核融合も、ほんのわずかな質量から、非常に大きなエネルギーを取り出しています。

$\hbar$は、ミクロの世界の指標となる値だといいました。原子から放出される電磁波のエネルギーなど、光や電子、原子、分子といったミクロの世界に登場する物質に関わる量です。

Gは万有引力の法則に現れます。1.1節でも述べたように、質量がそれぞれM、mの2つの物体があったとき、その間に働く力の大きさは、物質の質量M、mに比例し、距離rの2乗に反比例します。その比例定数がGです。式で書けば、

$$F = G\frac{Mm}{r^2}$$

となります。万有引力は重力の大もとですから、Gは重力を端的に表す物理量ともいえます。

ということは、c、$\hbar$、Gを組み合わせてできる量は、相対性理論・ミクロの世界・重力の3つが密接に絡む状況に関わるはずです。これは実際にそうで、例えば、プランク長さは、時空の歪みである重力に量子力学

を適用しなければいけないスケール（大きさ）を表しています。

□ 時空は不連続かもしれない

重力の本質は時空の歪みであり、その時空に量子力学を適用する必要があるというのは、あたかもミクロの物質であるかのように、時空が小さな「粒子」からできているとみなすべきであるということです。これが正しいとすると、時空も連続とは限らず、プランク長さから決まる、およそ10^{-35}mというきわめて小さい「粒子」からできていることになります。これはいわば「時空の素粒子」と呼ぶべきものです。時空に最小単位があり、「粒子」のようなものからできているかもしれないというのは、一般的な「時空」のイメージとはだいぶ異なるのではないでしょうか。

「時空の素粒子」のような特殊なものが重要な役割を果たすのは、ブラックホールと宇宙の始まりの2つです。ブラックホールは相対性理論の範囲では安定な天体だと考えられています。しかし、量子力学を適用し、ブラックホールが持つエネルギーがどう影響するかを考察すると、水面から水が蒸発するように、ブラックホールもまた蒸発すると考えられています。これはホーキングによって得られた結論で、一連のプロセスは**ホーキング輻射**（またはホーキング放射）といわれています。

このホーキング輻射の温度も次元解析で見積もることができます。今度は、c、$\hbar$、Gに加えて、エネルギーと温度を換算するために必要な定数である、

$$\text{ボルツマン定数 } k_B = 1.38 \times 10^{-23} \mathrm{m}^2 \cdot \mathrm{kg/s}^2 \cdot \mathrm{K}$$

も導入します。それらを組み合わせて温度の次元をもつ量をつくると、

$$T \propto \frac{\hbar c^3}{k_B G M}$$

となります。ここで、Tは周期ではなく、温度（temperature）です。また、Mはブラックホールの質量です。振り子のときと同じで、無次元の比例定数がつく可能性はあるのですが（実際、正しくは分母に8πが入りますが）、これが、ブラックホールが蒸発するときの温度（ホーキング温度といいます）だと見積もることができます。

□ 宇宙の始まりもプランクスケール

もうひとつ、プランクスケールが必要になるのが宇宙の始まりです。宇宙に果てがあるのか、それとも無限に広いのかという大きな問題があり、それにもよるのですが、ここでは想像しやすくするため、宇宙は球形だとしましょう。ただし球といっても、3次元空間に置かれた球ではありません。1.4節の曲率のところで述べたように、4次元空間に置かれた3次元球面です。すなわち、「表面が3次元」であるような球です。

宇宙がいまも膨張していることから、単純には、過去に遡ると宇宙そのものが非常に小さかったはずです。そうすると、宇宙が生まれたほんの直後には、宇宙そのものが素粒子のように小さかった時期があったはずです。その時期には宇宙そのものに量子力学を適用し、ミクロの世界特有の理論を考えなければいけません。

宇宙の半径がプランク長さくらいのころがその時期ですが、その時期の宇宙のエネルギーも見積もることができ、それは、

$$プランクエネルギーE_p = \sqrt{\frac{\hbar c^5}{G}} \fallingdotseq 1.96\times10^9 \mathrm{J} \fallingdotseq 1.23\times10^{19}\ \mathrm{GeV}$$

くらいに当たります。ここで、eV(電子ボルト）はエネルギーの単位です。物質が燃えたりしたときに発するエネルギーがおよそ数eVくらいで、核反応などで出されるエネルギーが100万eVくらい（100万eV = 1 MeV（メガ電子ボルト））です。GeVは10^9 eVなので、10^{19} GeVは10^{28} eVです。

現在、地球上で最も大きなエネルギーを出せる加速器は、スイスのジュネーヴ郊外にあるCERN（欧州原子核研究機構）が所有するLHC (Large Hadron Collider、大型ハドロン衝突型加速器)で、その最大のエネルギーが14 TeV = 1.4×10^{13} eVです。プランクエネルギーはこの1000兆倍ですから、桁外れに大きいエネルギーであることがおわかりいただけると思います。

誕生間もないごく初期の宇宙では、このくらいの超高エネルギー状態が実現していたと考えられています。そのため、その時期の宇宙には、宇宙そのものに量子力学を使い、その振る舞いを計算する必要があるはずです。

ところが厄介なことに、宇宙そのもの、すなわち時空そのものを扱う理論体系である相対性理論と、ミクロの世界を扱う理論体系である量子力学とを融合した**量子重力理論**は完成していないのです。その理由のひとつは、時空を滑らかな図形のようなものと考える相対性理論と、あらゆるものが「揺らぐ粒子」のような性質を持つと考える量子力学とでは、根本的な立脚点が異なることにあります。この問題と、現代物理学で考えられている量子重力理論の候補については、この本の最後で述べたいと思います。

2.4 より大きな構造を考える――メタ理論へ

2.4.1 俯瞰して眺める

これまで物理学におけるモデル化、すなわち上手な見立てを紹介してきました。次元解析もまた、現象に本質的な部分だけを抽象した単純化であり、うまい見立てのひとつです。見立てにより、一見すると関係のなさそうなものに共通するものが見えてくると、次はそれらを統一的に見る視点が現れます。すなわち、似たようなものをひとかたまりのグループとして見る「メタ」な視点が立ち現れてくるのです。そうしたメタな視点をつきつめた、ある意味「究極」のメタな視点、それは「自然は、何かを最も単純にするように動く」というものです。これが何をいっているのか、具体例で説明しましょう。

□ 自然は無駄をしない――最小作用の原理

第1章で強調したように、止まっていた物体が動き出したとしたら、何らかの力が加えられたはずです。力を加えたとき、物体がどんなふうに動くかを決める式を「運動方程式」といいました。物体に大きな力を加えれば、よく加速します。物体に加えられた力と加速度は比例しています。逆に、物体の質量が大きいと、力を加えてもなかなか加速しません。質量と加速度は反比例しています。この性質が、ニュートンによりまとめられた「運動の法則」でした。

「運動の法則」は、私たちが日常で見かけるものについて成り立っている法則ですが、では、すべての物質がこの法則に従うのでしょうか？　例えば光はどうなのでしょう？　電子や陽子のように、ミクロな物質でも同じように成り立つのでしょうか？　水や空気のように、1個の物体というより、たくさんのものが集まってできている集合体でも成り立つのでしょうか？　ブラックホールのすぐ近くを飛ぶ光では？　考えてみると、それらすべてに同じ法則が成り立つかどうかはまったく自明ではありません。事実、物質ごとに運動方程式は異なります。

ところが面白いことに、それら物質ごとに異なる運動方程式も、その多くは**「最小作用の原理」という基本原理から導くことができる**のです。あとで述べるように、ミクロの世界での物質の運動は量子力学という理論で表され、そこでの運動の様子は最小作用の原理だけで決まるものではありませんが、そこでも最小作用の原理が中心的な役割を果たすことに変わりはありません。

「作用」という量が最小になるように自然界の運動は決まっている。このことは自然界の根本原理のひとつであり、同時に、自然界が美しくできていることをよく表しています。

□ 自然のカタチ その1 —— 壁のどこにタッチするのが近道？

最小作用の原理がどのようなものか、自然が美しいとはどのような意味かを理解するために、いくつかクイズをやってみましょう。

A
○

B
○

壁

●AからBへの最短ルートは？　ただし、一度壁にタッチしなければいけないとする。

図のように点Aと点Bがあります。いま、皆さんは点Aにいるとして、点Bに行きたいとしましょう。そのために、2点を結ぶ最短ルートを考えてほしいのです。

何も条件がなければ、最短ルートはもちろん2点を結ぶ直線です。これが、一番無駄のないルートです。しかし、この問題にはひとつだけ条件があります。それは、下にある壁に一度だけタッチしてから行かなければならない、というものです。さて、その場合にはどこで壁にタッチするのが一番の近道になるでしょうか？　せっかくなので、紙とペンを用意して、皆さんも考えてみてください。

最短距離の基本は、直線を使うことです。といっても、この場合は壁に一度タッチしなければいけないため、直線にはならず、折れ線になってしまいます。どうやったら直線を利用できるでしょう？

これは比較的よく知られた問題なので、答えをご存じの方も多いかもしれません。直線を利用するにはまず、壁に対して点Bと対称な点B'を取ります（図）。

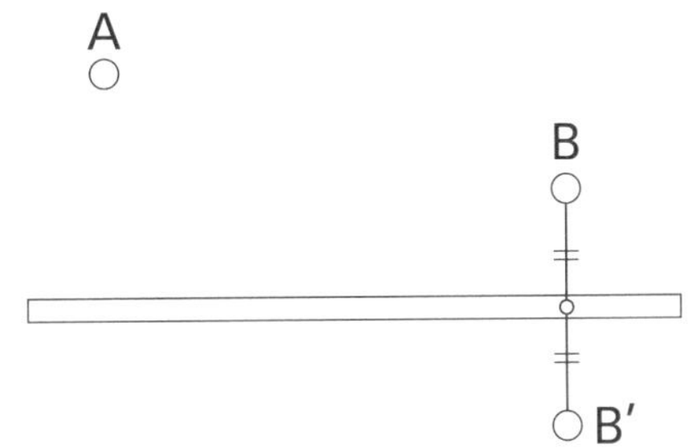

そして、そこへ向かって点Aから直線を引きます。その直線と壁の交わるところが、タッチするところCです。

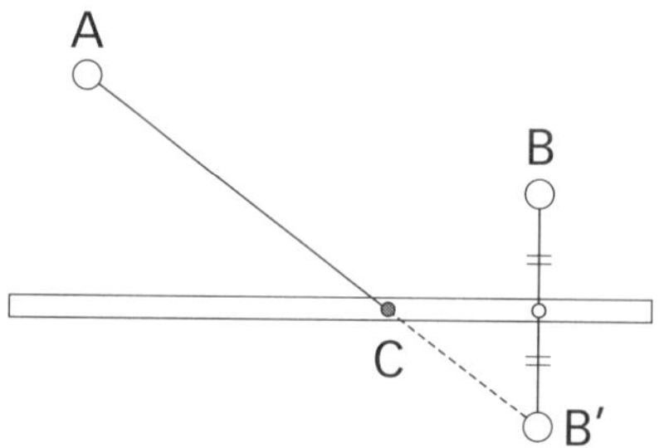

その地点で壁にタッチして、点Bへ向かう折れ線が正解のルートです。

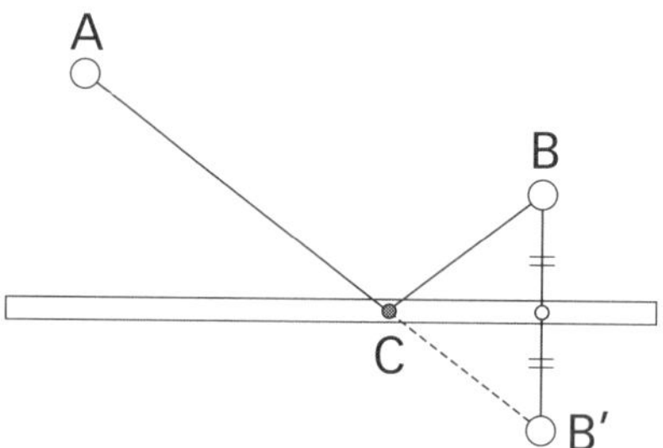

●壁に対して点Bと対称な点B'を取り、そこに向かって点Aから直線を引く。直線と壁の交点Cでタッチするのが最短ルート。

この図を描けた方は多いかもしれませんが、これが最短ルートである理由を説明できるでしょうか？　答えを覚えていることより、なぜそうなのかを理解していることのほうが、価値があります。

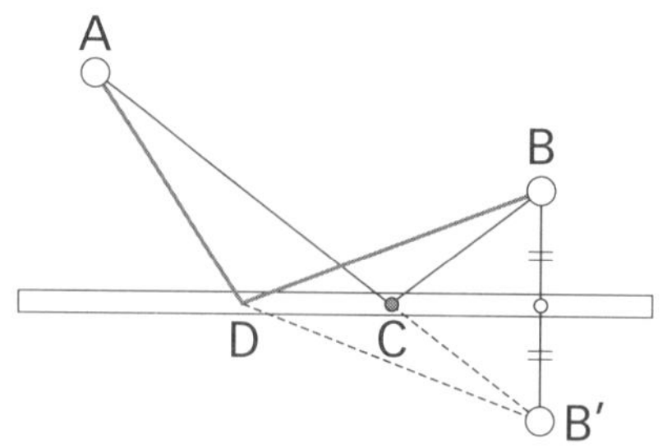

●点C以外のところで壁にタッチした場合のルートは、点Cを通る線より遠回りになっている。

試しに、点C以外のところでタッチしたとしてみましょう。壁と交わるところを点Dとすると、線分AD+線分DBという折れ線ルートと、線分AD+線分DB′という折れ線ルートの長さは同じです。すると明らかに線分AD+線分DB′という折れ線ルートは、線分AC+線分CB′という直線ルートよりも遠回りになっています。結局、点Aと、点Bの代わりの点B′を直線で結ぶルートが、最短距離であるというわけです。

□ 自然のカタチ その2 —— 無駄なく電線で結ぶには？

今度は、3つの点を結ぶことを考えてみましょう。

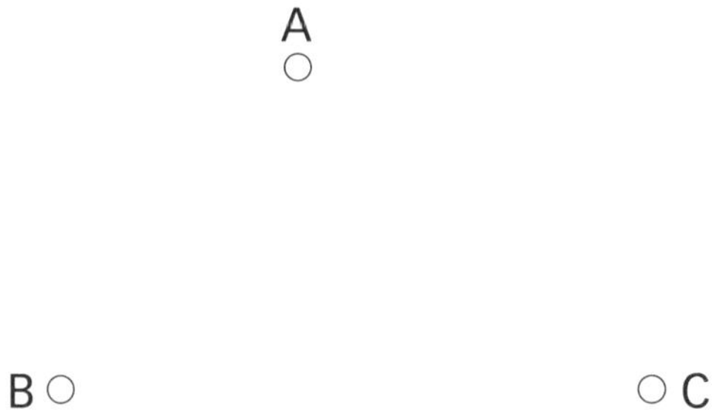

A
○

B○　　　○C

●3点A、B、Cを結ぶ線の合計の長さが最小になるようにするには？

上図のように、3つの点A、B、Cがあるとします。これが3つの町A、B、Cを表すとして、どこか3つの町の真ん中あたりに中継地点を置いて、これらの町を電線で結ぶことを考えてください。安くあげるために、電線の合計の長さを一番短くするには、いったいどこに中継地点を置けばよいでしょうか？　この問題も、また同じように紙とペンを持って、少し考えてみてください。

答えは、図のように、3点A、B、Cを結ぶ線分のそれぞれが120°に開く点となります。この点のことをフェルマー点といいます。その理由は、中学数学の知識で理解することができます。理解できると気持ちがよいので、またも紙とペンを用意して、以下の議論を追いかけてください。

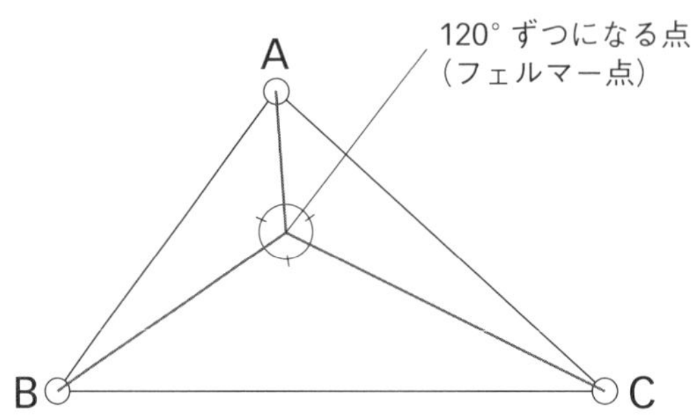

●3点A、B、Cを結ぶ線の合計の長さが最小となるところでは、各点を結ぶ線分が120°に開く。この点をフェルマー点という。

まず、次の図のように、3点を結ぶ点Pを適当に三角形ABCの中に取ります。次に、辺APを一辺とするような正三角形APQを取ります。そしてもうひとつ、辺ACを一辺とするような正三角形ACDを取ります。

知りたいのは、3点A、B、Cを結ぶ線の合計値、すなわちAP + BP + CPが最小になるのはどのようなときであるか、です。ここで、三角形APQは正三角形なので、APとPQの長さは同じです。また、CPとQDの長さも同じになっています。なぜなら、三角形APCと三角形AQDに注目すると、辺の長さについて、

AP ＝ AQ（なぜなら△APQは正三角形）
AC ＝ AD（なぜなら△ACDは正三角形）

がいえていて、さらに角度について、

$$\angle \mathrm{PAC} = 60^\circ - \angle \mathrm{CAQ} = \angle \mathrm{QAD}$$

が成り立つため、三角形APCと三角形AQDは合同（大きさも形もまったく同じ）だからです。2つの三角形において、2つの辺の長さと、その辺の間の角度が等しいとき、両者は合同であることを思い出してください（二辺挟角相等といいます）。

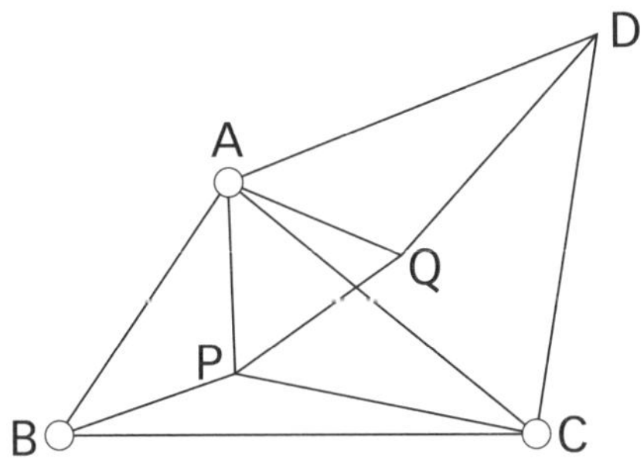

●三角形ABCの中に適当な点Pを取り、
辺APを一辺とするような正三角形APQ、
辺ACを一辺とするような正三角形ACDを取る。

よって、辺の長さについて、

$$\mathrm{AP} + \mathrm{BP} + \mathrm{CP} = \mathrm{BP} + \mathrm{PQ} + \mathrm{QD}$$

であることがわかります。いま、AP + BP + CPを最小にしたいわけですが、そのためには、上図のような折れ線ではなく、次の図のような直線がよいはずです。

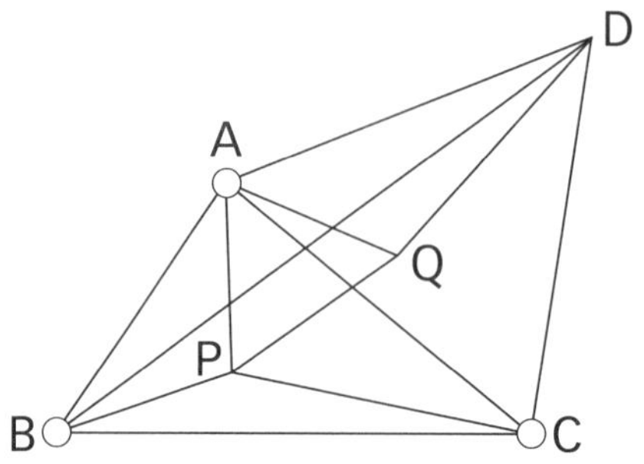

●点Bと点Dが直線で結ばれるとき、
すなわち点B、P、Q、Dが一直線上にあるとき、
3点A、B、Cを結ぶ線の合計が最も小さくなる。

あとは、このときに3点A、B、Cを結ぶ線がそれぞれ120°に開いていることを示すだけですが、それは皆さんにお任せしたいと思います。示し方はいろいろありますが、次の図のように、三角形ABCの、向かって右の辺ACを使ってやったことを、左の辺ABでも行ない、その交点がフェルマー点であることに注目すると簡単かもしれません。いずれにしても大切なのは、「直線」で2点を結ぶのが最短距離であるということです。

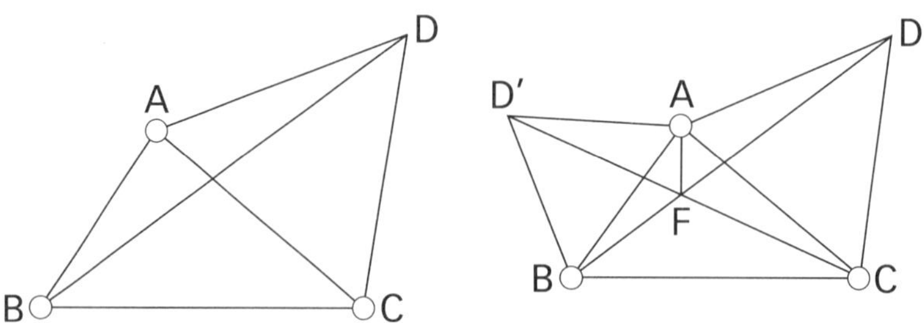

●点Bと点Dが直線で結ばれるとき、
すなわち点B、P、Q、Dが一直線上にあるとき、
3点A、B、Cを結ぶ線の合計が最も小さくなる。

□ 自然のカタチ その3 —— シュタイナーツリー

では次に、点を4つに増やしたらどうでしょう？

●4点を結ぶ線の合計の長さが最小になるのは？

3点のときは、120°ずつに開くフェルマー点ができましたから、90°ずつになるのでしょうか？

図に描いてみるとすぐわかりますが、長方形の場合は90°ずつに開くことはできませんね。どのようになるのか、今度は「自然」に答えを聞いてみることにしましょう。

●4点の様子をモデル化するため、アクリル板に4本の柱をつけた模型。

この写真を見てください。これは、アクリル板に柱を4本つけたもので、4本の柱が4つの点に相当しています。実験装置というほど大げさなものではありませんが、4つの点が並んでいる状況をモデル化したものです。

これをシャボン液に浸して、持ち上げたのが、次の写真です。

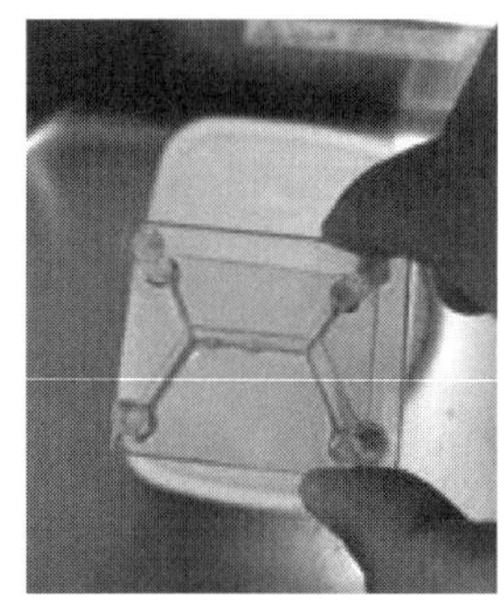

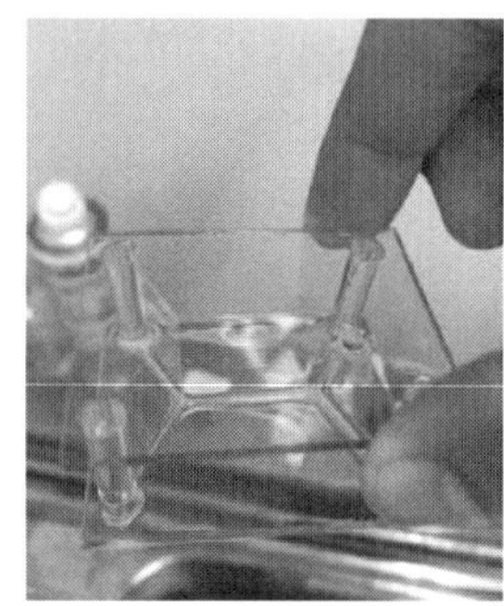

●4本の柱をつけたアクリル板を、シャボン液に浸して持ち上げたところ。フェルマー点が2つできている。この図形をシュタイナーツリーという。

どうでしょう？　想像とは少し異なっていたのではないでしょうか？交点が2つありますね。この画像をよく見ると、その2つの交点がフェルマー点になっていることがわかります。この形はシュタイナーツリーと呼ばれています。4つの点を結ぶ線の合計が最小になるのは、このように結んだときなのです。

ところで、なぜこのように結んだものが、最小の長さになっているといえるのでしょう？　それは、シャボン膜の性質によります。シャボン膜は、表面張力によって縮もうとします。私たちがシャボン玉をつくるときは、膜の中に空気が入っています。そのため、シャボン膜が小さくなろうとしても、中の空気の圧力と釣り合って止まり、シャボン玉は球形になります。

一方、図の実験装置のほうはシャボンに空気が入っていませんから、シャボン膜は一番面積が小さくなるところまで自動的に縮みます。そのため、アクリル板とシャボン膜の交わったところにできている線も、合計の長さが最も短くなっているというわけです。

4点を結ぶ線の長さの合計が一番短くなるのはどのようなときかを数学的に考えるのは難しい問題ですが、自然がその答えをすぐに教えてくれることもあるのです。

□ 自然のカタチ その4 —— シャボン膜の張り方

さらに応用問題も考えてみましょう。写真のような立体のフレームをシャボン液に浸して持ち上げると、どのような膜が張るでしょうか？

●立体的なフレームに張るシャボン膜は？

膜が最小になるように張ることはこの場合も同じですが、実際にやってみると、次の写真のような形になることがわかります。フレームの内側に膜が入り、なるべく小さな面積になろうとするのです。

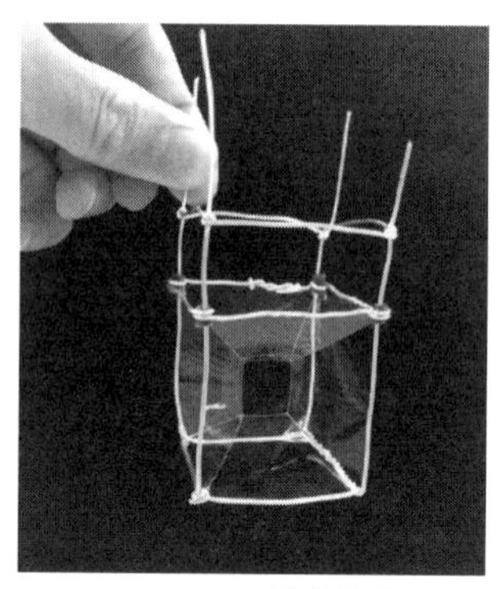

●立体的なフレームに張るシャボン膜の例。

正四面体の場合、膜が合わさったところの線同士はおよそ109.4°の角度で交わります。これは三角比のcosの値が－1/3になるような角度として知られ、マラルディの角（Maraldi's angle）といわれています。

ここで、三角関数について少し補足しておきます。直角三角形の辺同士の比に成り立つ規則性をまとめたものを三角比といい、それを任意の角度へと拡張したものが三角関数です。

次の図のような半径1の円上の点Pを考え、その点と原点を結ぶ線を引きます。この線は動く半径なので「動径」といいます。動径のx軸からの傾きの角度をθとします。動径とx軸のなす角がθのとき、点Pのx座標のことを$\cos\theta$、y座標のことを$\sin\theta$と呼びます。

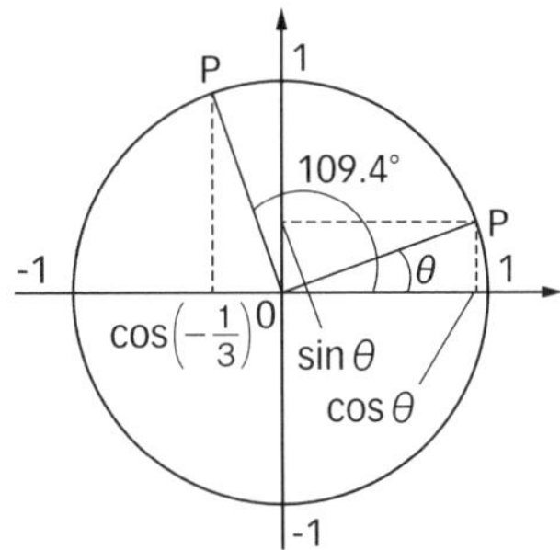

●cos θ＝−1/3ということは、角度θは図のあたりになる。これがおよそ109.4°。

ところで、フェルマー点につく線分は、120°で交わっていました。120°のコサインは$\cos 120° = -1/2$です。ちなみに、正四面体をn次元空間へ拡張したものにシャボン膜を張ることができれば、その線分が交わる角度は$\cos\theta = -1/(n-1)$になります。正三角形は2次元（面の世界）における正多面体、正四面体は3次元（空間の世界）における正多面体です。4次元空間や5次元空間など、私たちが住んでいる3次元空間よりも次元が多い世界についても、仮想的に考えることができます。第4章で触れるように、実験や観測などでそうした高次元空間が存在する証拠はいまのところ何もありませんが、観測技術が進化すれば、見つかる可能性はゼロではありません。

ところで、任意の立体フレームに張るシャボン膜の境界線でも同じようになるのかどうかはわかりません。シャボン膜上のすべての点で、膜の表面張力が釣り合っていることを考えるとそうなっているはずなのですが、「任意」というところがなかなか難しいところです。

「針金のような固い枠に張るシャボン膜は常に最小面積になるか？」という問題は、「プラトー問題」といいます。いまから200年近く前にベルギーの物理学者ジョセフ・プラトーによって実験的に考察されました。シャボン膜がつくる図形の角度などはプラトーの法則としてまとめられ、20世紀になってからアメリカの数学者ジェス・ダグラスによって、数学的に「極小曲面」の満たす性質として証明されました。プラトー問題は枠が変形可能な場合など、いくつかのバリエーションへ発展し、現在も研究が続いています。

2.4.2 自然は何かを知っている

前項で取り上げた「最短経路」や「最小長さ」を見つける問題は、自然界のあらゆる現象に共通する、普遍的な性質と関係しています。光の進み方を例に、それを見ていきましょう。

□ 光はどう進むか——反射と屈折

光が鏡で反射するとき、反射の法則が成り立つことが知られています。反射の法則はとても単純で、図のように鏡の反射面に入射する光の角度と反射した光の角度が一致するというものです。局所的に考えると、これは当たり前のように思えます。

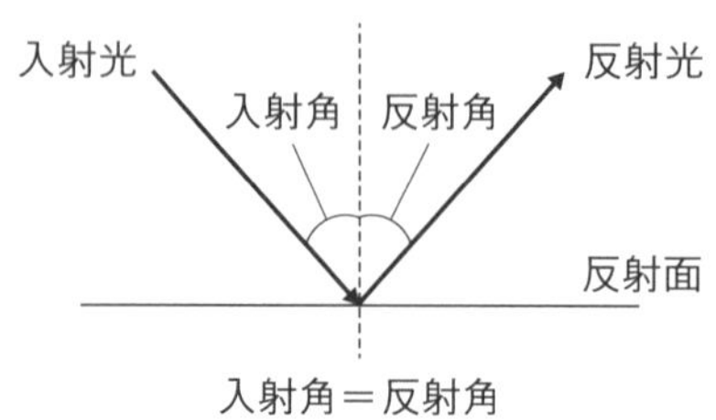

□ 反射の法則を局所的に考える

例えばボールを床に斜めに当てて、反射させることを考えてみましょう。入射角と反射角は等しくなりそうです。では、ボールが床で反射したときにへこんでしまったらどうでしょう。または床にボコッと穴があいてしまった場合はどうでしょうか。反射した結果、ボールの速さは小さくなってしまいそうです。ボールや床の変形に、エネルギーが使われてしまうからです。音もそうです。反射の際にはドンッという音も出るため、ほんのわずかですが、それによってもエネルギーは微妙に減るはずです。

次に、床がものすごくザラザラしていて、ボールがそれに引っかかったらどうでしょう。出っ張りが大きすぎれば、ボールがガッと出っ張りに引っかかって、全然前に進まないこともあるかもしれません。もっと極端な場合、ボールではなく泥の玉なら、床にベチャッと張り付いて、そこで止まってしまいます。

どうやらそのように、変形や音のような他のことにエネルギーが使われてしまったり、摩擦が働いたりする場合は、入射角と反射角は等しくならないと予想できます。

実験してみても、そのようになることはすぐわかります。ということは逆にいえば、まったく摩擦もなく、反射の際に変形したり、何か他のことにエネルギーが使われてしまったりするようなことがなければ、床に当てたときの入射角と、跳ね返ったときの反射角は等しくなるといえるでしょう。そのような理想的な衝突を、「完全弾性衝突」といいます。高校で物理を学んだ方であれば、「完全弾性衝突 = 跳ね返り係数eが1の衝突」であることを覚えているかもしれません。

このように反射の法則は、反射した点で何が起きているのかを考えることで理解することができます。このような理解の仕方を「局所的な理解」と呼ぶことにしましょう。

□ 反射の法則を大局的に考える

この反射の法則には、局所的な理解だけでなく、別の捉え方があります。局所的に対して、「大局的な理解」と呼べるものです。大局的とは、「全体を見て、そこから判断する」ということを意味します。

実はその理解の方法は、すでに皆さんには体験してもらっています。前節で出てきた、「壁のどこでタッチするのが一番近道か？」という問題を思い出してください。この問題の設定は、鏡で反射する光の軌跡とそっくりではないでしょうか？

これは本当にそうで、この問題は「点Aから発射された光が鏡で反射して点Bに届くとき、どこで反射するか？」という問題と答えが同じなのです。最短の経路を進むとき、面への入射角と反射角が等しくなっていることがわかります。

このことは証明することもできます。次の図を見てください。

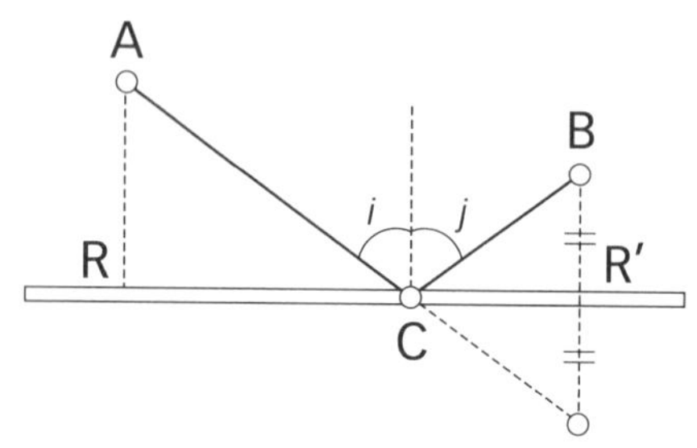

点A、Bから下ろした垂線が壁と交わるところをそれぞれ点R、R′とすると、対頂角の関係から∠ACR = ∠B′CR′です。次に、△BR′Cと△B′R′Cは同じ三角形なので、∠BCR = ∠B′CRです。よって、△ARC ∽ △BR′Cです。入射角と反射角は、慣習上、入射する面に垂線を引いて、そこからの傾きで測りますが、∠ACR = ∠BCR′なので、

$$\text{入射角}\, i = 90^\circ - \angle\mathrm{ACR} = 90^\circ - \angle\mathrm{BCR'} = \text{反射角}\, j$$

であることがわかります。

この経路は一番の近道、すなわち最短経路でした。ということは、この経路を進めば、時間も一番かからないということです。つまり、「スタート地点Aとゴール地点Bとを結ぶ経路のうち、壁で反射する経路にはさまざまなものがある中で、自然界が実際に選ぶ経路は、一番時間がかからないものになっている」ことがわかるのです。

「さまざまな経路がある中で、ある特別な経路が選ばれる」というものの見方が「大局的なものの見方」です。物理に限らず、自然現象は「どのように力のやりとりが行なわれているのか」など、局所的な相互作用で理解されることが多いのですが、実は「すべて」大局的な視点でも捉え直すことができます。ここで「すべて」と括弧つきで書いたのは、前にも少しだけ述べたように、原子や分子のようなミクロの世界では、大局的に「一番よさそうな」経路が選ばれる確率が最大ではあるものの、そこからずれた経路も選ばれることがあるからです。これについては、あとの章でも触れます。

□ 光の屈折の局所的な視点——スネルの法則

自然現象を、局所と大局という2つの観点から捉えることができる例として、今度は光の屈折について考えてみましょう。

図は、空気中からガラスへ、レーザー光線を発射しているところです。このように、空気とガラスの境界面で、光は屈折します。これと同じことが空気と水の境界面で起きることもよく知られています。空気中から水中へ打ち込んだ場合は、水の深いほうへ潜るように、光は屈折します。

このように曲がるのは、空気中と水中とでは、光の速さが異なるためです。私たちが水の中を歩くと、空気中を歩くのに比べて抵抗を感じます。これは、空気中に比べ、水中は水の分子が密集しているからです。空いている道はスイスイ歩けますが、人混みや渋滞は進みにくいのと同じです。

このことは、光にとっても同じです。光が進むとき、空気中であれば抵抗するものが周りにほとんどないために、スイスイ進むことができます。真空ならまったく抵抗がないので、第1章で何度か出てきたように、1秒で30万 kmもの距離を進むことができます。

空気中の場合、空気分子がわずかに光の進行を妨げるので、秒速30万km よりもほんの少しだけ、光の速さは小さくなります。これが水中になると、光の速さは秒速23万 km くらいに遅くなります。水に限らず、液体は気体と違って分子が密集しているため、それらに邪魔されて光は遅くなるのです。

ちなみに、音波は光と逆に、空気中より水中のほうが速くなります。音波は、空気の密度や水の密度の変化が伝わったものなので、変化の様子が伝わりやすいもののほうが、速く伝わるのです。鞭のようにグニャグニャしたものと、鉄の棒のように固いものとでは、手元を揺すったときに、固いもののほうがその変形の様子が速く伝わるのと同じです。

さて、レーザー光線が空気中を進んできて水面に入ると、水中のほうが進みにくいことで、レーザー光線のうち、水中に入った部分は遅く進むようになります。一方で、空気中の部分は速いままです。

ちょうど、何人かで手をつないで走ったときに、片方に足が速い人が集まって、反対側に足の遅い人が集まってしまったような状況です。まっすぐ進むことができず、回ってしまうことになります。レーザー光線も同様で、空気中の側が速いため、回り込んでしまうことになるのです。レーザー光線の全体が水に入ってしまえば、どの部分も同じように遅くなりますから、その先はまっすぐ進むことになります。これが、光の屈折の局所的な理解です。

この局所的な性質をまとめたのが、「スネルの法則」です。スネルの法則は、「屈折率」を使って書かれています。屈折率（正確には「絶対屈折率」）とは、真空中に比べ、光がどのくらい遅くなるかを表す量です。

具体的には、物質中の光の速さで、真空中の光の速さである秒速30万 kmを割ったものです。例えば水の屈折率は、秒速30万 kmを水中の光速で割れば、およそ1.33と求められます。

一般には、入射角をθ_1、屈折角を次の図のように取り、これをθ_2とすると、スネルの法則は、

$$n_1 \sin \theta_1 = n_2 \sin \theta_2$$

と表されます。ここで、n_1は入射側の物質の屈折率で、n_2は屈折側の物質の屈折率です。

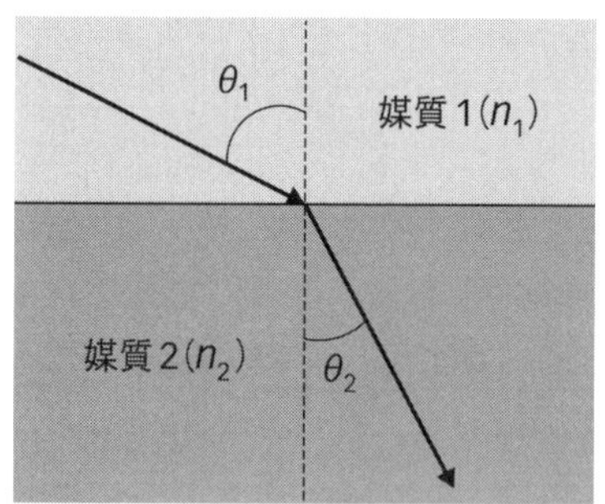

先に述べた反射の法則とスネルの法則を利用すれば、光ファイバーの中でどのように光が進むかということや、マジックミラーの設計などをすることができますし、プリズムを通した光がどのように曲がり、模様を描くかも計算することができます。

□ 光の屈折の大局的な見方――フェルマーの原理

こうした局所的な見方に対して、光の屈折を大局的な見方で理解することもできます。先ほどの光の反射と同じで、実は屈折した光の経路もまた、スタート地点とゴール地点を指定した中で、光が最も短い時間で進む経路になっているのです。

それをきちんと証明するには、高校数学の微分積分の計算が必要になります。証明は別の機会に譲ることにして、ここでは直感的な説明をします。

図のように、どこかで光は屈折するわけですが、どこで屈折したら、光がゴールまでにかかる時間が最も短くなるかを考えてみましょう。ここでは、光が空気中から水中へと入るとします。

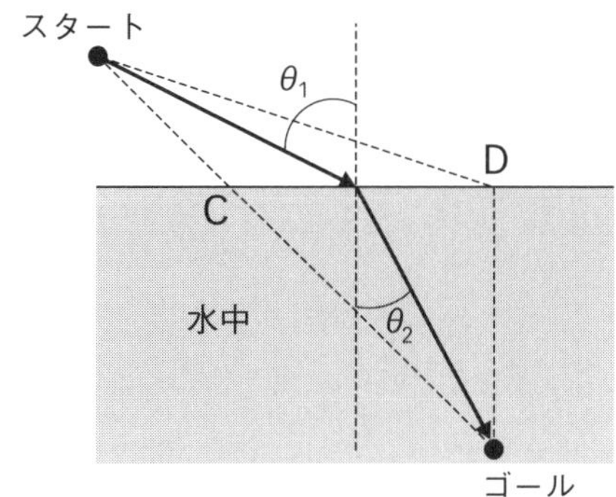

空気中のほうが水中よりも光は速く進めるのですから、なるべく水中を進まないほうが速く行けそうです。そうなると、図のCを通る、スタートとゴールを直線で結ぶ経路よりも、屈折する点をなるべく図の右に近づけたほうが時間は短くなりそうです。ただし、それをやりすぎると空

気中を進む経路がどんどん長くなって、それはそれで回り道になってしまいます。

ということは、ゴール地点から境界面に引いた垂線が境界面と交わる点をDとするとき、CとDの間の、どこかちょうどよい点で屈折すれば、かかる時間が最小になりそうです。その絶妙な塩梅(あんばい)の点が、実際に光が屈折する点になるのです。

2点を結ぶ経路の中で、最もかかる時間が短いものが選ばれるというこの光の性質を、フェルマーの原理といいます。光は、さまざまな経路のうちで、最も時間の短いものを「選ぶ」という、この見方が、光の屈折に関する大局的な理解です。

□ 自然は何かを知っている——最小作用の原理

光の反射も屈折も、「いろいろある中で、一番時間がかからない経路が実現されている」ということがわかりました。この、「何かを小さくする」という性質は、光の進み方だけに限った話ではありません。例えば、電気回路の問題で、抵抗を並列につないだとき、どのように電流が流れるかというものがあります。

局所的には、それはキルヒホッフの法則という性質を考えればわかるのですが、これについても「最小発熱の原理」という大局的な見方ができます。つまり、回路全体での発熱が最も小さくなるように、電流は流れるのです。

このように、大局的な見方をすると「自然は何かを知っているのではないか？」とすら感じられてきます。「自然が知っていること」、その究極ともいえる原理が「最小作用の原理」と呼ばれるものです。

「作用」は物理学の専門用語で、ラグランジアンという量を時間で積分したもので、ラグランジアンとは、運動エネルギーから位置エネルギーを引いたものです。数式で書けば、ラグランジアンをL、運動エネルギーをT、位置エネルギーをUとして、作用Sは、

$$S=\int dt\, L=\int dt\ (T-U)$$

と表せます。

運動エネルギーは動いている物体が持っているエネルギーで、物体の質量に比例し、速さの2乗に比例するエネルギーです。一方、位置エネルギーは別名ポテンシャルエネルギーといい、「運動することができる、潜在的なエネルギー」のことです。例えば、机の上に置かれたペンはそのままでは動き出しませんが、それを持ち上げて手を離せば落下します。手で持ち上げて、高いところに移動したことによって、「手を離したときに、運動し始めるというエネルギー」を得たのです。バネにつけられたおもりもそうで、バネを縮めたり、伸ばしたりすると、手を離したときに動き出します。潜在的なエネルギー、すなわちポテンシャルエネルギーが蓄えられた状態になったのです。

運動エネルギーと位置エネルギー（ポテンシャルエネルギー）を加えたものを力学的エネルギーといい、中学の理科でも出てきます。ラグランジアンはそれとは異なり、運動エネルギーから位置エネルギーを引いたものですので、気をつけてください。

この作用が最も小さくなる条件を、数学を使って計算することができます。結果のみここに書きますが、作用が最も小さくなることを、

$$\delta S = 0$$

と書き、これが成り立つとき、

$$\frac{d}{dt}\left(\frac{\partial L}{\partial \dot{x}}\right) = \frac{\partial L}{\partial x}$$

が成り立ちます。これを**オイラー・ラグランジュ方程式**といいます。$\dot{x}$は位置xを時間で微分したもの、すなわち速度を表します。また「∂」は偏微分を表す記号です。

見た目はいかつい方程式ですが、この式はもう少し簡単な形に書き直すことができます。

$$m\frac{d^2x}{dx^2} = F$$

位置 x を時間で2回微分したものが加速度 a であることを使ってさらに書き換えると、この式は、

$$ma = F$$

となります。すなわちこの式は**ニュートンの運動方程式**です。つまり、

「作用が最小になる」という条件 ＝ 運動方程式

であり、運動方程式を満たす状況が現実には起きるのですから、現実に起きることは、作用が最小になるようになっているのです。

これはニュートンの運動方程式、すなわち力学の法則を表しています

が、「作用が最小になる」という条件で現実の運動が決まるということは、力学以外でも成り立ちます。例えば電磁気学では、

$$S = -\frac{1}{4\mu_0}\int d^4x F_{\mu\nu}F^{\mu\nu}$$

という作用を考えます。$F_{\mu\nu}$は電場や磁場を成分に持つ量で、「場の強さ」といいます。この作用が最小になるという条件を使うと、電磁気学の基本方程式であるマクスウェル方程式が得られるのです（マクスウェル方程式やμ_0などについては第3章で説明します）。

力学と電磁気学は、私たちの身の回りの自然現象の基本となるものです。ということは、私たちが日常的に経験するほとんどの現象の背後に、「最小作用の原理」が隠れているといえます。このことは相対性理論でも同様で、一般相対性理論では、アインシュタイン・ヒルベルト作用というものを最小にするという条件から、アインシュタイン方程式が導かれます。次の第3章では、いよいよその相対性理論が登場します。

3

枠に気づく・枠を外す

物事を見るとき、私たちは無意識に「思考の枠」にはまっているものです。人間であるがゆえの身体的な制約から逃れることはできませんし、これまでの人生で経験したこと、見聞きしたことは、私たちの考え方に大きく影響します。

どの世界にも特有の「ローカル・ルール」があります。国や地域はもちろん、個人個人もローカル・ルールに従って動いています。例えば、動物である私たちが植物のように世界を見ようとしても、なかなか簡単ではありません。

しかし、「ひょっとすると自分とは異なるルールで動いている世界があるのでは？」と想像するだけでも、状況はずいぶん変わります。「自分の直感が通用しない世界がこんなにもあったのか！」という実体験ができるならなおさらです。気持ちよく想像が裏切られる体験をしてみましょう。

3.1 対称性の話――世界を語る標準語とは?

3.1.1 光は電磁波という波

□ ガリレイによる測定

光の速さが真空中で秒速30万 kmであることは何度か触れてきましたが、この速さを最初に測定しようとしたのはガリレオ・ガリレイです。ガリレイは1638年に出版した『新科学対話』の中で「光の速さは有限である」と述べています。光は速すぎるため、ガリレイにも測定することはできなかったのですが、一般には光の速さは無限大だと考えられていた時代に、ガリレイはそれが有限だろうと見抜いていました。

歴史上、光の速さを初めて測定することに成功したのは、デンマークの天文学者オーレ・レーマーです。彼は光の速さが有限なら、木星の衛星イオの食の様子をうまく説明できると気づきました。

イオは42.5時間で木星の周りを1周します。ということは、地球と木星の相対的な距離が変わらないなら、イオが地球から見えなくなるのも42.5時間に1回のはずです。

しかし実際には、地球も木星も太陽の周りを公転しているため、互いの距離は変化しています。そのため光の速さが有限なら、イオが木星の陰に出たり入ったりする時間間隔は、地球から見ると、地球と木星の間の距離に応じて変化することになります。例えば、イオが木星の陰に入ったあと、地球が木星から遠ざかってしまうと、その分だけ、「イオが木星の陰に入った様子」が地球から見えるのは、少し遅れるはずです。その様子（映像）が地球に届くまでに余分に時間がかかるようになるからです。

ことの本質は、光速が有限であるために、地球と木星の距離が変化することにともなって、光がイオから地球に届くまでの時間も変化することにあります。ちなみに、少し想像しにくいかもしれませんが、もし光の速さが無限大なら、地球と木星の間の距離がいくらであろうが、イオは42.5時間ごとに木星の陰に出たり入ったりします。なぜなら、イオが木星に隠れたと同時にその映像が地球に飛び込んでくるからです。速さが無限大なので、木星と地球がどれだけ離れていようが時間がまったくかからないのです。それどころか、宇宙の果て（あるかどうかはともかく）から宇宙の果てまででも、まったく時間がかからずに一瞬で光が届くことになります。そう考えると、「光速が無限大」というのは奇妙なことに思えてこないでしょうか。このように、光速が有限と考えるのは実はむしろ自然なことなのです。

さて、光の速さが有限だとすると、食の見え方のズレを詳細に観測すれば、光の速さを求めることもできます。事実、レーマーはイタリアの科学者ジョヴァンニ・カッシーニが天文台長を務めていたパリ天文台で研究し、カッシーニが集めた木星の衛星イオの食に関するデータをもとに解析を進め、光の速さが有限であると結論しました。

実は、データを提供したカッシーニは光の速さが無限だと考えていたらしく、レーマーの結論を認めようとしなかったようです。しかもカッシーニのほうが長生きしたこともあって、レーマーの死後少しの間は「光速有限説」は有力ではなかったようですが、徐々に他の科学者にも受け入れられていきました。なお、彼らのデータをもとにオランダの科学者クリスティアーン・ホイヘンスが算出した光の速さは秒速 21 万 km であったようです。実際の光速の7割ですね。

□ フィゾーによる歯車を使った測定

ここまでのお話はいずれも17世紀のことですが、それから150年ほどのちの19世紀中ごろになって、光の速さを地上の実験で求める方法が考案されます。

最初に光速を実験で求めることに成功したのはフランスのアルマン・フィゾーです。フィゾーは1849年、図のような歯車を使った実験装置で光の速さを求めました。

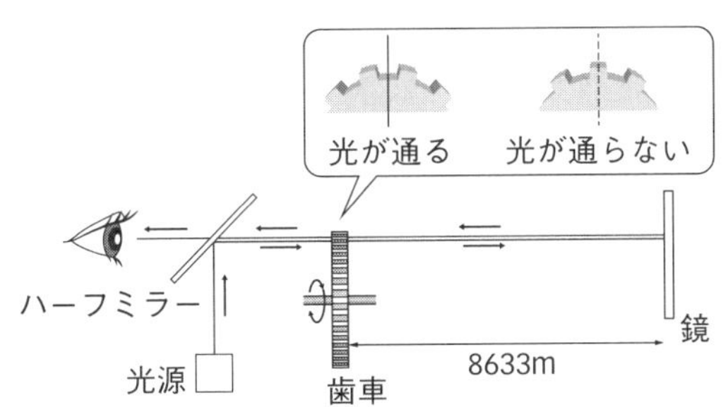

●フィゾーが用いた、歯車を使って光速を求める実験装置。
歯車の回転速度によって、明るくなったり、暗くなったりする。

ちなみに、この図の歯車と鏡の距離は8633 m、すなわちおよそ9 kmもあります。実際には、フィゾーは歯車を実験室に置き、光を反射させるための鏡を約9 km離れた丘に置いて測定しました。このように巨大な装置が必要なのは、光がとても速く、短い距離ではあっという間に到達してしまうため、測定が難しくなるからです。

この装置でどうやって光の速さを測定するかを説明しましょう。まず、歯車を止めた状態で光を発すると、ハーフミラーで反射した光が歯車のすき間を通って丘の上の鏡へ進みます。ハーフミラーとは、ビームスプリッター（光線を分割するもの）とも呼ばれる特殊な鏡で、光の半分を反射して、残りの半分は通過させる性質を持っています。丘の上の鏡で反射された光は再び歯車のすき間を通り、ハーフミラーを覗いていると、光がやってきます。

ここで歯車を回転させてみましょう。最初のうち歯車はゆっくり回っていますから、光からすれば止まっているも同然で、すき間を簡単に抜けることができます。その間はハーフミラーを覗くと光が通過してくるのが見えます。つまり、明るくなります。

しかし徐々に歯車の回転速度を上げていくと、状況が変わってきます。歯車のタイミングによっては、光が丘の上で反射されて戻ってきたときに、歯車の歯に遮られて通過できず、暗くなることがあるためです。

いつ暗くなるかは、光が反射して戻ってくるまでにかかる時間と、歯車のすき間が動くタイミングの兼ね合いで決まります。歯車がすき間1個分を回転するのにかかる時間は計算できるので、これを使えば、光が丘と歯車の間を往復する時間が割り出せるのです。このやり方で、フィゾーは光速を31万5000 km/秒と求めました。

□ フーコーによる測定

フィゾーの実験を改良し、精度を高めたのが、同じくフランスのレオン・フーコーです。フーコーは振り子を使って地球が自転していることを示した人としても有名です。フーコーの光の実験では、高速で回転する鏡を用いています。鏡が回転することで光が反射するときに角度が変化して、少しズレたところに光が届きます。そのズレと回転鏡の回転速度を用いて光の速さを測定する方法です。

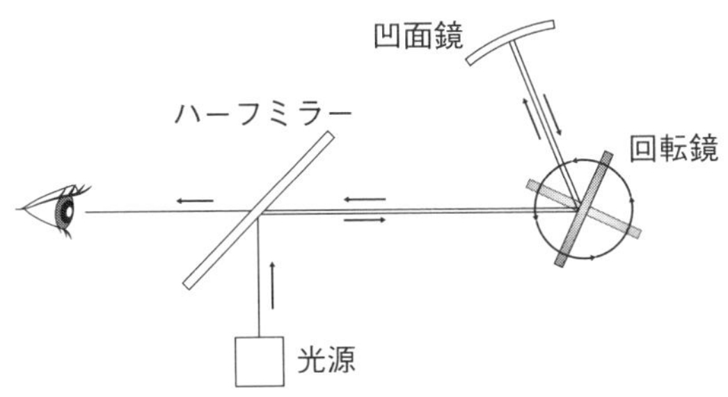

●フーコーが用いた、歯車と回転鏡を組み合わせて光速を求める実験装置。

フーコーはこの実験により、1862年には光速が秒速29万8000 kmであるとの結論に達しました。現在、光速は秒速29万9792.458 kmであるとわかっていますから、かなり正確な値に近づきました。

いま、「わかっている」といいましたが、この言い方は正確ではないので補足しておきましょう。現在では、真空中の光の速さを用いて1秒が定義されています。つまり、1秒は真空中で光が29万9792.458 km進むのにかかる時間なのです。このため、光の速さが29万9792.458 kmであるというのは、光の速さの定義なのです。なぜ光の速さを定義するのか、それは「任意の局所慣性系では真空中の光の速さは一定である」という、光の速さの性質があるからです。これはすぐあとにお話しするように、相対性理論の基本原理となるものです。

□ 光と電磁気学――マクスウェル方程式の鑑賞法

さて、ガリレイの挑戦から約200年、ついに実験室で光の速さを測定できるようになりました。光は非常にありふれた「モノ」ですが、ちゃんと捕まえるのはとても難しいことなのですね。

このようにフィゾーやフーコーらによって光の速さが測定されていたころ、光に関する理論についても大きな進展がありました。それが、マクスウェルによる電磁波の発見です。

マクスウェルは電気と磁気に関する研究を行ない、それらの性質を4本の方程式にまとめあげました。今日、それらの方程式は**マクスウェル方程式**と呼ばれています。下記の（1）～（4）にあるのがそれです。

数式を見ると「う～ん」とうなる方も多いかもしれませんが、ぜひこの数式を「鑑賞」してください。

$$\vec{\nabla}\cdot\vec{E}=\frac{\rho}{\varepsilon_0}\ \cdots\cdots\ (1)$$

$$\vec{\nabla}\times\vec{E}=-\frac{\partial\vec{B}}{\partial t}\ \cdots\cdots\ (2)$$

$$\vec{\nabla}\cdot\vec{B}=0\ \cdots\cdots\ (3)$$

$$\vec{\nabla}\times\vec{B}=\mu_0\left(\vec{j}+\varepsilon_0\frac{\partial\vec{E}}{\partial t}\right)\cdots\cdots\ (4)$$

●マクスウェル方程式。電気と磁気の性質がまとめられている。$\vec{E}$が電場、$\vec{B}$が磁場を表す。

この式で、$\vec{E}$が電場、$\vec{B}$が磁場を表します。第1章でも出てきましたが、電場、磁場はそれぞれ、電気、磁気の働きが空間中に広がったものです。なお、高校物理では$\vec{B}$を磁束密度と呼び、磁場を$\vec{H}=\frac{1}{\mu_0}\vec{B}$として区別しますが、あとで述べるように、物理的には$\vec{B}$のほうが磁場として電場$\vec{E}$に対応するものです。この4つの式は、電場と磁場の性質を表現したものです。$\vec{E}$、$\vec{B}$のように矢印がついているのは、電場や磁場が、大きさだけでなく、向きもあるベクトル量であることに由来します。

□ マクスウェル方程式の味わい方

マクスウェル方程式は電場や磁場の性質を表す方程式ですが、数式は言語なので、読み方を知らなければ暗号と一緒です。しかし逆にいえば、読み方さえわかれば何のことはない、ということでもあります。物理の世界に慣れてもらうために、数式の読み方をここでご紹介しましょう。

その前にお断りしておきますが、これは試験勉強ではないので、覚えなければならないとか、理解しなければまずいとかいうことは決してありません。いまからやるのは、普段使わない文字で書かれた文章を解読するゲームのようなものです。「1足す1は2」と「1+1=2」は、表示方法が違うだけで同じ意味ですね。それと同じで、マクスウェル方程式の数式を、普段使っている言葉に翻訳してみようというわけです。

4本の式には電場$\vec{E}$、磁場$\vec{B}$が入っていますから、これらの式が「電場って、こんなもんだよ」とか「磁場って、こういう性質を持っているよ」といっていることを疑う人はいないでしょう。では、その$\vec{E}$や$\vec{B}$の前についている「$\vec{\nabla}\cdot$」とか「$\vec{\nabla}\times$」という記号は何を表しているのでしょう。

これらはそれぞれ、電場や磁場のうち「特徴的な形をしているものを取り出す」という意味の記号です。「$\vec{\nabla}\cdot$」は**発散**（divergence）といい、電場や磁場のうち、放射状に湧き出してくるものを取り出す、という意味です。一方、「$\vec{\nabla}\times$」のほうは**回転**（rotation）といい、渦を巻いた形状になっているものを取り出すことを表します。

ここで、電場や磁場を川の流れのようなものだと思ってください。川ならばどこかに水が湧き出すようなところがあったり、渦のような流れがあったりするかと思います。それと同様に電場や磁場も、湧き出しているところや、渦を巻いて回転しているところがあったりするのです。

このことから、マクスウェル方程式の（1）を読み解くと、

「電場のうちで、放射状に湧き出してくるものは、ρ/ε_0に等しい」

という意味になります。ここで、ρは電荷密度といいます。これは、電子とか陽子とかいった電気を帯びた物質が、ある体積の中にどのくらい存在しているかを表しています。ε_0は真空の誘電率といい、ここでは単なる比例定数だと思っておけば十分です。

こうして、（1）の$\vec{\nabla}\cdot\vec{E}=\rho/\varepsilon_0$をさらに読み込むと、

「電気を持った物質がρだけあると、そこから放射状の電場が湧き出す」

と翻訳できることがわかります。ちょうどウニのとげのように、真ん中に電気を帯びた物質があって、そこから放射状に電気が発しているといっているのです。

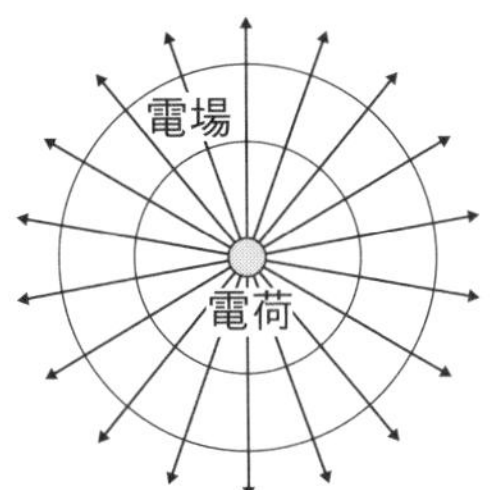

●マクスウェル方程式の1本目（ガウスの法則）。
電気を帯びた物質があると、電場がそこから湧き出すといっている。

そして、ρと$\vec{\nabla}\cdot\vec{E}$は比例しているので（比例定数が$1/\varepsilon_0$）、

電気を帯びた物質が多ければ多いほど、放射状に発する電場も強い

といっていることになります。何だか当たり前に思えるこの法則を**ガウスの法則**といいます。

□ N極だけの磁石やS極だけの磁石は存在しない

一方、マクスウェル方程式の（3）にある磁場の式のほうは、右辺がゼロになっています。「磁場にはウニのとげのように放射状に広がるものがないのかな？」と一瞬思いたくなりますが、これはそういう意味ではありません。

この「$\vec{\nabla}\cdot$」という記号はうまくできていて、湧き出す場合を正、吸い込む場合を負と数える計算を表すのです。つまりマクスウェル方程式の（3）は、

「磁場は、放射状に湧き出した分だけ必ず吸い込む」

といっているのです。これは、「磁石は必ずN極とS極がセットになっている」ということを表しています。

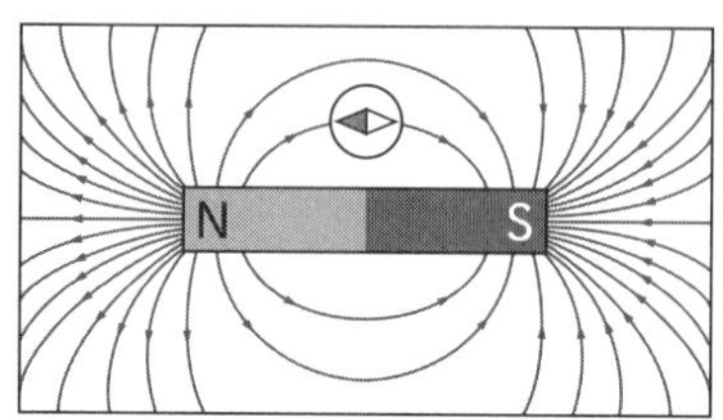

●磁石では必ずN極とS極がセットになっている。
磁力線はN極から湧き出して、S極に入る。

皆さんよくご存じのように、棒磁石の端にはN極とS極があります。その棒磁石を真ん中でパキッと折ったら、N極だけとかS極だけの磁石ができるのかというと、そうではありません。折った端がまた別の極になって、どんなに小さく磁石を折っていっても、いつもN極とS極はセットで現れます。N極を正、S極を負とするなら、正であるN極から放射状に発せられた磁石の力が、負であるS極へと同じく放射状に吸い込まれていくのです。

どんなに小さい磁石でも必ずそうなるのですから、磁石には湧き出した磁力の分と、まったく同じだけ吸い込む性質があるといっているのです。つまり$\vec{\nabla}\cdot\vec{B}=0$は、磁石をどれだけ細かく折ってもN極だけとかS極だけの磁石はできないということを表す数式なのです。この式には特に名前がついていないのですが、「湧き出しなしの法則」といわれたりしています。

□ 微分とは何か？

次に、(2) と (4) の式を見てみましょう。これらには、渦状のものだけ取り出す、という意味の「$\vec{\nabla}\times$」が使われています。まず (2) を見ると、右辺には$-\partial\vec{B}/\partial t$とあります。$\partial$というのは「偏微分」という記号で、$\partial/\partial t$は「時間で微分する」ことを表します。

微分というのは「変化を求める」ことだと前に述べました。「時間で微分」なら、「ちょっと時間が経過したときに、どのくらい変化するか計算する」という意味ですし、「位置で微分」なら、「ちょっと場所をずらしたときにどのくらい変化するかを求める」ということです。ちょっと温度を変えたらどう変化するかを知りたければ温度Tで微分すればよいですし、ちょっと圧力を変えたときにどうなるかを知りたければ圧力pで微分する、といった具合です。

物体の運動を表す最も基本的な量のひとつが速度ですが、速度とは物体の位置を時間で微分したものです。なぜなら、速度とは、ある時間にどれだけ移動できるかを表しているので、

位置の時間微分
||
ちょっと時間が経過したときの、位置の変化

だからです。

微分の計算は高校数学で出てきますが、最初はグラフとからめて教わります。直線のグラフなら簡単なので、微分を使うまでもなく図が描けますが、グニャグニャと曲がった線の場合、どこでどのくらいカーブす

るのか、最大の山はどこか、最小の谷はどこになるかが重要です。つまり、グラフを描くうえでは「変化の様子」を知る必要があるのです。そのため微分が活躍するというわけです。

□ $\vec{\nabla}\times$は何を表すのか？

では（2）の$\vec{\nabla}\times\vec{E}$に戻りましょう。$\vec{\nabla}\times\vec{E}$は電場$\vec{E}$の渦状のものを取り出すことを意味しており、右辺の$-\partial\vec{B}/\partial t$が磁場の時間変化の様子を表すことから、この式を翻訳すれば、

「渦を巻いた形状の電場は、磁場の時間変化と結びついている」

といっていることになります。

磁場の変化と渦を巻いたような電場が結びついている……、どこかで似たような話を聞いたことはないでしょうか？　そう、これは1.2節で登場した**電磁誘導**のことです。

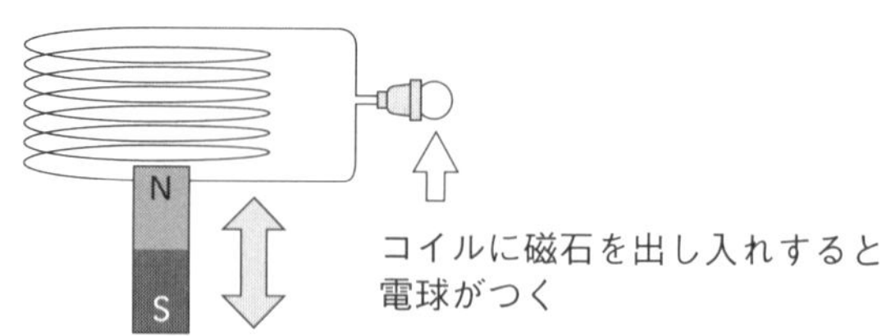

●コイルに磁石を近づけたり、コイルから遠ざけたりすると、電流が流れて電球が光る。

「コイルの中を通る磁場を変化させると電流が発生する」という性質を利用しているのが発電です。発電所では、火力でも原子力でも、結局は

お湯を沸かして蒸気の力でタービンを回します。そして磁石を動かし、コイルを貫く磁場を変化させることで電流をつくっています。

さて、最後は (4) です。今度は右辺がずいぶんごちゃごちゃしています。左辺は$\vec{\nabla}\times$ですから、これも渦です。$\vec{\nabla}\times\vec{B}$なので、渦を巻いた形の磁場のことです。

右辺を見ると、そうした渦状の磁場が、$\vec{j}$とか$\varepsilon_0\,\partial\vec{E}/\partial t$からできると書いてあります。$\vec{j}$は電流密度を表します。密度という言葉はここでは重要ではないので、つまりは電流だと思ってください。

$\varepsilon_0\,\partial\vec{E}/\partial t$はひとまず置いておくと、この式も実は、皆さんがすでに知っていることを数式で表しただけのものです。$\vec{\nabla}\times\vec{B}=\mu_0\vec{j}$ ということは、

「電流が流れると、渦を巻いたような磁場が発生する」

といっているのですが、これもどこかで聞いたことがないですか？

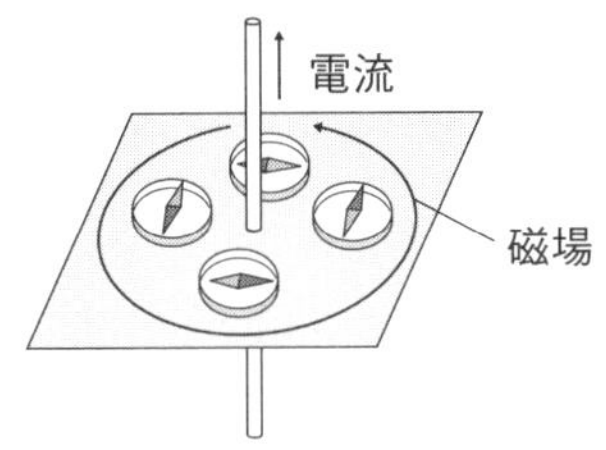

●導線に電流を流すと、それを取り囲むように磁場が発生する。

小学校の理科で、図のように、電流が流れている導線の近くに置かれた方位磁石が動くという実験をしたことがあるのではないでしょうか。

方位磁石が動いたということは、導線の周りに磁石の影響、すなわち磁場が発生したことを意味します。式（4）はこのことを数式に表したものなのです。これを「マクスウェル・アンペールの方程式」といいます。アンドレ＝マリ・アンペールはフランスの物理学者で、電流の単位であるA（アンペア）は彼の名前にちなんだものです。

□ マクスウェルは式のバランスに注目した

一気にマクスウェル方程式の読み方を説明しましたが、こうしてみるとマクスウェル方程式に書かれた内容は、よく知られた事実を数式で表したものであることがわかると思います。ひょっとしたら、「なにも数式で表さなくてもよいのでは？」と思った方もいるかもしれませんが、数式で表すことには実は重要な意味があります。

ひとつは定量化です。例えば運動方程式$ma = F$を見ると、力Fと加速度aが比例していることがすぐわかります。物体に力を加えたら、物体が加速するのはほとんど自明ですが、数式で表せば、「どのくらいの力を加えたら、どのくらい加速するのか」まで表すことができるのです。

もうひとつは、数式にまとめることで式の対称性が見やすくなることです。それにより、$\varepsilon_0\, \partial \vec{E}/\partial t$という項の存在が明らかになりました。

マクスウェル方程式の4本を眺めてみると、電場$\vec{E}$と磁場$\vec{B}$はよくバランスのとれた形で入っていることがわかると思います。このようにバランスがとれた状態を「対称的である」といいます。例えば$x+y$とかx^2+y^2という式は、xとyが対称的に組まれた数式です。事実、xとyを入れ替えても、

$$x+y \rightarrow y+x=x+y$$

のように、元の式と同じ式になります。一方、$x+y^3$や$x+\sin y$という式はそうなっていません。後者のほうが何となく、式が汚く感じられるというか、「バランスが悪いなあ」という印象がありませんか？

同じ視点で見てみると、もし式（4）に$\partial\vec{E}/\partial t$がなかったら「何となくバランスが悪い」と感じられないでしょうか。まさにマクスウェルはその「美的感覚」でもって、「ここには$\partial\vec{E}/\partial t$に関係した何かが入るはずだ！」と見抜いたのです。係数であるε_0はバランスだけからはわかりませんが、こうした係数がつくことは単位を見ればわかります。この$\varepsilon_0\,\partial\vec{E}/\partial t$は「変位電流」と呼ばれ、コンデンサーの内部などに実際に存在している量です。この項が入ることで、現実世界の電場・磁場の性質を表す方程式が完成したのです。

数式に焼き直すというと、物事が抽象的になって、わかりにくくなるイメージがあるかもしれません。しかしこの例からわかるように、式を「絵」として眺めることで、対称性のような性質が見えてくることもあるのです。

ちなみに、式（2）の$\vec{\nabla}\cdot\vec{B}=0$の右辺も、式（1）の右辺のようにゼロでない何かが入ったほうがバランスはよいですね。実際これは重要で、N極だけの磁石やS極だけの磁石がもしあるなら、右辺はゼロではなくなります。そういったもの（モノポールと呼ばれています）が本当に宇宙のどこを探してもないのかというと、それはわかりません。いまのところは見つかっておらず、おそらく存在しないだろうと考えられています。

□ 電磁波の発見

さて、自身がまとめあげた電気と磁気の法則を使い、マクスウェルは電磁波が存在することを突き止めます。電磁波はマクスウェル方程式の真空解といいます。これは、電気を帯びた物体や、電流がない状態で得られる解だということです。すなわち、電荷密度ρと電流密度$\vec{j}$をゼロとしたときに得られる解ということです。

ρと$\vec{j}$をゼロとすると、マクスウェル方程式は次のようにだいぶスッキリします。

$$\vec{\nabla}\cdot\vec{E}=0 \cdots\cdots (1)'$$

$$\vec{\nabla}\times\vec{E}=-\frac{\partial\vec{B}}{\partial t} \cdots\cdots (2)'$$

$$\vec{\nabla}\cdot\vec{B}=0 \cdots\cdots (3)'$$

$$\vec{\nabla}\times\vec{B}=\mu_0\varepsilon_0\frac{\partial\vec{E}}{\partial t} \cdots\cdots (4)'$$

●マクスウェル方程式で物質をゼロとしたもの。
真空中でのマクスウェル方程式と呼ばれる。
電場$\vec{E}$と磁場$\vec{B}$についてほとんど同じ式が成り立っている。

物質がないことから、これらの式は「真空中でのマクスウェル方程式」と呼ばれています。ところで、これまでこの式に含まれるε_0とμ_0についてきちんと説明していませんでした。これらはそれぞれ、真空中の誘電率と、真空中の透磁率と呼ばれる量です。電気の力や、磁気の力の伝わり方に関する比例定数で、水中や油の中、金属の中など、物質中では値が変化します。電気や磁気を伝えやすい物質もあれば、そうでないものもあるということです。ちなみに真空中での値はそれぞれ、

$$\varepsilon_0 = 8.85418782 \times 10^{-12}\ \mathrm{s^4 \cdot A/(m^3 \cdot kg)}$$
$$\mu_0 = 1.25663706 \times 10^{-6}\ \mathrm{H/m}$$

です。

□ 電場と磁場は「同じ」？

さて、「真空中のマクスウェル方程式」では、$\vec{E}$と$\vec{B}$についてほとんど同じ式が成り立っています。(1)′と (3)′は完全に同じ形ですし、(2)′と(4)′は、-1と$\varepsilon_0\mu_0$という係数を除けば一致します。数式が同じということは、**電場と磁場は、同じような物理法則に従う**ことを意味します。

これはそんなに自明なことではありません。私たちは経験上、電場と磁場に関係がありそうだということはなんとなく知っていますが、電場と磁場が同じものだとまでは思えません。例えば冬にセーターを脱ぐとパチパチ静電気が音を出すという現象と、棒磁石にクギがくっつくという現象は、まったく別のメカニズムによるものだと考えてきました。しかし実は、電場と磁場は密接に関わっていて、「似たようなもの」であることが数式から見て取れるのです。この考えを推し進めると、ひょっとすると電場と磁場はひとまとめに考えることができるのではないかとか、例えばひとりの人間を正面から見るか後ろから見るかで全然見た目が違うのと同じように、何かひとつのものの別の現れに過ぎないのでは……？　といった発想が生まれてきます。そしてそれは正解なのですが、その詳細は本書では割愛し、専門書に譲りたいと思います。

□ 波の方程式が出てきた

さて、真空中のマクスウェル方程式は、計算の詳細は省きますが、(1)′から (4)′を組み合わせると、次のようにまとまることがわかります。

$$\frac{\partial^2 \vec{E}}{\partial t^2} + \varepsilon_0 \mu_0 \vec{\nabla}^2 \vec{E} = 0$$

$$\frac{\partial^2 \vec{B}}{\partial t^2} + \varepsilon_0 \mu_0 \vec{\nabla}^2 \vec{B} = 0$$

●マクスウェル方程式から導かれる波動方程式。
真空中を電場と磁場が波として伝わることがわかる。
その速さが$c = 1/\sqrt{\varepsilon_0 \mu_0}$であることもわかる。

複雑な方程式が出てきましたが、実はこのタイプの方程式は**波動方程式**といい、物理ではしょっちゅう顔を出します。

その名のごとく、波動方程式は波の様子を表す式です。波にもいろいろなものがありますが、1.2節で紹介した、正弦波という一番基本的できれいな波も、この波動方程式の解になっています。電場や磁場が波動方程式を満たすということは、「電場と磁場は正弦波として伝わっていく」（ことがある）ということを意味しています。

波動方程式の形からは、この波の伝わっていく速さもわかります。具体的には、

$$\text{電場や磁場が伝わる速さ} = \frac{1}{\sqrt{\varepsilon_0 \mu_0}}$$

です。

この値がいくらになるか、実際に計算してみましょう。パソコンやスマホの関数電卓などを使える方はぜひ、この先の値を見る前に、自分で計算してみることをオススメします。前ページの真空中の誘電率と透磁率の値ε_0、μ_0を入れてみると、

$$\frac{1}{\sqrt{\varepsilon_0 \mu_0}} \fallingdotseq 2.99892 \times 10^8 \fallingdotseq 30万\ \mathrm{km/s}$$

という値、すなわち真空中の光の速さが得られるはずです。

このようにして、マクスウェル方程式から、電場と磁場が波の形で伝わること、そしてその速さが光の速さに一致することがわかりました。マクスウェル方程式からスタートして、だいぶ長いこと数式をいじってきたわけですが、光の正体が電磁波、すなわち電場と磁場が織りなす波であることを少しでも実感していただけたでしょうか。

□ 光は特別だった

実は、マクスウェルによって電磁波の存在が予言される前から、光の正体が波ではないかということは科学者たちによって議論されていました。ニュートンのように、光の正体をきわめて小さい粒子だと考えた人たちもいましたが、光にはいくつかのものが重なると強め合ったり、弱め合ったりするという干渉現象が見られることから、光の正体は波ではないかという説のほうが優勢だったのです。

3.1.2 光の速さが一定だとすると?
── 特殊相対性理論の誕生

□ 光は何を伝わる波なのか?

しかし、光の正体がわかってくると同時に、新たな謎も生まれてきました。ひとつの謎が解明されると、新しい謎が生まれるのは、科学ではよくあることです。私たちの理解が深まると、いままで気づかなかった、より深い謎が現れるものだからです。

光について生じた新しい謎とは、「光は、何を伝わる波なのか?」というものでした。第1章で述べたように、波の本質は情報やエネルギーの伝達であり、その伝達の担い手が媒質です。水の波は水分子が媒質ですし、音波では空気が媒質になります。では、光の波の媒質は何なのでしょう?

光を伝えると考えられる媒質は「エーテル」と名づけられ、18世紀後半から19世紀末にかけて、エーテル探しが行なわれました。エーテル探しの実験で最も有名なのは、アルバート・マイケルソンとエドワード・モーリーが行なった、干渉計によるものです。彼らは、遠くの星から出た光が宇宙空間を伝わってくる以上、エーテルがあるなら、それは宇宙空間に満ちているはずだと考えました。地球はその中を自転したり、公転したりして進んでいます。地球の公転スピードは、秒速30 kmです。1秒間で30 kmも進んでいます（光速と間違えないよう気をつけてください。光は1秒で30万 kmです）。

光に比べれば、地球の公転スピードは1万分の1の遅さ（!）ですが、マイケルソンとモーリーは、これを利用すればエーテルが検出できると気づきました。なぜなら、秒速30 kmという公転運動のために、地球はエーテルの風をモロに受けているはずだからです。

これは、プールの中を歩くと、水からの抵抗を受けるのと同じです。あたかも水がこちらに向かってくるかのように、地球が進むことで、その進行方向からエーテルの向かい風を受けると考えられるのです。すると、地球の進行方向に向かって光を放てば、光はエーテルによる向かい風によって少し遅くなるはずです。川の流れに逆らって、上流へと進むようなものです。

逆に、進行方向とは反対の後ろ側に光を放てば、光はエーテルの風に乗ることで少し速くなりそうです。今度は、川下に向かって、流れに逆らわずに進む船のようなものです。エーテルの風に平行ではなく斜めに光を放った場合は、その方向に応じて、光の速度は少し速くなったり遅くなったりするはずです。

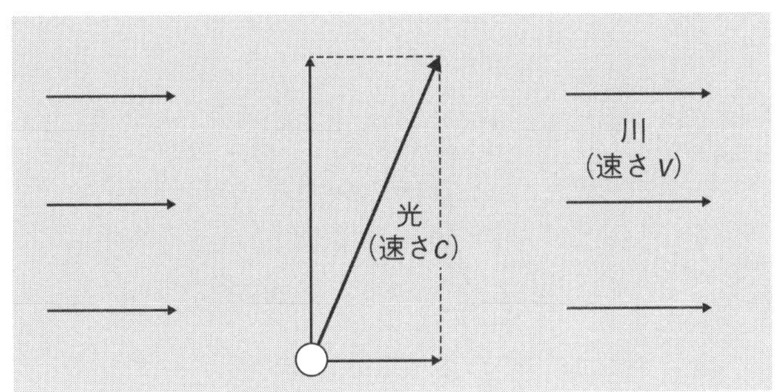

●エーテルの風を斜めに横切るのは、川を斜めに横切る船と同じ状況。船の速度と川の速度が合わさって、加速したり減速したりする。この図は加速する場合。

このように、エーテルの風が吹く方向と、光の進む方向との兼ね合いで、光の速さは変化すると考えられるのです。

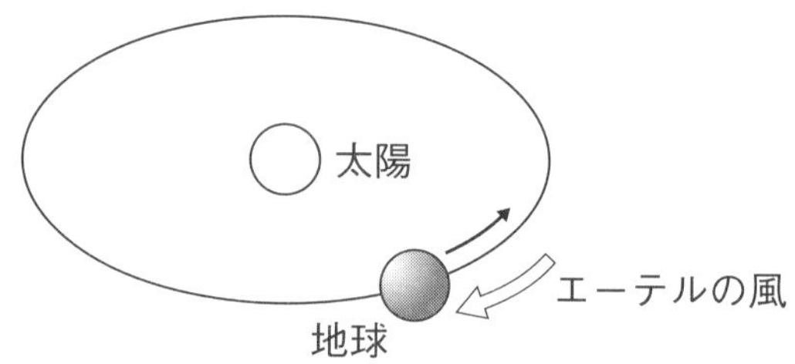

●エーテルの風。地球が進むと向かい風が吹くように感じられるはず……？

マイケルソンとモーリーは、このエーテルの風を実験で捉えるため、次の図のような実験装置を用いました。ひとつの光を縦と横、2つの方向に分けて飛ばし、鏡で反射させて再び集めるという装置です。

マイケルソンとモーリーは、異なる方向に放って速さの変化した光を干渉させ、その様子を観察しようと考えたのです。この実験装置は、現在ではマイケルソン型干渉計と呼ばれています。

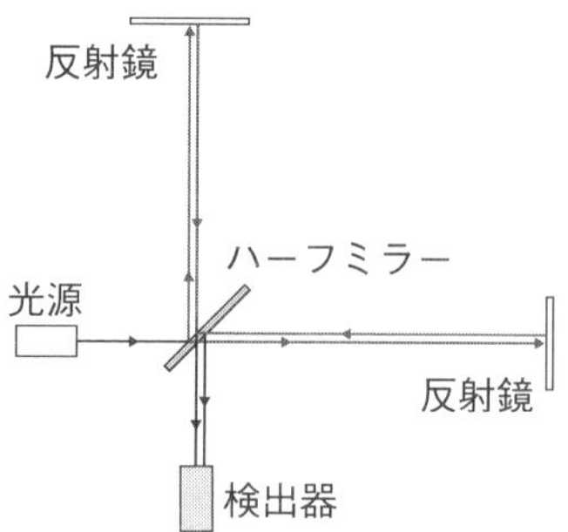

●マイケルソンとモーリーがエーテルを検出するために用いた実験装置。エーテルの風があれば、進行方向に応じて光の到着時刻がずれ、干渉縞に変化があると考えられる。ところが実際には、変化は検出されなかった。

地球は公転だけでなく自転もしているため、装置の向きは絶え間なく変化しています。それはエーテルの風の向きが時々刻々変わることを意味しますから、干渉縞の様子もどんどん変化していくはずです。

□ エーテルは見つからなかった

マイケルソンとモーリーは、そうした干渉縞のズレを見ることで、エーテルが存在する証拠が見つかると期待して実験したのですが、見つかりませんでした。装置をどんな方向に向けても、エーテルの風の影響による変化は見つからなかったのです。ということは、エーテルは存在しないか、あったとしても光の進み方にまったく影響しないかのどちらかということになります。

こうして、光すなわち電磁波は「伝わる媒質がないのに伝わる波」であると結論するしかなくなってしまいました。このことは「媒質に対する速さ」という考え方も捨てざるを得ないということを示唆しています。なぜなら、波の速さとは、水面波なら水、音波なら空気のように、**媒質という基準に対して情報が伝わる速さを表す**ものだからです。光の場合、その基準となる媒質がそもそもないというわけです。

光の速さが何かに対する速さではないとするなら、「光の速さは誰から見ても同じ」なのでしょうか？　いくら何でもこれは奇妙です。なぜなら、光を光の速さで追いかけたとしても、相変わらず光は秒速30万kmで進むように見えるということになるからです。

例えば、時速40 kmで走る車を時速40 kmのバイクで追いかければ、車とバイクの距離は一向に広がりも縮みもしないはずです。ということは距離がいつまで経っても変化しないのですから、車とバイクの相対的な速度は0となることを、私たちは日常経験から知っています。ところが、光はそれに当てはまらないということになってしまいます。そんなことがあるのでしょうか？

このように、探求の過程で既存の理解を超えた話が出てくるのは、実はよくあることです。実験や観測が間違っていたというオチもあるかもしれませんし、私たちの知らない性質を持つ、未知の物質が見つかることもあるかもしれません。個人的に一番ワクワクするのは、「私たちの知らないメカニズムで、自然が動いている」という場合です。

こうしたとき、私はシャーロック・ホームズに出てくるセリフをいつも思い出します。それは、

「不可能なものを全て除去してしまえば、あとに残ったものが、たとえいかに不合理に見えても、それこそ真実に違いないという推定から出発するのです」

というものです（コナン・ドイル著、延原謙訳『シャーロック・ホームズの事件簿』新潮文庫 から抜粋）。

光の本質を理解するには、まさにこの姿勢が必要でした。これはのちにわかったことですが、光は空間（正確には時間と空間を合わせた時空）そのものを媒質として伝播する波だったのです。つまり、時間や空間には、私たちの知らない性質が備わっていたのです。ホームズばりにそれをやってのけた人こそ、アインシュタインでした。

□「光の速さが変わらない」ことを受け入れると……

アインシュタインは、「観測者がどのような速さで観測するかにかかわらず、光の速さは変わらない」ことを積極的に受け入れたらどうなるか、と考えました。まさに、あらゆる不可能を排除していって最後に残った、「光の速さは誰にとっても一定」という、一見するとあり得ないと思えることを真実として採用したのです。ちなみに、この光の速さは、真空の中を光が伝わるときのものです。水や油など、何らかの物質に入ると光も遅くなることは、2.4節の光の屈折のところでも触れました。「光の速さは一定」という言葉が一人歩きして、物質中の光の速さも真空中と変わらないと考えている人もいるようなので注意してください。

さて、アインシュタインは「真空中の光の速さは誰から見ても変わらない」ことを出発点として、ニュートンの力学を改めて見直しました。すると驚くべきことに、ニュートンの力学を含む、より大きな理論をつくれることがわかりました。それが特殊相対性理論です。ニュートンによってまとめあげられた力学、すなわち私たちの日常経験に基づく力学は、光の速さに比べると非常にゆっくりとした運動をする物体に成立する、特殊なケースだったのです。

特殊相対性理論からは、「止まっている人に比べ、動いている人の時間はゆっくり流れる」とか、「動いている物体の長さは、止まっているときに比べて短く観測される」といった、時間と空間に関する新しい性質が導かれました。ニュートン以来、いえ、私たち人類が自然に持っている、

時間や空間は、私たちのような、物質やその運動状態とは
無関係に存在している、入れ物のようなもの

という感覚は、正しくなかったことがわかったのです。

とはいえ、「正しくない」といわれても、「誰から見ても光の速さが変わらない」ということは、とても奇妙に思えます。例えば、動いている電車の中に光源を置いて、そこから光を出したとします。電車の中の人からすれば、ただ光源から光が放たれただけなので、光の速さは秒速30万 kmに見えるでしょう。しかし電車の外から見ている人には、電車の速度と光の速度とが合わさって見えるような気がします。電車が進む方向に出された光は速くなり、逆に電車の進む方向と逆に出された光は遅くなりそうに思えるのですが、マイケルソンとモーリーの実験結果はそうなっていないといっているのです。

極端な話、電車ではなく、光の速さで飛んでいる宇宙船があったとして、その中で光を発射したとします。その場合でも、宇宙船の外で誰かが観測したら、光の速度は相変わらず一定で、秒速30万 kmのままだということです。数式で書くなら、

$$30万\ \mathrm{km/s} + 30万\ \mathrm{km/s} \underset{?}{=} 30万\ \mathrm{km/s}$$

ということになります。とても不思議な足し算です。

□ 光の速度は、通常の合成則に従わない

私たちの「常識」からすると受け入れがたい話ですが、アインシュタインは、あえてこれを基本原理のひとつとして据えたらどうなるかを考えました。光源がどんな速度で動いていようが、光の速度は一定であるということを「自然が生まれつき持っている性質」として仮定しました。「何でそうなのか？」ではなく、自然とはそういうものであると受け入れ

てみたのです。

ひとたびそれを受け入れると、いろいろなところに変更が生じ始めました。というのも、私たちが日常感覚から信じている物理現象は、リンゴが落ちることから月が地球の周りを回る運動まで、あらゆる現象が、ニュートン力学によって説明できるとずっと考えられてきました。実際、ニュートン力学は私たちの常識とよく合います。誰も手を触れなければ物体の運動はそのままでずっと変化しない（慣性の法則）や、押した力に比例して物体は加速する（運動の法則）からズレた運動を見かけることもありません。このニュートン力学では、「時速60 kmで走る車から時速100 kmのボールを投げたら、地面で止まっている人には、ボールは時速160 kmに見える」という、単純な速度の合成が成り立つと考えます。アインシュタインが「光速度の不変性」を自然が備えている基本的性質として置いたということは、この「ニュートン力学の速度の合成」を否定することなのです。

アインシュタインや相対性理論はとても有名なので、「何だかよくわからないけど、どうも相対性理論のほうが正しいらしい」と、無理やり納得している人もいるかもしれませんが、光の速さをcと書くなら、「$c + c = c$」といっているわけですから、アインシュタインのいっていることはどうも、私たちの感覚とは合いません。これはどう折り合いがついているのでしょう？

その答えは、

相対性理論のほうがより正確で、
ニュートン力学は相対性理論の近似理論である。
ただし、ニュートン力学は近似の範囲内では十分正しく、日常生活でニュートン力学からのズレを感じることはまずない。

です。

アインシュタインが置いた「光の速さは光源をどんな速さで動かしても一定」という仮定を出発点にすると、この結果が出てきます。ちなみにもうひとつ、「任意の慣性系において、物理法則は同じ形になる」という原理も置きます。これを特殊相対性原理といい、これらが特殊相対性理論の出発点です。

そのような結果がどのように導かれるのかは、数式を使わないときちんと説明することはできませんので、ここでは結果だけお見せします。例えば時速60 kmの車から、時速100 kmでボールを発射したとき、特殊相対性理論に基づく計算を行なうと、合成された速度は、

$$60 \tilde{+} 100 = \frac{60 + 100}{1 + \dfrac{60 \times 100}{(\text{光の速さ})^2}}$$

となります。特別な合成であることを表すため、「$\tilde{+}$」という記号を使いました。前にも述べたように、ニュートン力学と直感的に一致する私たちの常識では、合成された速度は、

$$60 + 100 = 160$$

ですが、この2つを比べると、上の式の分数には、分母に、

$$\frac{60 \times 100}{(\text{光の速さ})^2}$$

という項がついています。この項が、アインシュタインによる「光の速度は一定」という仮定からくる効果なのです。

$60\times100／(\text{光の速さ})^2$という値を計算してみると、ほとんどゼロであることがわかります。ひょっとすると、計算しなくてもほとんどゼロだろうなと予想がついた方もいるかもしれません。なぜなら、光速の2乗が分母に入っていますが、光速は秒速30万 kmであり、対して分子は時速60 kmと時速100 kmの掛け算にすぎないからです。わかりやすくするために単位を揃えると、1時間は60秒×60分ですから、光の速さは時速に直すと、

秒速30万 km = 時速10億8000 万 km

です。つくづくとんでもない高速ですが、これを使うと、

$$60\tilde{+}100=\frac{60+100}{1+\dfrac{60\times100}{(1080000000)^2}}\fallingdotseq\frac{60+100}{1+0}=160$$

となります。このように、光の速さが入った分母の項はほとんどゼロになります。その結果、これは私たちの常識からつくった速度の合成の式、つまりニュートン力学での速度の合成とまったく同じになってしまうのです。

つまり、

特殊相対性理論は正しいけれども、
光と同じくらい高速で動かない限り、
その効果はほとんど現れない

ということです。日常生活の範囲で特殊相対性理論の効果を感じ取ることはできません。そのため特殊相対性理論をいちいち考える必要は滅多になく、ニュートン力学で十分なのです。例えるなら、手のひらは細胞でできているけれども、私たちの目には細胞の細かい様子が見えませんし、それで不都合もないのと同じです。

□「光速は不変」のほうが「普遍」

真空中の光の速さが一定であることが実験や観測からわかり、私たちが日常経験から導いていた速度の概念や合成の仕方が、実は近似に過ぎないことがわかりました。これは、自分の家の常識が、他の家の常識ではなかったようなものです。子どものころは、自分の家のルールが自分にとっての常識です。ところが大人になり、たくさんの人と付き合ううちに、家ごとに各々の常識があることに気づかされます。ときには自分の常識が、自分の家でしか通用しない「ローカル・ルール」だったと知ることもあります。

19世紀まで、自然のすべてを記述できると考えられていたニュートン力学は、私たちの日常でしか通用しないローカル・ルールに過ぎなかったのです。私たちには納得しにくいことですが、光の速さが不変というほうが、自然界では普遍なのです。

こうした相対性理論の世界を「直感的にわかりたい」とは誰しも思うところですが、直感で理解することは、私たちが日常的に見かける現象に引き寄せて理解するということです。それは相対性理論の世界を、自分たちの常識まで引きずり下ろすことにもなり、かえって面白くなくなってしまうかもしれません。

相対性理論の世界の正しい鑑賞法は、おそらくその世界観に「慣れる」ことなのでしょう。学生時代にお世話になった先生が「直感（ここでは直観のほうがふさわしいかもしれませんが）は育てるものだ」とおっしゃったのを聞いたことがありますが、本当にそうだと思います。少なくとも物理における直観は、生まれつき持っているものではなくて、数式を何度もいじったり、大量の実験結果を検討したりしているうちに育っていくものです。

「身体感覚」という言葉も濫用されがちですが、身体感覚としてわかるのはだいぶ悩んだ後です。「最初から納得できた」という人がいたら、ひょっとするとそれは、深く考えず鵜呑みにしただけかもしれません。「我流でやってきた」という響きはかっこいいのですが、それは生まれ持ったものだけで何とかなる程度のことしかやってこなかったという可能性も高いのです。

□ 相対性理論の奇妙な世界 その1——寿命が延びる

自然界の標準、すなわち「真空中の光の速度は一定」ということ（と特殊相対性原理）をひとたび認めると、興味深い結果がいくつも導かれることはよく知られています。例えば、

- 人それぞれ、運動の様子に応じて時間の流れ方が違う
- 世界一有名な方程式　$E = mc^2$
- 時間と空間を合わせて、この世界は4次元
- 動いている物体の長さは、止まっている物体に比べて短くなる
- 動いている物体の質量は、止まっている物体に比べて大きくなる

などです。

1つ目の「人それぞれ、運動の様子に応じて時間の流れ方が違う」をもう少し詳しく述べると、

運動している物体に流れる時間は、静止している物体に
流れる時間に比べて、ゆっくりになる

と表現できます。私たちは常に動いていますから、私たちに流れる時間は、それぞれ異なっていることになります。

動く速度が大きければ大きいほど、その人に流れる時間の進み方はゆっくりになって、あまり歳を取らなくなります。例えば、光の速さの60 %で進むロケットに乗れば、乗っている人には普段の80 %しか時間が進みません。

もしそのロケットで地球を1月1日に飛び立ったとします。そして10か月後の10月31日に地球に戻ってきたとすると、私たちの常識では、10か月分、歳を取っている（老けている）はずだと思えます。

ところが実際には8か月分しか歳を取らないのです。大人なら、10か月分か8か月分かは大した違いではないかもしれませんが、赤ちゃんなら2か月違えばかなり変わりますよね。これが10か月でなく、もし地球から見て10年間宇宙旅行をしていたロケットだったら、その違いももちろん大きくなります。地上では10年経ったのに、ロケットの中の人は8歳分しか歳を取りません。

それだけの差を生むためには、光の速さの60%で進むロケットを用意しなければならず、現在そうした高性能のロケットは存在していませんが、「動くと、時間の進み方が変わる」ということについては、実験や観測で日々確かめられています。そうした実験には、非常に小さい粒子を用います。

有名なのはミューオンという粒子です。これはとても寿命が短い粒子で、つくられてもすぐ壊れてしまいます。つくられるとか壊れるというのは、ビリヤードの球をピストルで撃って、砕いたらどうなるか、想像してください。硬いビリヤードの球が、もっと硬くてエネルギーのあるピストルの弾で砕かれ、細かい粒子になります。同じように、世の中にはいろいろな粒子や元素がありますが、そこに他の粒子がぶつかると細かく砕かれたり、くっついて大きな粒になったりすることがあります。

中には泥の玉のように、そもそも不安定で、放っておくとすぐに崩れてしまうようなものもあります。ミューオンもそういうイメージで捉えてください。人工的につくったとしても、すぐ壊れてしまう粒子で、平均寿命は2.2×10^{-6}秒、すなわち約50万分の1秒しかありません。

ところがこのミューオンは、空から降ってきて、地上でたくさん観測されているのです。「空」といいましたが、正確には、宇宙空間から飛んでくる高エネルギーの粒子が大気中の原子に当たり、ミューオンが生まれます。それが地上に降り注いできます。

仮にミューオンが光の速さで動いているとしても、進める距離は、光の速さに寿命の50万分の1秒を掛けて600 m程度と見積もれます。つまり、ミューオンが発生しても、地上に届く前にほとんどが壊れてしまうはずなのです。にもかかわらずミューオンが地上に届くのは、動いていることによって、ミューオンに流れる時間が遅く進むようになるからです。地上から見ている私たちに比べてミューオンに流れる時間はゆっくりになって、ミューオンは「若いまま」でいられるというわけです。相対性理論から導かれる、「人それぞれ、時間の進み方は違う」ということは、素粒子というきわめて小さい粒子を使って実際に確かめられているのです。

□ 相対性理論の奇妙な世界 その2——世界一有名な方程式

相対性理論といえばもうひとつ、「世界一有名な方程式」と呼ばれる式、

$$E = mc^2$$

に触れないわけにはいかないでしょう。すでにこの式は2.3節でも登場しました。

確認しておくと、m は物体の質量、c は真空中での光の速さ（つまり秒速30万km）、E は物体のエネルギーであり、この式がいっているのは、

質量 m [kg] の物質には、mc^2[J] のエネルギーがある

ということです。ちなみに、これは止まっている物体についての式で、物体が動いているときは、

$$E = \sqrt{(mc^2)^2 + (pc)^2}$$

のように、pc という量がつきます。p は運動量といい、衝突の計算などでよく使われる、運動の「激しさ」を表す量です。ニュートン力学の範囲では、質量と速度を掛け算したものです。

J（ジュール）はエネルギーの単位であり、1 cal がおよそ4.2 J で、1 cal のエネルギーがあれば1 g の水の温度を1度上げることができます。1 g の水の体積は1 cm^3、ちょうど角砂糖1個分くらいの大きさです。体重60 kg の人が秒速 10 m/s で走っているときに持っているエネルギーは、700 g の水の温度を 1 度上げられるくらいです。500 mL のペットボトル

に入ったお茶が1℃ちょっと温まるくらいということですね。

さて、止まっている物体より動いている物体のほうが、エネルギーが高いのは明らかです。2.4節で述べたように、動いている物体が持つエネルギーを運動エネルギーといいます。運動エネルギーに比べるとちょっとわかりにくいかもしれませんが、地面に置かれた物体よりも、ビルの屋上に置かれた物体のほうが、エネルギーが高いことも何となく納得できます。なぜなら、ビルの屋上から物体が落とされたらどんどんスピードが上がって、それが頭にでも当たったらものすごい衝撃になるからです。目に見える形ではないものの、激しい運動をする可能性として、エネルギーが蓄えられているのです。運動エネルギーに対し、高いところに置かれた物体のように、動いてはいないものの、動き出す「可能性」として秘められているエネルギーは位置エネルギーとか、ポテンシャルエネルギー（潜在的エネルギー）といいました。

運動エネルギーと位置エネルギーの合計である力学的エネルギー以外にも、熱エネルギーや電気的エネルギーなど、エネルギーにはさまざまな形態があるのですが、世界一有名な方程式 $E = mc^2$ は、「それらのエネルギーとは別に、そこに存在しているだけで、物体には $E = mc^2$ というエネルギーがある」といっています。このタイプのエネルギーを「静止質量エネルギー（静止エネルギー）」といいます。

□ mc^2 はどのくらい大きいエネルギーか？

静止質量エネルギーは莫大なものです。式に光速 c の2乗が出てくるからです。試しに、体重60kgの人の静止質量エネルギーを計算してみると、

$$E = 60 \times (3.0 \times 10^8)^2 = 5.4 \times 10^{18}\ \mathrm{J} = 540\text{京}\ \mathrm{J}$$

となります。これがどのくらい大きなエネルギーなのか、日常で私たちが消費するエネルギーと比較してみましょう。

日本では1世帯あたり1か月に 300 kWh ほどの電力量を消費するそうです。kWh も J と同じエネルギーの単位で、

$$1\ \text{kWh} = 3.6 \times 10^6\ \text{J} = 3.6\ \text{MJ}\ \text{（メガジュール）}$$

という関係があります。これより、1世帯あたり1か月に、

$$300\ \text{kWh} = 300 \times 3.6 \times 10^6\ \text{J} \fallingdotseq 1.1 \times 10^9\ \text{J}$$

のエネルギーを消費していることになります。これをさっきの 5.4×10^{18} J と比べてみると、体重が60 kgの人の静止質量エネルギーのほうが、1 世帯が1か月で消費するエネルギーよりも9 桁、すなわち10 億倍以上大きいのです。

この静止質量エネルギーが使われると、その分だけ物質が軽くなります(別の物質に変換したともいえます)。中学で、化学反応の前後では「質量保存の法則」が成り立つと教わりますが、ニュートン力学が特殊相対性理論の近似だったのと同様、この保存則も実は近似的なものです。なぜなら、反応のさいにピカッと光ったとしたら、それは電磁波としてエネルギーが出ているということですから、そのエネルギーの分だけ、もとの物体の質量は軽くなっているからです。ただそれは非常に小さいので、私たちが学校で実験できるくらいの精度では、質量の変化を見出すことができないのです。

もし、原子核が壊れるような高エネルギーの反応であれば、静止質量

エネルギーから巨大なエネルギーが取り出されることになります。世の中の物質は、水素や酸素、炭素や鉄といった元素からできています。それら元素のほとんどは、勝手に壊れることはありません。それを「安定している」と表現します。安定しているものを壊すにはそれ相応のエネルギーが必要なので、そこから静止質量エネルギーを取り出すためには、もっと多くのエネルギーを注ぎ込まなければいけません。

そのため、日常的には、静止質量エネルギーが増減するような反応が自然に起きることは多くありませんが、太陽をはじめ、自ら輝いている恒星の中では、水素がぶつかってヘリウムなどができています。原子核がぶつかって別の原子核をつくることを**核融合**といいますが、地球を温めている太陽からのエネルギーは、その核融合反応でつくられるエネルギーです。

太陽のような恒星の内部など、高温高圧の状態でないと核融合は起きませんが、原子核が壊れる反応である**核分裂**は、そうした特殊な状況でなくても起き得ます。元素の中には放射性元素と呼ばれるものがあります。例えばウランが有名です。ウランにはいくつかの種類があるのですが、ウラン235は不安定で、ちょっと「叩かれる」と壊れて状態を変え、粒子を生み出したり、エネルギーを放出したりします。このエネルギーを利用しているのが原子力発電です。

簡単に壊れてエネルギーが出るのなら便利そうに聞こえますが、もちろんそんなことはありません。何しろ莫大なエネルギーなので、危ないのはいうまでもありません。うまくコントロールしなければ暴走します。日常生活では見かけないレベルのエネルギーですから、慎重に扱わなければならないのは当然です。失敗した際のリスクが大きすぎるものや、万が一のときにコントロールできなくなる可能性があるものを、「自動車事故を恐れて自動車に乗らないのはもったいない」という発想で考えてよいのかは、熟慮すべきでしょう。

□ 相対性理論の奇妙な世界 その3——時間1次元＋空間3次元＝4次元

相対性理論がニュートン力学とは異なる点としてもうひとつ、次元の話を忘れるわけにはいきません。「4次元」という響きは何だか神秘的ですらあります。私が4次元という言葉を初めて知ったのは「ドラえもん」の4次元ポケットでした。この4次元は、実は相対性理論で出てくる4次元とはちょっと違います。

ドラえもんで描かれているのは「どんなものでも、いくらでも入る別の空間」というイメージです。つまり、「縦・横・高さ」の3次元以外に、もうひとつ別の空間がある感じです。ここでいう次元は「自由度」と言い換えてもよいものです。

私たちがどうしてこの世界を3次元だと考えているかというと、私たちが縦・横・高さの3つの方向に進めるからですし、手で触れるものは、どれも縦・横・高さの3方向に膨らんでいるからです。「進める方向」や「膨らむことができる方向」が3つあるから、3次元なのです。

3次元を表すのに、互いに直角に交わる3本の座標軸を使うことがよくあります。4次元目の空間があるなら、この3本のいずれとも直角に交わるような座標軸をもう1本引けることになりますが、どう書けばいいのでしょう？

これは、私たち専門家にとっても難問です。結局私たちは3次元空間の住人なので、あるとしたらこんな感じ、というイメージ図を描いて想像するしかありません。第4章では、超弦理論という物理学の理論の枠組みで、3次元よりも高い次元、例えば9次元空間を考える話が出てきますが、その場合はもちろん、さらに難しくなります。

空間が4次元になっている場合に比べれば、相対性理論で出てくる4次元のほうが、ほんの少しだけ絵で描きやすいかもしれません。相対性理論でいう4次元は、空間が4方向あるのではなく、空間の3次元に時間の1次元を加えたものです。そのため、「4次元空間」ではなく、時間と空間を合わせて「4次元時空」といいます。

4次元時空を図示するには、紙芝居やパラパラマンガのように、「スタートの瞬間、それから1秒後、2秒後、……」と、時間ごとに様子を描いて並べる方法をとることができます。4番目の座標軸である時間軸を、3次元空間を表す3本のどれにも直交するように書くことはできませんが、4次元時空の状況は、パラパラマンガで把握できるのです。

ただそれは、よく考えてみると、私たちの日常そのものです。時間が流れて動いているだけのことだからです。とすると、「4次元時空とは、時間1次元と空間3次元を合わせたものだというけれど、なんで合わせて考える必要があるの？」という疑問が浮かびます。わざわざセットで考えることを強調する理由は何なのでしょう？

その答えこそ、運動の状態によって、人それぞれ時間の流れ方が変わることにあります。動き方によって時間が変わったりするということは、人がどこにいるかとか、位置の情報と時間の情報が密接に関わっているということです。時間は、位置という空間の要素と関連して変化するもので、絶対的なものではないのです。時間・位置・速度という3つが光速の不変性によって強く結びつけられ、互いに独立して考えることができなくなるのです。これが時間と空間（位置）を常にセットで考えなければならない理由です。

特殊相対性理論の誕生は、自然の仕組みを正しく理解するためには、世界を4次元の時空として捉えるべきであると私たちの認識を変えました。もちろんニュートン力学の世界でも時間は重要ですが、ニュートン力学は空間と時間を独立だとみなす「3＋1」の世界なのに対し、相対性理論は「4」の世界なのです。私たちの直感、すなわちローカル・ルールでは世界は「3+1」なのですが、自然が採用しているグローバル・スタンダード、いやユニバーサル・スタンダードは、「4」のほうだったのです。

3.2 枠の際まで行ってみる——先人に敬意を表する

3.2.1 極端に見える設定には意味がある

□ 物理ならどうするか？——物理の定石

特殊相対性理論の世界は、日常とはだいぶかけ離れたものですが、「はじめに」でも述べたように、物理では「摩擦はないものとする」とか、「空気抵抗は無視できるものとする」といった、日常では見かけない状況設定がよく出ます。他にも、「○○をゼロとする」とか「○○を無限大にする」といった**極端なケースを考える**ことがよくあります。「そんな非現実的なことを考える意味があるのか？」と思う人も少なくないと思いますが（試験勉強中は、なおさら怒りを覚える人もいるかもしれませんが）、それはいくつかの意味で誤解なのです。

「はじめに」でも述べたように、そうした極端なケースが、現実の設定の上手なモデル化になっていることはよくありますし、それどころか、極端なケースを考えることで、思わぬ発見につながることもあります。事実、宇宙物理学の花形であるブラックホールは、いくつかの意味で、そうした「思考の極端化」によって導かれたものといえます。

18世紀末、イギリスの科学者ジョン・ミッチェルやフランスの科学者ピエール＝シモン・ラプラスは、「光ですら脱出できない天体」が宇宙に存在する可能性を指摘しました。相対性理論が誕生する100年以上前のことです。彼らが考えたのは、「ボールを投げる速さをどんどん速くしていったら、ボールは無限の彼方まで届くのだろうか」という問題です。

真上でも斜め上でも構いませんが、私たちがボールを投げると、ボールは必ず地面に落ちてきます。投げるスピードを大きくするほどボールは遠くまで届くようになりますが、いずれ地面に落ちてくることに変わりはありません。では機械を使い、もっと速いボールを投げたらどうでしょう。速さによってはボールが地球の周りをグルグル回るようになり、落ちてこなくなることもあり得ます。

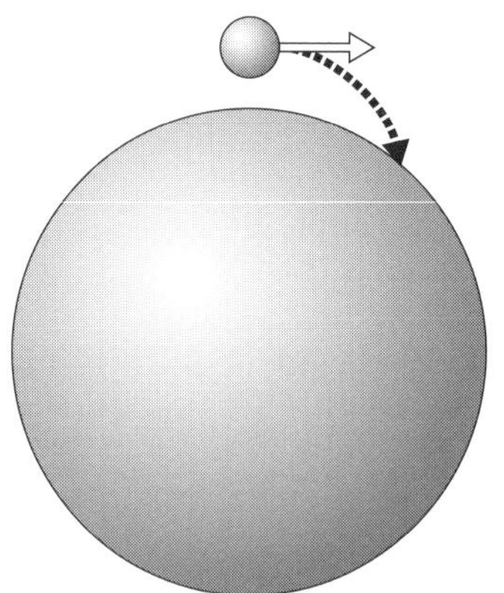

●投げられたボールはいずれ地面に落ちる。

1.3節で触れたように、ボールが落ちてこなくなるのは、ボールに働く地球からの万有引力と遠心力とが釣り合うときです。遠心力は速さの2乗に比例して大きくなりますが、地球からの万有引力と遠心力が釣り合うのは、ボールの速さがおよそ秒速 8 km のときです。この速さを第1宇宙速度といいました。

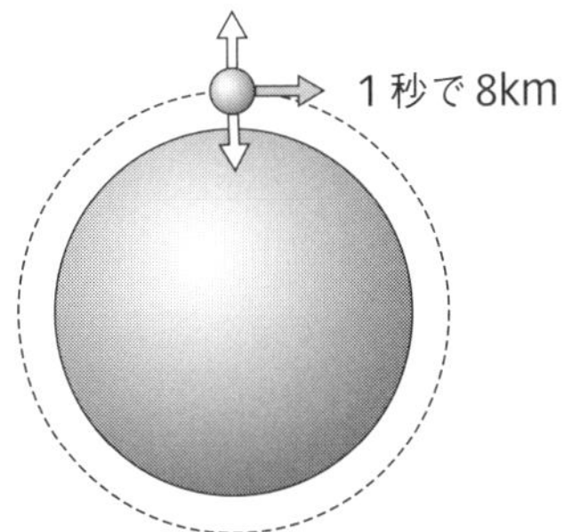

●第1宇宙速度のとき、地球からの重力（万有引力）と遠心力が釣り合っている。

では、ボールを打ち出す速さを第1宇宙速度より大きくしたら、どんなことが起きるでしょうか。おそらく次の図のように、ボールは地球の周りの軌道を離れ、遠くへ飛び去っていくことでしょう。

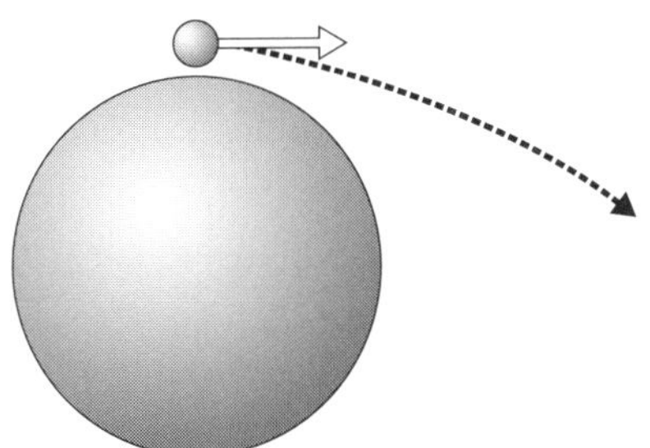

●第1宇宙速度より速くボールを投げれば、ボールは地球から離れて飛んでいく。

しかし、どこまでも飛んでいけるかというと、そうではありません。地球からの重力、すなわち地球からボールへの万有引力は、ボールをずっと引っ張り続けるからです。地球から遠く離れればその力は弱くなるものの、その力が消えることはありません。その結果、ボールはどんどん減速し、やがてボールの速さがゼロになって、ついには地球に向かって戻り始めるでしょう。地球は公転していますから、きちんと軌道を計算するのは簡単ではありませんが、地球からの万有引力がボールに影響を与えることに変わりはありません。

□ 第2宇宙速度があれば、宇宙の彼方へ飛んで行ける

では、どんな場合も地球に向かって必ず戻ってくるのかというと、そうではありません。ボールを発射する際に、地球の重力による束縛エネルギーよりも大きなエネルギーを与えれば、ボールは地球からの重力を振り切って無限の彼方まで飛び去ることができます。あとで計算しますが、例えば真上にボールを発射するとき、ボールが地球の重力による束縛エネルギーを振り切るのに必要な速度は秒速11km以上です。この速さを第2宇宙速度といいます。

●第2宇宙速度で発射すれば、無限の彼方まで届く。

私たち人間の感覚からすれば、秒速 11 km はかなりのスピードです。事実、大人がのんびり歩くときの速さは秒速1 m くらいですから、その1万倍以上の速さです。ちなみに、よく不動産の物件に「徒歩10分」という記述がありますが、これは「徒歩1分で 80 m 歩く」という速さを基準にしたものだそうです。この速さはおよそ秒速1.3 m です。

さて、このように私たちが日常で見かける速さからするとかなり大きな第2宇宙速度ですが、実は宇宙基準（？）からすれば、そんなに大きな値ではありません。というのも、宇宙に存在するさまざまな天体のなか

では、地球はそんなに大きな質量の天体ではないからです。

例えば太陽の質量は 2×10^{30} kg ですが、これは地球の質量の33万倍です。そのため、もし太陽の表面（といっても、太陽はガスのかたまりですが）からボールを投げた場合、太陽の重力による束縛エネルギーを振り切るためには、第2宇宙速度よりかなり大きい、秒速 620 km 以上の脱出速度が必要です。

太陽の表面ではなく、地球からボールを投げた場合でも、太陽の重力は影響します。地球と太陽は1億5000万 km 離れていますが、その位置からボールを投げて太陽の重力を振り切るために必要な速さは太陽表面から投げるときより小さくなり、秒速42 km くらいになります。地球が秒速 30 km で公転していることを考えると、公転している方向に秒速12km くらいで打ち出せば、公転速度30 km/s と合わせておよそ42 km/s になり、太陽の重力から脱出して宇宙のどこにでも逃げられることになります。いずれにしても、太陽の重力を振り切るためには、地球の重力を振り切るよりも大きな発射速度が必要です。

ではこの太陽の重力、宇宙では大きいうちに入るのかというと、これまたそうでもありません。実は、太陽はとても平均的な星で、太陽より質量の大きい星はたくさんあります。そうした重い星から逃げ切るための脱出速度は、太陽の重力を振り切るための速度よりも当然大きくなります。

そうやって、どんどん重い天体を考え、その天体の重力からの脱出速度を計算していくと、ひとつ問題に突き当たります。それは「脱出速度には、真空中の光の速さという**上限がある**」ということです。

真空中の光の速さは秒速30万 km でしたが、この速さでも脱出できないほど、大きな束縛エネルギーを持つ天体があったりしないでしょうか？もしそうした天体があると、その天体の重力からは光でも逃げられないことになります。光がその天体に吸い寄せられ、遠くまで届かなくなるということです。光がどこで引き戻されるかは天体の重力によって変わるとしても、光が届かなくなる領域があるということは、その領域の外から見れば、そこが黒く見えるということです。すなわち、その「見えない領域」はブラックホールになる可能性があるのです。

3.2.2 光でも脱出できない時空の「くぼみ」

□ 運動エネルギー・位置エネルギー・力学的エネルギー

光にしろ、ボールにしろ、何らかの物体が天体の重力を振り切って宇宙の彼方まで飛んでいけるかどうかは、物体が持つ運動エネルギーと、重力による束縛エネルギーのどちらが勝つかで決まります。

すでに述べたように、エネルギーにはいろいろな形態がありますが、運動エネルギーは見た目にわかりやすいエネルギーです。これは物体の質量 m と速度 v の2乗に比例します。式で書けば、

$$K = \frac{1}{2} mv^2 \, [\mathrm{J}]$$

です。運動エネルギーを K で表すのは、英語で運動エネルギーを kinetic energy と呼ぶことに由来します。kinetic は「運動に関する」という意味で、ギリシャ語の「動く」という単語から来ているそうです。

大人がのんびり歩いたときの速さはだいたい1m/sくらいであるといいましたが、質量60 kgの人がこの速さで歩いているときの運動エネルギーは30 Jです。30 Jはおよそ7.2 calですから、1 gの水を7度上昇させるくらいのエネルギーです。自分で書いておいていうのもなんですが、あまりピンと来ないですね。大きさや重さと違い、エネルギーは日常的に測ることがほとんどないので具体的な値を導入してもピンと来なくて当然だと思います。しかし、数値はともかく、質量が大きければ大きいほど、また速さが大きければ大きいほど運動エネルギーが大きくなることは、直感的にも理解しやすいのではないでしょうか。

もう一方の、重力による束縛エネルギーですが、これを決める要素は2つあります。ひとつは天体の質量、もうひとつは天体の半径です。これをイメージするには、ゴムシートの上に石を置いたところを想像するのがよいと思います。

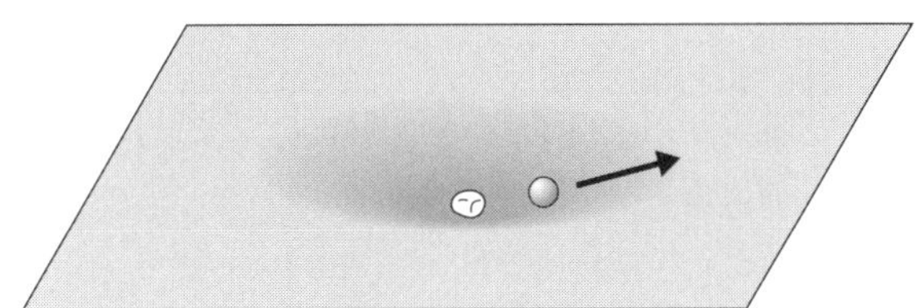

●ゴムシートに石を置くとくぼみができる。
石が軽ければくぼみは浅く、できる坂の傾きも緩やか。

石を置くとゴムシートはくぼみますが、石が重いほど深いくぼみができます。そのくぼみからビー玉を弾いて外に出そうとすると、くぼみが深く、坂の傾きが急であるほど、強くビー玉を弾かなければいけません。これは、星が重いほど、より大きな速さでボールを発射しなければいけないのと同じです。坂の傾きが重力の大きさに対応しています。

また、同じ重さの石でも、密度が高く、ギュッとコンパクトに固まった石のほうが、より深くシートはくぼみます。同じ体重の人でも、スニーカーを履いて砂を踏んだ場合と、ヒールで砂を踏んだ場合とでは、ヒールのほうが深くて小さな穴が砂にあくのと同じで、密度が高い石のほうが、より大きな圧力をシートに加えるからです。ちなみに、ヒールで足を踏まれると骨折することもあるそうです。かなりの圧力になるということですね。「よりコンパクトで、重い石」がつくるくぼみとは、そうしたヒールがつくる、深くて小さい穴のようなものです。

同じ質量の星でも、よりコンパクトな星のほうがより強い重力を発生させます。ここでも坂の傾きが、重力の強さに対応しています。

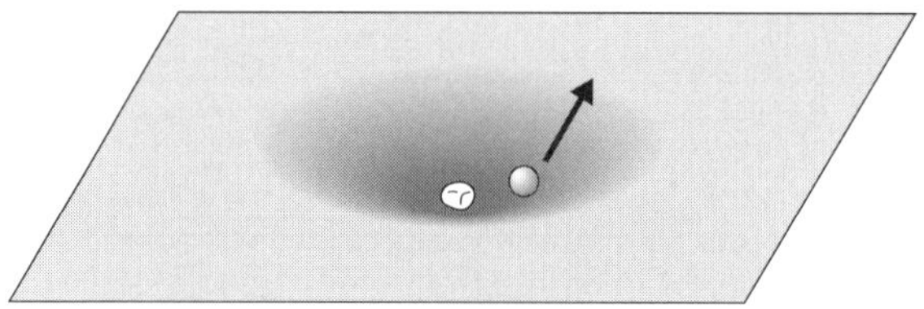

●石が重くてコンパクトだと、ゴムシートのくぼみはきつくなり、脱出速度を大きくする必要がある。

ここで、この様子を数式でも表しておきます。質量が M [kg] で、半径が R [m] の天体の表面に質量 m [kg] の物体が乗っているとき、その物体が天体から受ける束縛エネルギーの大きさは、

$$U_B = \frac{GMm}{R} \ [\mathrm{J}]$$

になります。ここで G は、2.3節でも説明したように万有引力定数と呼ばれ、万有引力の大きさの度合いを表す比例定数です。値もすでに紹介しましたが、およそ $G = 6.67 \times 10^{-11}$ [$\mathrm{m^3/(kg \cdot s^2)}$] です。つまりこの式

は、束縛エネルギーは天体の質量 M に比例し、天体の大きさ（半径）R に反比例していることを表しています。天体の表面ではなく、天体の表面から（地球なら地上から）h [m] だけ上空にある場合、束縛エネルギーの大きさは、

$$U_B = \frac{GMm}{R+h} \,[\mathrm{J}]$$

となります。天体から無限に離れた地点では束縛エネルギーはゼロのはずですが、実際にこの式で $h=\infty$ とすれば $U_B=0$ となります。

ちなみに、高校物理では「万有引力による位置エネルギー」について学びますが、束縛エネルギー U_B にマイナスをつけたものが万有引力による位置エネルギー

$$U = -\frac{GMm}{R}$$

です。

ひょっとすると、「エネルギーなのにマイナス」と聞いて、不思議に思った方もいるかもしれません。この式を初めて教わったときに多くの高校生がこのマイナスに戸惑います。「負のエネルギー」という奇妙なものを考えているように映るからです。しかしこのマイナスは、天体と物体が無限に離れている状態を束縛エネルギーがゼロの状態と決めたことで現れるもので、「負のエネルギー」を考えているわけではありません。この点について少し説明しましょう。

重力による束縛エネルギーは位置エネルギーの一種ですが、位置エネルギーは運動エネルギーとは異なり、「パッと見ではわからない、潜在的なエネルギー」です。例えば、地面に置かれたボールを持ち上げて手を

離せば、ボールは落下します。このとき、手を離す直前まで、ボールに運動エネルギーはありません。なぜならボールは動いていないからです。では、地面に置かれたボールと持ち上げられたボールの状態は同じかというと、もちろんそうではありません。持ち上げられたボールは、手を離せばいつでも運動できる「能力」を秘めています。このような、「運動するために秘められたエネルギー」が位置エネルギーであり、潜在的なエネルギーという意味で、ポテンシャルエネルギーと呼んでいたのでした。

地面から持ち上げられた物体に位置エネルギーが蓄えられるのと同様、伸ばしたバネにも位置エネルギーが蓄えられます。なぜなら、バネの先におもりをつけてバネを伸ばし、手を離すと、おもりは動き出して振動するからです。手でバネを伸ばしたことで、バネに運動する能力、すなわち位置エネルギーが蓄えられたのです。このように、位置エネルギーはさまざまなところに顔を出します。「位置」というネーミングなのは、重力に関する位置エネルギーは地面からどれだけの高さにあるのかによって変わりますし、バネによる位置エネルギーならバネの伸びや縮みといった、物体の位置に応じてその値が変わるからです。

この位置エネルギーには「絶対的な基準」がありません。つまり、「この状態を位置エネルギーゼロの状態とするのが、誰にとっても当然である」という状態が特にないのです。そのため、位置エネルギーの値がマイナスになることはよくあります。

例えば、あなたがいまビルの2階にいるとすれば、3階にいる人はあなたに比べて大きな位置エネルギーを持っているといえます。なぜなら、もし床がなければ、3階の人は2階に落ちてくるからです。そのためあなたを基準とすれば、ビルの3階にいる人の位置エネルギーは正の値になります。一方、もし1階に人がいれば、その人の位置エネルギーはマイナスになります。かといって、1階にいる人が「負のエネルギー」という奇妙なものを持っているわけではありません。2階にいるあなたに比べて、位置エネルギーが小さいことをマイナスで表現しているだけです。

さらに言えば、もしビルの地下に人がいれば、その人よりは1階にいる人のほうが位置エネルギーは大きくなります。このように、位置エネルギーとは「ある状態と別の状態との差」だけが重要な相対的なもので、絶対的な基準はどこにもないのです。そのため私たちは、計算式が一番簡単になるように、基準を選ぶことにしています。質量 M の重力源の中心からの距離が r のところに質量 m の物体があるとき、その物体の持つ位置エネルギーとして $U=-GMm/r$ という形がよく現れますが、この位置エネルギーは重力源から無限に離れたところを基準 $U=0$ にしています。実際、重力源からの距離 r を無限大にしてみると、

$$U=-\frac{GMm}{r}\underset{r\to\infty}{\longrightarrow}-\frac{GMm}{\infty}=0$$

となります。束縛エネルギーの基準も同様です。

重力源から離すには仕事をしなければいけませんから、重力源から一番遠いところである $r=\infty$ という地点に置かれた物体は、位置エネルギーが最も多く蓄えられていることになります。位置エネルギーが最も多く蓄えられているところを $U=0$、すなわち位置エネルギーの基準としているので、他の場所の位置エネルギーは、それより低い値であるマイナスの数値になるのです。

さて、話をもとに戻して、物体が天体の重力を振り切れるかどうか、計算してみましょう。速さ v で発射した物体の運動エネルギーのほうが重力による束縛エネルギーより大きければ、重力を振り切れるはずです

から、

$$\frac{1}{2}mv^2 \geqq \frac{GMm}{R} \qquad \therefore v \geqq \sqrt{\frac{2GM}{R}}$$

が、重力を振り切るための条件です。式を見ると、天体の質量 M が大きい場合や、天体の半径 R が小さい場合には、脱出速度を大きくしなければいけないことがわかります。第2宇宙速度の 11km/s という値は、この式の M と R に地球の質量 6×10^{24} kg と地球の半径 6400 km を入れて計算したものです。万有引力定数の値 $6.7\times10^{-11}\ \mathrm{m^3/kg\cdot s^2}$ も使って、皆さんもパソコンなどでぜひ計算してみてください。単純な計算ではありますが、聞いたことのある数値が実際に出てくると、不思議と嬉しくなるものです。

さていま考えたかったのは、脱出速度として真空中の光速が必要になる場合はどうなってしまうかということでした。脱出速度がちょうど真空中の光速 c に等しいとき、$v = c$ として

$$\frac{1}{2}mc^2 = \frac{GMm}{R}$$

が得られます。これより、

$$R = \frac{2GM}{c^2}$$

となることがわかります。この式は、質量 M の天体がこの値で定まる半径のとき、その天体から脱出するには初速 c で飛ばさなければいけないことを意味しています。

この半径はどのくらいでしょうか？　実際の天体で計算してみましょ

う。例えば太陽なら、質量は 2×10^{30} kg なので、この式から $R=3$ km となります。実際の太陽の半径は 70万 km なので、およそ50万分の1の大きさまで太陽が圧縮されたような天体があるとき、そこから脱出するには光速が必要であるということです。

地球でも試してみましょう。地球の質量は 6×10^{24} kg なので、その場合はおよそ 1 cm であることがわかります。角砂糖くらいの大きさです。私たちが住んでいるこの地球を、重さを変えずに角砂糖1個分の大きさまで圧縮したような超高密度の天体があれば、そこからの脱出速度は光速でなければいけないといっているのです。

先ほどのゴムシートの例で考えれば、そのくらい超高密度な天体があると、ヒールで踏んだ砂にできた穴のように、きわめて小さく、深いくぼみがゴムシートにできることになります。くぼみの坂が急すぎて、光の速さで弾かないと、どんなボールも穴から脱出できないのです。仮に、これよりもさらにコンパクトに、ギュッと縮んだ天体があれば、光ですら脱出できないことになります。ということは、光が飛んでこない位置にいる人からは、そこが暗い領域に見えるはずなのです。

□ ブラックホールはあるのか？

ミッチェルやラプラスが活躍したのは、相対性理論が生まれる100年以上前であり、ここでお見せした計算はニュートン力学に基づくものです。そのためこれは、実際の光の飛び方を正しく説明するものではありません。しかし、太陽と同じ質量の天体が、半径 3 km 以下に圧縮されると光でも脱出できない境界が現れる、すなわちブラックホールができるという結論自体は、相対性理論を使って計算しても同じです。

この半径の値はシュヴァルツシルト半径と呼ばれていて、静的・球対称なブラックホールの半径に相当する量です。静的とは、ジッと止まっていて、動きがないという意味です。現実のブラックホールのほとんどは回転していると考えられているのですが、静的・球対称なシュヴァルツシルト・ブラックホールはわかりやすいモデルとして非常によく調べられています。

このように、ミッチェルやラプラスの考察はとても興味深いものですが、それによってブラックホールの存在が科学者の間で認識されて……、とはいきませんでした。というのは、太陽と同じ質量を持つにもかかわらず、半径が3 kmの星が現実に存在するとは思えなかったからです。現代人である私たちはブラックホールが存在していることをすでに知っているため、「太陽程度の質量のものが半径3 kmに圧縮された天体」があってもよさそうな気もするのですが、私たちの体に置きかえてみると、これがいかに極端な話であるか、よくわかります。太陽が実際の半径70万kmから半径3kmに圧縮されたとしたら、大きさは10万分の1以下になっているということです。私たち人間の大きさは大ざっぱには1m程度ですから、これは私たちが10万分の1m、すなわち0.01 mmまで圧縮されるようなものです（イヤな話ですが……）。これは、だいたい細胞の大きさでした。すなわち、私たちを細胞1個の大きさまで圧縮するという話なのです。しかも、質量はそのままに、なのです！　細胞は肉眼では見えませんが、そのくらい小さなものが私たちの体重と同じくらいの質量を持っている、という話なのです。いかに極端なことか、おわかりいただけるのではないでしょうか。

実際、科学者たちも「光が脱出できないほどの重力源は理論の産物であって、現実にはないだろう」と考えていたのです。この話が再び議論に上がってくるためには、相対性理論の登場を待たねばなりませんでした。

それにしても、太陽ぐらいの質量があるものが半径3kmに圧縮された状態とはどのようなものでしょうか。現在では、太陽のおよそ25倍以上の質量を持つ星が一生を終えるとき、ブラックホールになると考えられています。さらに、ほとんどすべての銀河の中心には、太陽の10万倍から100億倍もの質量を持つ、非常に重いブラックホールがあることも確実視されています。

ブラックホールが形成される詳細なプロセスは本書では扱いませんが、光ですら脱出できない究極の天体が宇宙に本当に存在しているというのは驚きです。しかも現在では、ブラックホールは非常にありふれた天体であることもわかっているので、さらに驚いてしまいます。

3.2.3 重力は時空の曲がりである —— 一般相対性理論

□ 一般相対性理論の誕生

重力の効果をゴムシートがくぼむことに例えましたが、実は、この例えは2つの意味で本質をついています。ひとつは、ニュートン力学における「万有引力の法則」をうまく可視化できていること、もうひとつは、一般相対性理論の中心的な考え方である、「重力とは時空の曲がりである」ということを可視化できていることです。

前者の「万有引力の法則を可視化できていること」ですが、ゴムシートに石を置いてくぼみをつくり、そのくぼみの途中にパチンコ玉を置くと、パチンコ玉はくぼみの中心に向かって落ち込んでいきます。これはちょうど、2つの物体が万有引力で引っ張り合う様子をうまく表しています。しかも、「近くなるほど引力が強くなる」という万有引力の性質もうまく表しています。くぼみの中心に行くに従ってくぼみの傾きは少しずつ急になり、引力が強くなっていく様子もうまく表せているのです。物体の距離が半分になると万有引力の強さが4倍になるという、正確なところまで表せているわけではありませんが、万有引力という目に見えないものを可視化するモデルとしてはよくできているのです。

それに加えて、この「ゴムシートモデル」は、「重力の正体とは時空の曲がりである」という、一般相対性理論の軸となる考え方もうまく表しています。一般相対性理論は、アインシュタインによって1915年に発表されました。本書でもすでに登場している特殊相対性理論は1905年に発表されており、そこに重力も組み込んで拡張したものが一般相対性理論です。

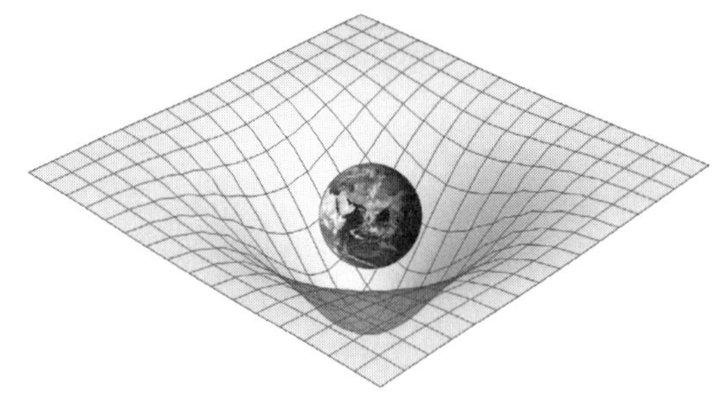

●物質があると時間や空間が曲がる

□重力の正体は時間と空間の曲がり

一般相対性理論の軸となる考え方は、「物体が存在すると、その質量によって時間や空間が曲げられ、それが重力の正体である」というものです。これがどういうことか、月の運動を例に考えてみましょう。

ニュートン力学では、月が地球の周りを回り続けていられるのは、地球からの万有引力を受けているからだと説明されます。月に限らず、ひもにおもりをつけてグルグル回した場合もそうですが、物体が回転運動を続けるためには、回転の中心に向かって引っ張る力が必要です。事実、回転している途中で突然ひもが切れると、おもりは円運動の接線方向へ飛んでいってしまいます。これは、「力が加わらなければ、物体は等速直線運動を続ける」という、「慣性の法則」の表れでもあります。月も同様で、もし地球からの引力が突然消えるようなことがあれば、月は地球を回る軌道の接線方向に飛んでいってしまうはずです。

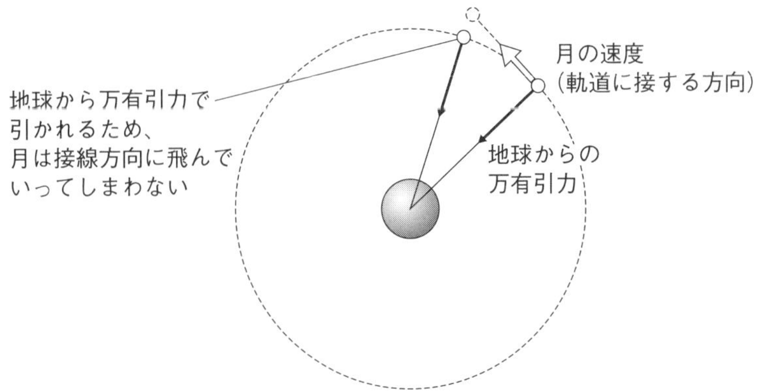

●ニュートン力学では、月は地球の万有引力によって円軌道を保っていると考える。もし万有引力がなければ、月は等速直線運動をするはず。

これに対してアインシュタインは、「地球が存在することで時空が曲がり、その曲がった時空の中を月はまっすぐ進んでいると解釈すべきである」と唱えました。この様子を可視化するのにちょうどよいのが先ほどのゴムシートのモデルなのです。

ゴムシートに何も置かれておらず、ピンと張っている状態なら、その上でパチンコ玉を弾くと、パチンコ玉はまっすぐ進みます。シートに歪みがないので、余分な力を加えられることがないからです。

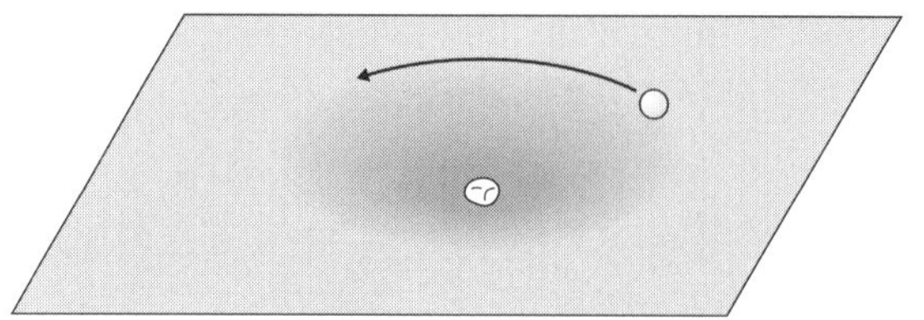

●ゴムシートに石を置くとシートがくぼむ。
そこでパチンコ玉を弾くと、シートのくぼみに沿って、
パチンコ玉はカーブを描いて進む。

一方、前に考えたように、ゴムシートの上に石を置くと、シートにくぼみができます。そのくぼみの近くでパチンコ玉を弾くと、パチンコ玉はくぼみに沿ってカーブを描いて進みます。パチンコ玉を弱く弾けばパチンコ球はくぼみの中心に落ちていくでしょうし、強く弾けば少しだけ軌道が曲げられて、遠くへ飛んでいくことでしょう。ちょうどよい速さであれば、パチンコ玉はくぼみの縁にそって何周も回り続けることもあります。ちょうどこれが、地球の周りを月が回っている様子を表しているのです。月としては、まっすぐ進んでいるだけなのに、周囲の時空が曲がっているために、勝手に軌道が曲がってしまうというわけです。つまり、万有引力だと私たちが思っていたものは、時空の曲がりだったというのです。

先ほど、このゴムシートモデルが、ニュートン力学の万有引力の法則をうまく表せているといいましたが、時空の曲がり、すなわちゴムシートのくぼみは重力の強さをうまく表しています。しかもそれだけではなく、ゴムシートがパチンコ玉に触れて、力を加えているというところが、重力の本質をちゃんと突いているのです。

というのも、ニュートン力学の範囲では、重力は遠隔相互作用といって、物体同士が接触していなくても働く力だと考えられていました。し

かしアインシュタインは、重力とはそうしたものではなく、まず何らかの物体が存在することで時空が曲がり、その曲がりが別の物体に作用して、重力という働きとして現れる近接相互作用であると考えたのです。

この近接相互作用という考え方は、すでに登場している電場や磁場にも当てはまります。電気の力や磁気の力も遠隔相互作用ではなく、電気を帯びている物体や磁気を帯びている物体がまず存在し、それが周りに電場や磁場を発生させ、その電場や磁場が別の物体に電気の力や磁気の力を伝えています。電場や磁場がそうした実在であり、電気の力や磁気の力を伝える役割をしていることは、電磁波が存在していることによって確認されています。

「実際の世界は3次元空間だが、ゴムシートモデルは2次元ではないか」とか、「万有引力の性質である、力が距離の2乗に反比例することを表せていないではないか」とか、さまざまなツッコミどころもあるのですが、ゴムシートモデルが重力のうまい「例え」になっているのはたしかです。世の中に「完璧な例え」は存在しません。なぜならば、あるものを完璧に例えられるものがあるならば、それはそのもの自身に違いないからです。何から何まで完璧に同じなのですから。何か別のもので例えようとすれば、必ずオリジナルとは異なる部分が出てきます。直感的な理解のために、何かに例えることはよくありますが、例えは部分的にしか当てはまらないのだということは、忘れずに頭の片隅に留めておいてください。

□ 一般相対性理論でなければいけない理由

ゴムシートモデルを使って定性的に重力の性質を理解できたなら、次は定量化していきます。定量化することで、実験や観測で検証が可能になります。すなわち、物体によってどのように時空が曲がるのか、そして、その曲がった時空の中で物体や光がどのように進むのかを詳細に計算するのです。そのような「曲がった空間」の性質は、数学ではリーマン幾何学という分野で当時すでに研究されていました。

曲がった空間では、曲がりのない空間とは異なる現象がいくつも現れます。例えば平行な2本の線は、曲がりのない平面上では、いつまでたっても交わりませんが、地球の表面のように曲がった面上であれば、経線が北極や南極で交わります。そうした曲がった空間での図形の性質をまとめたものがリーマン幾何学であり、一般相対性理論はこのリーマン幾何学を使って表現されています。本書ではその詳細は割愛しますが、興味のある方は拙著を含め、一般相対性理論 の教科書は多数あるので、そちらをご覧ください。

ところで、「曲がった時空 = 重力」というモデル化で現象をうまく説明できるのはいいとしても、「時空の曲がりなどというものはなく、地球と月の間には遠隔相互作用である万有引力が働いている」と考えてはいけないのでしょうか？

この直感はある程度当たっています。事実、私たちが日常で見かける現象のほとんどは、どちらで説明しても同じ結果になります。これは、私たちの周りには、大きな重力が働くことがほとんどないためです。重力があまり大きくない場合、ニュートン力学と一般相対性理論は完全に同じ結論を導きます。ニュートン力学は近似的に正しいのです。

しかし、重力が大きくなってくると話は違ってきます。ブラックホールの近くや、銀河のような巨大な質量を持つ天体の周囲での光の進み方は、ニュートン力学と一般相対性理論では異なる結果を導くのです。非常に強い重力の環境下では、ニュートン力学を使って求めた光の進み方と、実際の光の進み方にズレが生じます。ニュートン力学は大まかには合っているけれども、細かいところまで調べていくとズレが目立ってくるというイメージです。

また、光は物質と異なり、質量を持ちません。そのため、万有引力で「引っ張る」という考え方と、相性がよくないともいえます。これに対し、一般相対性理論の考え方は、光だろうが通常の物質だろうが、関係ありません。物質の種類を問わず、周囲の空間や時間自体が曲がってしまっているからです。まっすぐ進みたくても、「レール」が曲がっている以上、曲がって進むしかないわけです。

ニュートン力学と一般相対性理論のどちらがより正しい理論なのかは、実験や観測によって確認しなければいけません。物質の質量によって時空が曲げられ、そこを通る光の軌道が曲がってしまう現象があれば、相対性理論に軍配が上がることになります。現在、一般相対性理論がこれだけ研究され続けているということは……、そうした現象が山ほど見つかっているということです。

□ 宇宙で光はどう進むか——重力レンズ

時空が歪むことで、光の軌道が曲げられる現象として有名なのが「重力レンズ」です。これは次の図のように、天体の重力によって時空が曲げられ、その背後から出た光の軌跡が曲げられる現象です。

光は四方八方に出ていますから、光が曲げられて、異なる経路を進んだ光が私たちの目に届くことがあります。私たちの目は、光が来た方向にその天体があると感じるため、2つの天体が見えるのですが、何しろその天体はもともと同じものなので、同じ天体がなぜか2か所に見えることになるのです。こうした現象が実際に見つかっていることは、一般相対性理論が正しいことの証拠のひとつです。

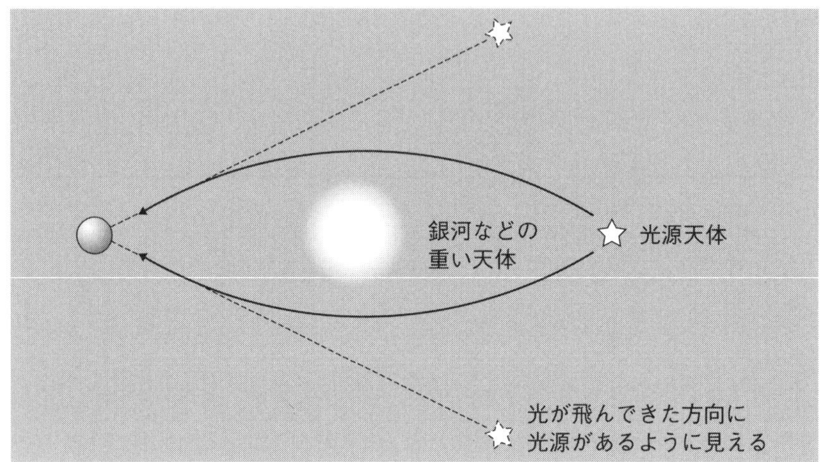

●重力レンズ。重い天体の背後にある光源からの光が、曲がって私たちに届く。光が飛んできた方向に光源があるように見えるので、同じ光源天体の像が複数見えたりする。重い天体と光源天体の距離や大きさ次第では、光源天体の像が歪んで見えたり、リング上に見えたりもする。

□ ブラックホールの「影」

「はじめに」でも述べたように、2019年4月に世界で初めてブラックホールが撮影されたというニュースが流れました。新聞やテレビでも大きく報道されたので、次の画像をご覧になった方もたくさんいると思います。この画像も、重力レンズの一種によるものです。

これは、地上のいくつかの望遠鏡を合わせたイベント・ホライゾン・テレスコープによって、地球から5500万光年離れたところにある、M87という銀河の中心にあるブラックホールの「影」を撮影したものです。

銀河はおよそ1000億個の恒星からなる天体で、渦巻き銀河や楕円銀河、不規則な形をした銀河などさまざまなものがありますが、M87はその中の楕円銀河です。

●EHTで撮影したM87中心ブラックホールの画像（EHT Collaboration）（口絵5）。

これもすでに述べたように、1光年は光が1年かかって進む距離のことです。光は1秒で30万kmも進むため、1光年は9兆5000億kmにもなります。その5500万倍ですから、M87は地球から5.5垓（がい）km離れたところにあります。1兆の1億倍が1垓です。M87の中心にあるブラックホールは巨大で、太陽の62億倍の質量があると考えられています。

ブラックホールへは、その近くを回っている恒星からのガスが吸い込まれていきますが、その際にガスは回転しながら円盤状になります。ガスは落ち込む際に摩擦熱を発し、電磁波を放出します。そうした電磁波がブラックホールの周囲で回転する軌道があり、それを光球（フォトン・スフィア）といいます。光球より内側に入った光はブラックホールに吸い込まれてしまいますが、外側を通った光は逃げることができます。今回イベント・ホライゾン・テレスコープが捉えたのは、光球の近くを通って地球に届いた光です。

こうした「ブラックホールの近くを通って、地球に届いた光」がどう飛んでくるかは、一般相対性理論から導かれる方程式に基づいて計算します。その計算通りの結果が、実際に観測で見えたということは、一般相対性理論の正しさを証明するものです。そしてその一般相対性理論の根っこにあるのは、重力の正体は曲がった時空であり、時空は単なる入れ物どころか、グニャグニャと曲がる生き物のようなものだということです。

「時空は曲がる」という結論は、時空をゴムシートに例える見立てととても相性がいいのですが、すでに述べたように、この例えは時空の性質の一面しか表せていません。具体的には、ブラックホールが存在する時空での光の進み方は、実はだいぶ異なります。特に異なるのが、ブラックホール内部での光の進み方です。

ミッチェルやラプラスの例では、天体から脱出する光について考えました。このとき光は、ある程度は天体から逃げることができました。すなわち、天体の表面からある程度の高さまでは進み、そこから天体に引き戻されるような軌跡をイメージしていました。しかし実際には、ブラックホールの中に入った光は、一切外側に向かって進まず、すべてブラックホールの中心に向かって一方的に進むことしかできなくなります。こうした性質はゴムシートの例で理解することはできず、一般相対性理論を使って細かく計算してみるまでわかりません。

また、ブラックホールの中に何があるのかについても、ゴムシートの例では考えることができません。ゴムシートの中心にあるのは私たちが置いた石に過ぎませんが、ブラックホールの中心には特異点と呼ばれる、密度や圧力が無限大という理解しがたい点があると考えられています。そんなものが本当にあるのかを含め、ブラックホールの内部構造についてはいまも研究が進んでいる最中であり、今後の研究の発展が期待されるところです。このように、ゴムシートの例はブラックホール時空の性質の一端を表すに過ぎませんが、少なくとも直感的な感覚を養うためにはうまい見立てだといえるでしょう。

3.3 数式を使う 次元の話
——世界が3次元である証拠としての逆2乗則

3.3.1 逆2乗則の意味

「枠を外す」と口にするのは簡単ですが、実際にはそんなにたやすいことではありません。知らず知らずのうちに私たちは、自分に枠をはめてしまうものです。枠の際（きわ）、つまり極端なケースを考えることはできるとしても、それ以上のところへ行くにはもうひと工夫必要です。そのために役立つのが数式です。ここでは**次元**を例に、数式がいかに頼りになる武器であるかをお話ししましょう。

ところで、次元とは何でしょう。私たちはこの世界が縦・横・高さの3次元空間であると感じます。すでに述べたように、相対性理論によると、時間を入れて4次元時空という捉え方をしたほうが、この世界の性質をより深く感じ取れるわけですが、相対性理論が正しくても（正しいわけですが）、空間が3次元であることに変わりはありません。

たしかに、空間は1次元や2次元ではなさそうです。ですが、4次元や5次元ではないという証拠はあるのでしょうか。第4章で紹介する**弦理論**（**ひも理論**）からは、私たちの住んでいる空間が9次元や10次元である可能性も示唆されています。これが正しいなら、私たちが知っている縦・横・高さの3次元以外に、あと6次元もしくは7次元も何かがあるというわけですが、これはどういうことなのでしょうか。

そもそも、この空間が3次元であるというのは、私たちの感覚以外に証拠はないのでしょうか。実はそうではありません。そのように考えてよい理由があります。それが**逆2乗則**です。

自然界には4種類の力があります。これらの力が、世の中に存在するあらゆる相互作用の大もとなので、「この世には4種類の力がある」という言い方をします。そのうち2つは私たちに馴染みのある力で、ひとつは電気や磁石の力である**電磁気力**、そしてもうひとつは重力です。それ以外の2つはあまり馴染みがありませんが、原子核の中で陽子や中性子などに働く**強い力**と、中性子が陽子に変化する際に働く**弱い力**です。強い、弱いというのは妙なネーミングですが、これはある距離以下で、電磁気力に比べて強いか弱いかによって名づけられたものです。ただし、4つの中で一番弱い力なのは重力なのですが。

私たちに馴染みのある電磁気力と重力の2つは、どちらも逆2乗則という法則に従います。逆2乗則とは、力が距離の2乗に反比例することを指します。電磁気力はクーロンの法則、重力は万有引力の法則に性質がまとめられていますが、そのどちらも、2つの物体間に働く力は、距離の2乗に反比例するというタイプです。ある距離で働く力を1とすると、距離が2倍に広がると、その力は1/4 に弱まるということです。電磁気力には引力と反発力（斥力）の2種があり、重力には引力しかないという違いはあるものの、大きさに関しては同じ性質を持っているのです。

□ 逆2乗則は球の表面積から来ている

なぜこれらの力が逆2乗則に従うのか、その理由は、この世界が3次元空間であるからだと考えられています。電気の力を例に考えましょう。電荷があると、その周囲には電場が発生し、その向きは**電気力線**で表現することができます。電気力線には向きがあり、正の電荷から出て、負の電荷に入っていくと定義されています。

正の電荷があると、そこからは外向きで放射状の電気力線が出ます。3.1節のガウスの法則でも説明したように、ちょうどウニのとげのような感じです。電気力線の本数密度が高いところ、つまり電気力線が立て込んでいるところが、電場の強いところです。逆に、電気力線がスカスカのところは、電場が弱いところです。

このように、電気力線の本数密度で電場の強さを見ることができますが、電気力線は電荷から出ると放射状に広がるため、電荷から離れるほど、本数密度はスカスカになっていきます。仮に電気力線が100本出ていたとしましょう。電荷を中心として、半径が1 mの地点を考えると、そこでの電気力線の本数密度は、

$$\frac{100}{4\pi \times 1^2} = \frac{100}{4\pi}$$

です。半径 r の球の表面積は $4\pi r^2$ だからです。電荷から距離が2 mの地点であれば、そこに半径2 mの球を考えて、本数密度は、

$$\frac{100}{4\pi \times 2^2} = \frac{1}{4} \cdot \frac{100}{4\pi}$$

となります。距離が2倍になった地点では、電気力線の本数密度は1/4になるのです。

もちろんこの理由は、半径 r の球の表面積が $4\pi r^2$ だからです。密度を求めるために $4\pi r^2$ で割ったことで、半径 r の2乗に反比例することになったのです。

□ 次元が異なると？

このことが、私たちの住んでいる空間が3次元だと考えられる理由なのです。なぜなら、3次元空間で球を考えれば、その表面積は $4\pi r^2$ になるからです。仮にこの世界が2次元空間だったとしましょう。2次元なので平面というべきかもしれませんが、平面の世界で、球に当たるのは円です。球にとっての表面に当たるのは円周であり、表面積に当たるのは円周の長さです。円周の長さは $2\pi r$ ですから、3次元と同様に電気力線の本数密度を求めると、$4\pi r^2$ で割る代わりに $2\pi r$ で割ることになります。すると、密度は r^2 に反比例するのではなく、r に反比例することになるのです。逆2乗則ではなく、逆1乗則というわけです。

これは直感的にも納得のいくものです。2次元の場合、3次元に比べて進める方向が少ないため、電気力線が逃げる方向も少なくなります。そのため、電荷から離れても本数密度が減りにくくなるのです。

逆に、この世界が4次元空間だったらどうでしょう。今度は3次元のときよりも電気力線が逃げる方向が増えることになります。ということは、電荷から離れると、密度が3次元のときよりも急激に減るようになるはずです。

事実、空間が4次元のときに、そこで「球」を考えると、その表「面積」は r^3 に比例することがわかります。4次元空間では逆2乗則ではなく、逆3乗則になるのです。さらに、もし空間が n 次元だった場合は、逆 $(n-1)$ 乗則が成り立つこともすぐに示せます。この点についても、電磁力と重力は同じ性質を示します。数式は次元の数を知るためにも必要なのです。

3.3.2 高次元・低次元の可能性

□ 高次元の可能性は消えていない

実は逆2乗則があっても、高次元空間の存在が完全に否定されたわけではありません。なぜなら、観測や実験には精度の問題があるからです。

電磁気力が逆2乗則に従うことはほとんど間違いないと考えられています。電磁気については非常に精密な実験ができていて、それが逆2乗則を示しているからです。一方で重力については、そうした精密な実験ができていません。これは、重力が電磁力に比べてとても弱いことと、引力しかないことが影響して、周囲の環境からの影響を遮断した状態で実験するのが難しいためです。事実、重力の逆2乗則については、0.01 mm以下でも本当に成立するのかは確認できていません。

このため、非常に小さいスケールで測定した結果、逆2乗則からのズレが見つかる可能性はあります。もしそうなれば、3次元以外の別の方向が、小さく丸まって隠れていたということです。

□ 弦理論からの可能性

高次元空間が存在する可能性は、第4章でお話しする弦理論から示唆されたものが有名なのですが、縦・横・高さ以外に、私たちが認識できていない別の方向があるのではないかというアイデアは、弦理論がオリジナルではありません。

1920年代にすでに、テオドール・カルツァとオスカル・クラインという数学者によって、それぞれ独立に高次元空間のアイデアは提唱されていました。彼らのモチベーションは、重力と電磁気力とを統一できないかというところにありました。相対性理論の4次元時空に空間1次元を加えれば5次元時空理論ができますが、その空間1次元に見えているものこそ、電磁気力の正体ではないかと考えたのです。

彼らはコンパクト化というアイデアで、なぜ私たちにはこの世界が3次元空間にしか見えないのかを説明しようとしました。コンパクト化とは、私たちに認識できていない空間は、「小さく丸まっている」というアイデアです。

いま、あなたの前に紙が1枚あるとします。それをクルクルと丸めて非常に細い筒をつくってください。筒の半径をどんどん、どんどん細くしていくと、実質的にその紙は1次元の直線に見えてこないでしょうか。本来2次元であった紙が、クルクル丸まって筒状になることで1次元に見える機構、これがコンパクト化です。

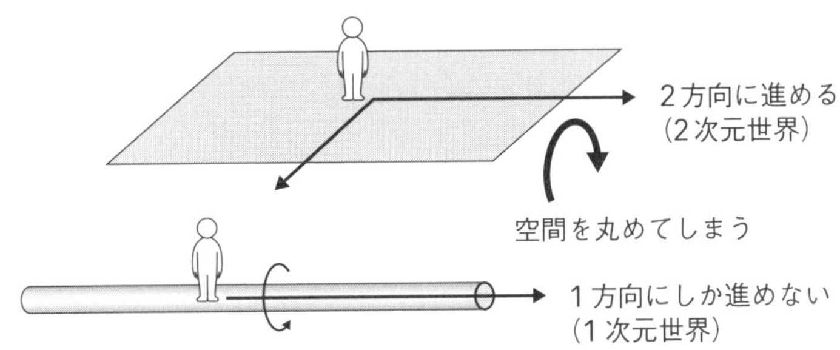

●空間のコンパクト化。高次元空間は小さく丸まっているために、大きなスケールでは見えなくなっていると考える。

コンパクト化を理解するには、綱渡りの綱を考えるのも役立ちます。いま、あなたが綱渡りをしているとすると、あなたに進める方向は綱の上、前後の方向だけです。あなたの持っている自由度は1次元ということになります。

しかし、綱の上を蟻が歩いたらどうでしょう。蟻はとても小さいので、綱の上をあなたが進める方向だけでなく、綱の丸まっている方向にも進むことができます。つまり、蟻のような小さなものにとっては、綱渡りの綱は2次元世界なのです。

このようにコンパクト化というメカニズムでは「マクロに見ると低次元で、ミクロでは高次元に見える」ということが起きます。弦理論でもこれと同じことが起きていると考えるのです。すなわち、マクロなスケールではこの空間は3次元だが、もし私たちが非常に小さなスケールまでこの世界を拡大して見ることができるなら、コンパクト化されて小さく丸まっている6次元分も見えてくるのではないかというわけです。

ところで、このコンパクト化という機構ですが、カルツァとクラインが提唱した段階では、それを強く支持する理論はありませんでした。また、どんな力が働いて小さく丸まっているのかもよくわかりません。さらには、丸まったあとの小さな空間が安定に存在し続けるには特殊な力が必要です。そうしたいくつかの理由により、高次元とコンパクト化という考え方は面白いものの、強く支持はされませんでした。

この状況を変えたのが弦理論なのです。弦理論の中でも、超対称性という性質を課したものを超弦理論といいますが、その超弦理論が矛盾なく定義できるのは10次元時空、すなわち9次元空間と時間の1次元を合わせた世界だとわかったからです。ひょっとすると、本気で高次元の世界を考えてみる価値があるかもしれないと考えられ、ここから流れが変わりました。

この流れを加速したのは、私たちが感じることのできない6次元空間を、ある特殊な性質を持った空間にコンパクト化すると、残った3次元空間中の弦の振動状態から、さまざまな物質の物理的性質が再現できるとわかったことです。高次元の存在と私たちの日常感覚との乖離(かいり)に折り合いをつけるためのコンパクト化だけでなく、積極的にコンパクト化を考えるモチベーションが現れたのです。

□ 実質的に低次元の可能性もある

逆に、この宇宙が生まれたてのころは、実質的に次元が3次元より低かったという説もあります。

実は次元にも、いろいろな定義があります。私たちが直感的に理解しやすいのは、**自由度**です。自由度とは、進むことができる方向の数のことです。私たちが「この世界は縦・横・高さからなる3次元空間である」と感じるのは、私たちの進める方向がその3方向だからです。

一方で、そうした直感的な次元ではなく、数学的な定義もあります。そのひとつが**ハウスドルフ次元**です。これは、物体を中点で切っていったときに、いくつの相似な図形ができるかで次元を定義する方法です。

例えば、線分を中点で分割すると、長さが半分になった線分が2本できます。次に、正方形を用意して、これを辺の中点を結んで切ります。すると次の図のように、面積が元の1/4である正方形が4枚できます。

同様に、立方体を切ると、体積が元の1/8であるような立方体が8個できます。このそれぞれのケースを比べてみると、

- 線分が $2=2^1$ 本できる → 線分は1次元物体
- 正方形が $4=2^2$ 枚できる → 正方形は2次元物体
- 立方体が $8=2^3$ 個できる → 立方体は3次元物体

となっています。次元が、2の何乗なのかで定義されているわけです。

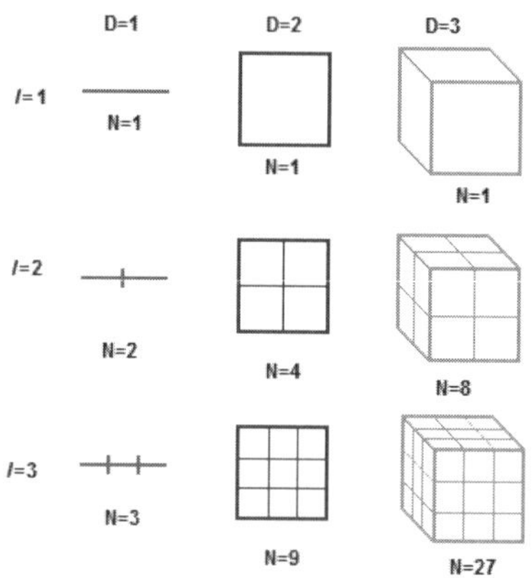

●ハウスドルフ次元の定義。図形がいくつの相似な図形に分割されるかで次元を決めている。

もし、同じやり方で分割したときに、小型の相似な図形が 2^n 個できたら、その物体のハウスドルフ次元は n 次元だというわけです。

この次元の定義に関わる面白いものに、シェルピンスキーのギャスケットという図形があります。これは、三角形の各辺の中点を取り、それを頂点とするような小さな三角形を抜いてつくる図形です。

●シェルピンスキーのギャスケットの作図方法。

コンピューターを使っても、私たちには有限の回数しか三角形を抜いたものを描くことができませんが、無限にこの操作を繰り返してできる図形と定義されています。ですので、図は三角形の抜けた穴が無限に続いていると考えてください。

●普通の三角形を分割すると、小さくて相似な三角形が4つできる。しかし、シェルピンスキーのギャスケットは真ん中に三角形がないので、相似なものが3つしかできない。

このシェルピンスキーのギャスケットですが、そのハウスドルフ次元は面白い値になっています。というのも、この図形は平面に書かれた図形なのに、そのハウスドルフ次元が2にならないのです。実際にハウスドルフ次元を求めるべく、辺の中点を取って相似な小さいギャスケットをつくろうとしてみると、普通の三角形なら相似で面積が 1/4 の三角形が4つできますが、シェルピンスキーのギャスケットは真ん中の三角形を抜いているので、相似な図形が3つしかできないのです。

普通の三角形なら4つの三角形ができ、この4が2の2乗なので、ハウスドルフ次元は2だとわかりました。しかしシェルピンスキーのギャスケットの場合は3なのです。3は2の何乗なのでしょう。この問題を数式で表すなら、

$$2^x = 3$$

ということになります。計算の詳細は省きますが、対数（log）という量を使って計算すると、この x は、

$$x = \frac{\log_{10} 3}{\log_{10} 2} \fallingdotseq 1.58$$

と求まります。平面図形なのに、ハウスドルフ次元が2になりません。それどころか、次元なのに整数でもないのです。この値が意味することを理解するには、自分が蟻になって、シェルピンスキーのギャスケットの上を歩くところを想像してください。

シェルピンスキーのギャスケットは平面図形ですが、普通の平面図形と違って、至るところに穴があいています。そのため、この図形の上を縦・横のどこにも自由に動けるわけではありません。かなり制約を受けるはずです。その意味で、平面図形ほど（2次元図形ほど）、シェルピンスキーのギャスケットの上を動くのは自由がないのです。

かといって、シェルピンスキーのギャスケットが1次元図形かというと、そんなことはありません。1次元図形の上を歩こうと思っても、1方向に沿って進むか戻るかの選択肢しかありませんが、この図形の上はある程度ではありますが、縦と横の2方向に進むことができます。シェルピンスキーのギャスケットは、2次元ほどに自由に動ける図形ではなく、1次元ほど不自由な図形ではないというわけです。先ほど、次元とは直感的には自由度のことだといいましたが、このシェルピンスキーのギャスケットのハウスドルフ次元を見ると、その意味がわかるのではないでしょうか。

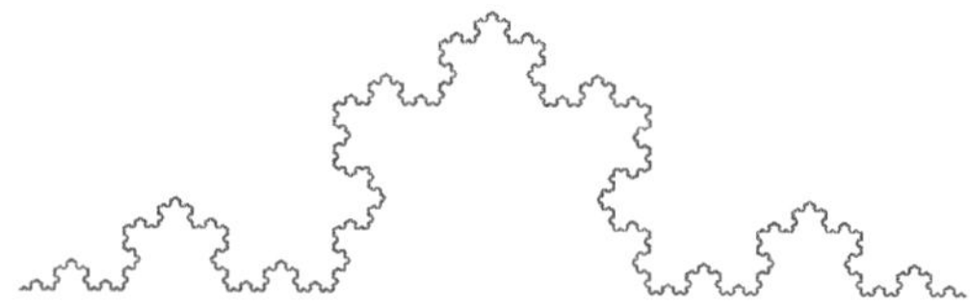

●コッホ曲線。ハウスドルフ次元は1.28（©Fibonacci）。

他にも、線を曲げてつくられる図形なのにハウスドルフ次元が1.28のコッホ曲線や、メンガーのスポンジという、ハウスドルフ次元が2.72のオブジェクトも存在します。

●メンガーのスポンジ。ハウスドルフ次元は2.72（©Amir R. Baserinia）。

こうした「実質的な低次元」が現れるのは、空間に「穴」のようなものがあいていることに起因しています。次元の具体的な数字を計算で求めることができるのは、フラクタル図形のようなきれいなルールで穴があいている場合ですが、ランダムにあいているような空間でも、その分だけ実質的な次元が下がることは想像がつきます。

面白いことに、ごく初期の宇宙は実質的に次元が低かった可能性が、さまざまな研究から示唆されています。ごく初期とは、すでに登場したプランクスケールの時代（宇宙が誕生してから10^{-43}秒後）のことですが、そのころは時空そのものが量子的であり、そのために空間が「ぼやける」ようなことがあるからです。少し抽象的な言い方になりますが、空間がぼやけることで、滑らかで連続的な空間という描像が成り立たなくなるのです。重力の例えで登場したゴムシートのところどころに穴があいたようになるイメージです。その状態ではフラクタル図形と同じことが起き、空間や時空の次元が実質的に下がることになるのです。

専門的な言い方をすると、空間座標同士に量子力学と同様の不確定性が生じ、ゆるやかに座標同士が結びつくからでもあります。各座標が独立ではなくなり、実質的な自由度が下がるのです。空間の実質的な次元が下がるということは、なかなか想像から出てくるものではありません。数式を使うことで「得られてしまった」ともいえる、面白い結果です。

3.4「常識」が通用しない世界ふたたび――量子力学

3.4.1 マクロという常識

□ミクロってどのくらい？

この節では、相対性理論と並び、20世紀以降の物理学の主柱である量子力学についてお話しします。量子力学の世界には、私たちの日常では見かけない現象がいくつも存在します。私たちの常識の「外」の世界です。さて、本書では、すでに何度も「ミクロの世界では量子力学が必要」といってきましたが、「ミクロ」とは具体的にどのくらいの大きさを指すのでしょう？

「ミクロ」は、英語ではmicroと書き、接頭辞としては「100万分の1」という意味です。例えば1μmは10^{-6}m、すなわち100万分の1mのことです。では、原子の大きさがそのくらいなのかというと、そうではないことはすでに述べました。原子の大きさは100万分の1mよりもさらに小さく、10^{-9}mから10^{-10}mくらいです。これ以下のスケールで起きる物理現象を理解するためには量子力学が必要になります。

私たちが肉眼で見ることのできる小ささの限界は0.1mm程度で、ちょうど髪の毛の太さ程度でした。物差しについている目盛りは1mm刻みであることが多いですが、0.1mmはその目盛りの10分の1ですから、たしかに肉眼でも見ることができます。しかし、さらにその10分の1である0.01mmとなると、さすがに見えそうもないですよね。原子や分子は髪の毛の太さの10万分の1から100万分の1くらいなので、肉眼で見えなくて当然です。

□ 原子の構造

さて、原子はそのように非常に小さいものですが、単なる点かというと、そうではありません。原子の中心には原子核があり、その周囲を電子が回っています。この、「電子が原子核の周りを回っている」というイメージは、実は正確ではないのですが、ひとまずはそう考えてもらって結構です。

原子核は陽子と中性子からできていて、陽子の数で元素の種類が決まります。陽子と中性子はほとんど同じ質量を持つ粒子ですが、陽子は正の電気を帯びていて、一方の中性子は電気的には中性の粒子です。陽子と中性子でできた原子核の周りを回っているのが電子で、これは負の電気を持っています。

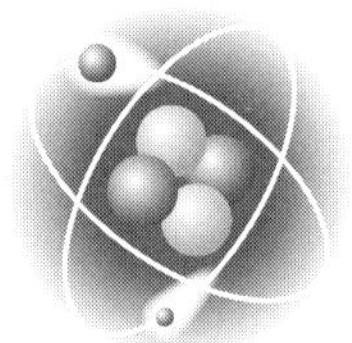

●原子の中には原子核があり、電子はその周りを回っている。

すでに言葉は登場していますが、陽子の数で原子を分類したものを元素といい、自然界の多くの物質はこれら元素が集まってできています。「多くの」であって「すべての」ではないのは、すでに述べたように、宇宙にはダークマターも存在しているからです。ダークマターは周期表に並んだ元素からできているのではありません。正体はまだわかっていませんが、陽子、中性子、電子など、私たちがよく知っている物質ではないことはほぼ明らかです。宇宙にはダークエネルギーという、宇宙を加速的に膨張させている原因も存在していると考えられていますが、「エネルギー」と呼ばれていることからもわかるように、「物質」と呼ぶにはふさわしくない性質を持っています。

元素といえば、私が中学生だったころは「水兵リーベ、僕の船……」という、周期表を覚えるための語呂合わせがありました。私が教わっていた理科の先生も「自分が中学生だったころから同じ語呂合わせがあった」と言っていましたから、相当昔からある暗記法なのでしょう。最初に言い出した方を突き止めてみたいものです。それはともかく、周期表というのは、自然界に存在する元素を陽子の個数順に並べたものです。

一番軽い元素は水素（hydrogen、元素記号はH）です。水素原子の原子核は陽子が1個のみです。中性子は入っていません。陽子1個に、その周りを回る電子が1個という、登場人物が2人だけのシンプルな構造をしています。原子核に中性子が1個入った水素もあり、重水素（deuterium、元素記号はD）といいます。中性子が2個入った水素は三重水素（tritium、元素記号はT）といいます。

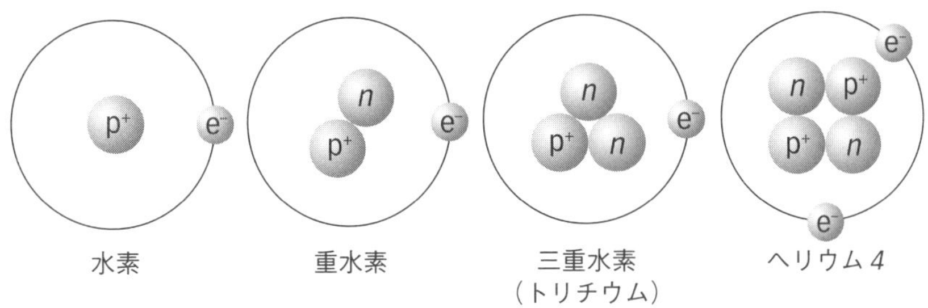

●原子核の中にある陽子の数に応じて原子を分類したものが元素である。p^+、e^-、nはそれぞれ陽子、電子、中性子。

水素の次に軽い元素はヘリウム（Helium、He）です。ヘリウムの原子核には陽子が2個と中性子が2個入っています。陽子が持っている電気の量と釣り合うように、電子も2個入っています。ここから先は周期表の順であるリチウム（Lithium、Li）、ベリリウム（Beryllium、Be）、ホウ素（Boron、B）、……という順に、陽子の数が3、4、5、……と増えていきます。

□ 原子はスカスカ

原子の大きさは 10^{-10} mですが、その中心にある原子核の大きさはおよそ 10^{-15} m しかありません。こうした原子の構造は、20世紀初頭にイギリスのアーネスト・ラザフォードによって実験で明らかになりました。ラザフォードは、金箔に中性子を打ち込む実験を行ない、中性子の散乱の仕方から原子核の大きさを見積もりました。その結果、「原子の中心には原子核があり、その周囲を電子が回っている」という原子モデルが確立していくのですが、同時に新たな謎も生まれました。例えば、原子核の大きさが原子に比べて非常に小さいことです。10^{-10} mと 10^{-15} m、どちらも日常のスケールと比べれば非常に小さな世界のお話なのでわかりにくいかもしれませんが、原子核の大きさは原子に比べて小さすぎると思いませんか？　原子核は原子より5桁小さい、すなわち10万分の1の大きさだというのです。

例えば、私たち人間の身長は1〜2 m 程度ですが、このスケールの10万分の1というと 0.01〜0.02 mm になります。これは細胞の大きさ程度です。ということは、私たちの体の大きさを原子の大きさとするなら、原子核の大きさは細胞1個分くらいで、目に見えないくらい小さいのです。原子はほとんどスカスカで、真ん中にものすごく小さい原子核が入っているということです。そして、そのきわめて小さいものを中心に、電子が回っているというのです。

そんなスカスカの原子がたくさん集まって、私たちの体をつくっているのは奇妙なことではないでしょうか？　私たちの体は「よく見ると」すき間だらけのはずなのです。体だけではありません。私たちが日常的に見かける物質も原子からできているのですから、それらも本当は「スカスカ」なのです。皆さんがいま読んでいるこの本も、それを持っている手も指も、本当は全部スカスカなのです。でも、「本を手に取ろうとしたらすり抜けてしまい、持ち損ねた」なんてことはないですよね？　これはなぜでしょうか？

その理由を説明するには、まず原子の外側を回っている電子の性質を説明しなければいけません。それは、電子が持つ「排他律」という性質によるものです。

排他律とは、「2つ以上の電子が同じ状態にはなれない」という性質のことです。電子は原子核の周りをある軌道で回り、さらには「スピン」と呼ばれる自転のような回転もしています。どの軌道を回るか、どんなスピンを持っているかで電子の状態が決まります。

仮に、ある電子が軌道Aをスピンaで回っているとき、他の電子が近づいてきて、同じく軌道Aをスピンaで飛びたくても、その状態になることはできず、軌道Aを回りたければスピンをbに変えて飛ぶしかないという性質があるのです。仮にここへもうひとつ電子がやってくると、軌道Aに入りたければスピンをcにするしかない、といいたいところですが、実はスピンは2種類しかありません。というのも、自転には本質的に右回りと左回りの2種類しかないからです。スピンにはaとbの2種類しかないのです。このため、3つ目の電子はそもそも軌道Aには入れず、別の軌道Bを飛ぶか、もしくは入り込めずに反発されてしまうかということが起きます。

実際の物質の表面には大量の原子・分子があるので、話は単純ではないのですが、電子に限らず、粒子によっては中（つまり軌道）に入りたくても、入り込めないということがよく起きます。電子など、他の粒子を中に入り込ませない力を「縮退圧」といい、これが効いて、私たちの体やその他の物質が「溶け合って」中に入り込んでしまうようなことは起きないのです。

原子核が非常に小さいことは他にも謎を生みます。そのひとつが原子の質量です。陽子と中性子はほとんど同じ質量だといいましたが、それらの質量は電子より2000倍近く大きいのです。つまり、原子の質量はほとんど原子核だけで決まっているということです。ほとんどスカスカの空間の中心にとても小さな原子核があり、そこに質量が集中しているというわけです。電子でつくられたバリヤーのような中にものすごく小さい塊が隠されていて、それが非常に重い。それが原子の姿です。ミクロの世界には、私たち人間の世界とはだいぶ異なる風景が広がっているようです。

□ 量子力学の登場

原子の中心に非常に小さい原子核があり、その周囲を電子が回っているという構造の発見は「原子がスカスカ」という問題だけでなく、量子力学へとつながる大きな謎を生みました。それは「電子が円軌道を描いて回るときに電磁波を出す」という問題です。

19世紀末までに完成していた電磁気学の理論から、電子のように電気を帯びた粒子が加速度運動をすると、電磁波を出すことが知られていました。電子が行なう円運動もまた、絶えずその方向を変える加速度運動です。ということは、電子が原子核の周りを回ると、電磁波を出しながら、次第にエネルギーを失って回転スピードが落ちてしまうはずなのです。

電子が帯びている負の電気と、原子核が帯びている正の電気とが引っ張り合うことで、電子は原子核の周りをクルクルと回っていられます。万有引力のところでも出てきましたが、次の図のように、ひもにおもりをつけてクルクル回しているのと同じことです。円運動を続けさせるために回転中心に向かって引く力を向心力といい、ひもにつけられたおもりの場合は、ひもがおもりを引く張力がこの向心力です。ひもがプツンと切れ、向心力がなくなってしまうと、おもりはどこかへ飛んでいってしまいます。原子の中の電子の場合は、原子核が電子を引っ張る電気の力（クーロン力）が向心力です。

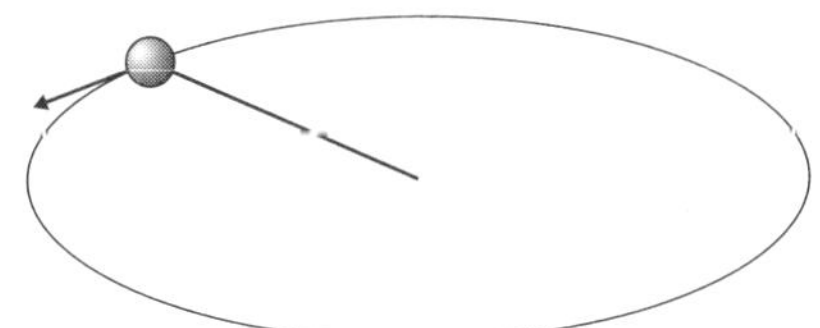

●ひもにつけられたおもりの円運動。
ひもに中心方向へと引っ張られることによって、
おもりは円運動を続ける。

電子が一定の半径で回っているとき、電子と原子核とが引き合う引力と、電子に働く遠心力は釣り合っています。1.1節の銀河の回転曲線や1.3節の遠心力のところでも述べたように、ゆっくりカーブを曲がれば遠心力があまり働かないことを私たちは経験から知っていますが、これは電子についても同様で、もし電子が電磁波を出してエネルギーが減少すれば、スピードが落ちて遠心力は弱くなります。その結果、原子核が電子を引っ張る引力が勝ってしまい、電子は原子核へ落ち込み、やがてくっついてしまうはずだと考えられるのです。

□ ボーアの原子模型

この問題に対し、1913年にデンマークの物理学者ニールス・ボーアが画期的なモデルを提唱しました。このモデルの成功は量子力学誕生のひとつのきっかけになりました。いまでは「ボーア模型」と呼ばれるこのモデルの肝(きも)は、端的にいうと、

「ミクロの世界は、マクロの世界とは違った法則で動いていると考える」

というものでした。「え？　そんなのでいいの？」と思いませんか？　もう少し詳しく説明しましょう。

ボーアが置いた仮定は以下の通りです。

1. 電子は原子核から電気的引力でもって引かれて、円運動をしている
2. 電子の軌道には安定なものがいくつかあって、その半径で回っているときは電磁波を出さない
3. 軌道から別の軌道に変化するときには、変化した分のエネルギーを持つ電磁波を出したり、吸収したりする

「ん？　何だか場当たり的な感じが……」と思った方もいるかもしれませんね。仮定1の電気的な引力で引かれているというのは、ニュートン力学的にイメージできる考え方です。対して、仮定2の「安定な軌道があって、そのときは電磁波を出さない」という仮定は、「実験からそうなっているのだからしょうがない」という感じです。さすがにこれだけだと「安定な軌道って何？」という反論が出るでしょう。この時代の物理学者たちも、おそらく同じようなモヤモヤした気持ちを抱えていたことでしょう。

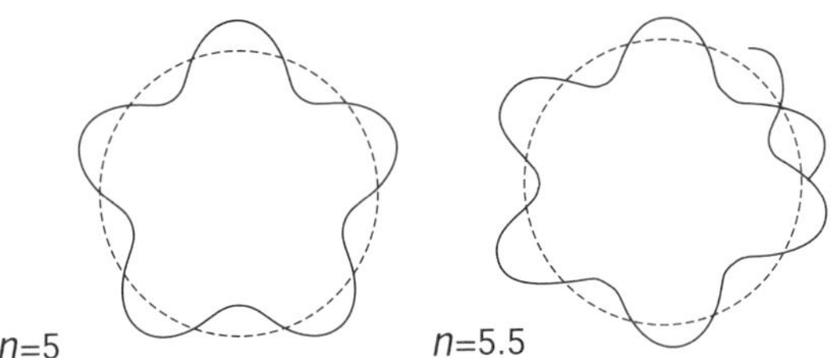

●ボーア模型。軌道の長さがちょうど電子の物質波の長さの整数倍だと、定常波ができる。

ボーアはこの安定な軌道を、「電子を波と考えたとき、その波が定常波をつくるような軌道」だと考えました。

「電子を波と考える」というフレーズがいきなり出てきましたが、すぐあとで説明するように、これが量子力学の根幹に関わる考え方で、この波を物質波といいます。正確には「電子の存在状態は波動関数で記述される」なのですが、ここでは少し単純に、電子が波のような形で存在しているとイメージしてください。実際には、波として表現すべきなのはあくまで電子の状態であって、電子自体が溶けて波のように広がっているわけではありません。

ちなみに、ボーア模型の提唱は1913年で、ルイ・ド・ブロイによる物質波の考え方が出てくるのは1924年なので、ボーアは物質波という言葉を用いたわけではありません。ここでは物質波の考え方を使うと理解しやすいので、こういった言い方をしました。もちろん、ボーアが置いた仮定は、物質波が定常波をつくっているという仮定と物理的に等価なものです。

電子というと、粒のイメージを持っている方が多いかと思います。ボーアの模型でも「電子が原子核に引かれて」といっています。となると「電子を波と考える」というのは奇妙な主張に聞こえます。これはいったいどういうことでしょうか。

□ 粒と波の二重性？

粒子的な性質と波的な性質を同時に持っていることを「粒と波の二重性」と呼びます。これが、ミクロの世界の住人たちが持つ特徴なのです。これをどう理解するか、歴史的な順番で理解するのも味わい深いものですが、ここでは現代に生まれた私たちの特権を使い、一気に時代を下って、**「電子の二重スリット実験」**という現代の実験で説明しましょう。

「電子が波のように振る舞う」といいましたが、そもそも何をもって「波のようだ」といえるのでしょうか。それは1.2節で詳しくお話ししたように、回折や干渉といった現象を起こすかどうかです。電子が波のように振る舞うということは、電子を使った何らかの実験で、回折や干渉が観測されることにほかなりません。実際、電子の二重スリット実験では、電子による干渉縞が見つかりました。

電子の実験の前に、光を使った「通常の」二重スリット実験について説明しましょう。この実験は、19世紀初めにイギリスの物理学者トーマス・ヤングによってなされました。高校物理でも「ヤングの二重スリット実験」として教わるもので、レーザーポインターとスライドガラス、そしてロウソクと剃刀（かみそり）の歯が2枚あれば、皆さんでも簡単に実験することができます。

まず、スライドガラスをロウソクの火であぶり、ススをつけます。そこに剃刀の歯を2枚重ねてスッと引くと、2本のスジがつきます。これがスリット（すき間）です。ここへ、レーザーポインターで光を当てると、少し離れたところにレーザー光による数個の点が映るのがわかります。これが干渉縞です。

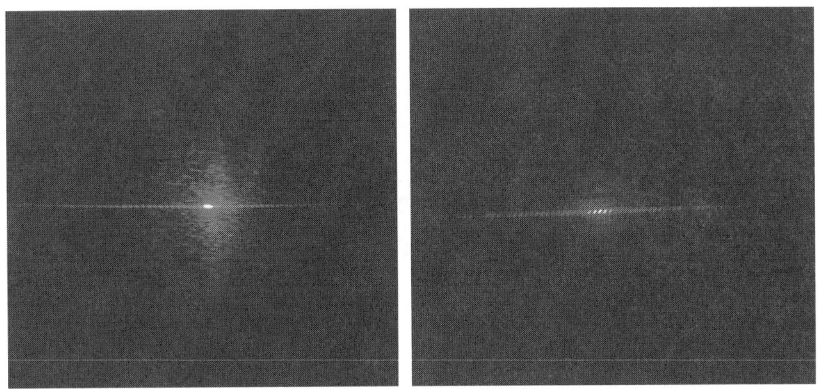

●ヤングの二重スリット実験でつくられた干渉縞（著者撮影、口絵6）。

干渉縞ができるのは、重ね合わせという、波らしい性質によるものです。2つのスリットを抜けた光の波が干渉し、特定の位置で強め合ったり、弱め合ったりするのです。波は山同士や谷同士が重なると強め合い、逆に山と谷が重なると打ち消し合って消えてしまいます。強め合うところは明るく光るため、模様が見えるというわけです。1.2節でも述べたように、光でなくても、水の波がつくる波紋の重なりや、音波の重ね合わせでも、同様の干渉現象は起きます。

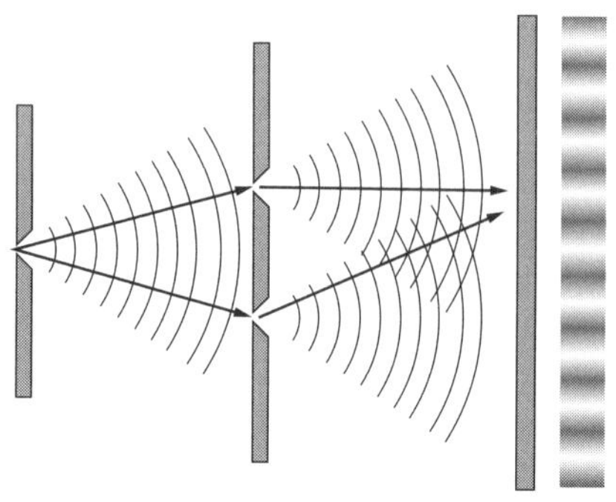

●スリットを抜けた2つの波が干渉して縞模様をつくる様子。

電子の二重スリット実験では、2つのスリットを通す代わりに、バイプリズムという装置を使って、電子の軌道を2種類用意します。電場をかけることで、電子は図のように2つのすき間のどちらかを通って検出器に到達します。このすき間がスリットの役目を果たします。

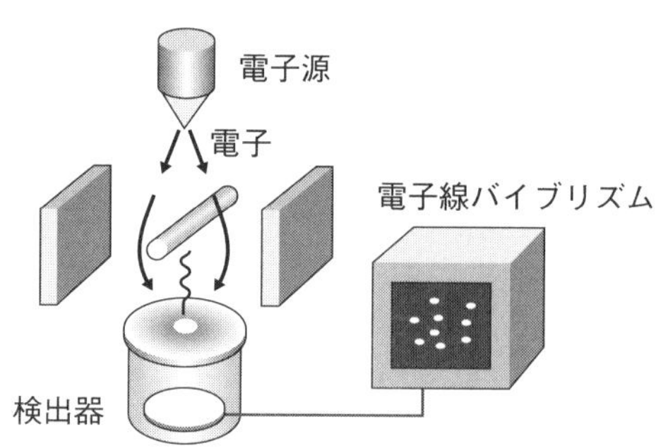

●バイプリズムを使い、電子線干渉縞をつくる装置。

「電子は粒」という考えに基づくと、この実験は壁のすき間にボールを通すようなもので、電子はスリットを抜けて、その後ろの検出器に当たるように思えます。スリットは2つありますから、スリットの後ろにスクリーンを用意しておけば、次の図のような模様が浮かぶと予想されます。

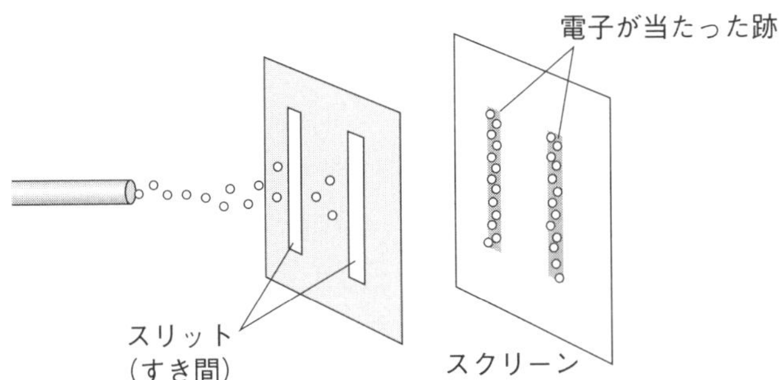

●電子ビームを当てたら、スリットの後方だけに電子が当たるのでは？

ところが！　実際にやってみると、次の図のような模様が出たのです。

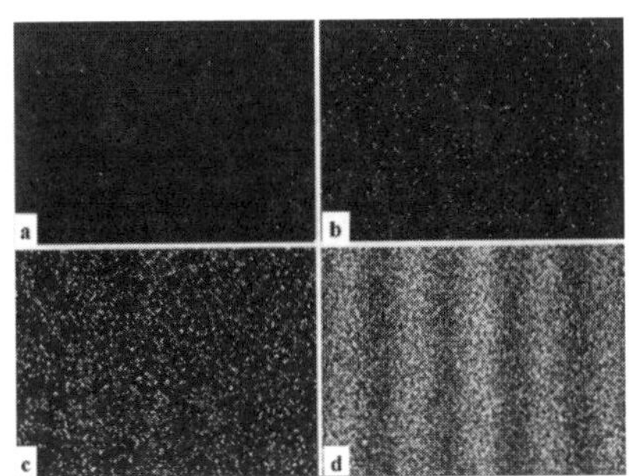

●出典：株式会社 日立製作所 研究開発グループ

図の点のひとつひとつが電子の当たった跡です。この跡を見ると、「電子はやっぱり粒なんじゃないか」と思いますよね。ところが、話はそう簡単ではないこともわかります。スクリーンに当たった電子の数が少ないうちははっきりしないのですが、数が増えてくると縞模様が出ていますね。この縞模様がヤングの二重スリット実験で得られた干渉縞（明暗の点の並び）とよく似た分布になっているのです！つまり、「スクリーンに当たる電子の分布が干渉縞をつくる」のです。干渉縞は「重ね合わせができる」という波特有の性質によるものでした。ということは、この実験は「電子は波」ということを示しているのでしょうか？

この実験結果をよく吟味してみましょう。電子はスクリーンに当たって点をつくっています。このことからは、「電子は粒のような形状をしている」と思えます。例えば誰かが壁にボールを投げて遊んでいたとしましょう。壁にはその痕跡が残ります。その痕跡を見れば、どのくらいの大きさのボールを当てていたのかがわかるでしょう。もし、その痕跡が潰れたような形をしていたら、当てていたボールは球状ではなく、ラグビーボールのようなものかもしれないと想像できます。泥の玉のようなものを当てたならば、壁にはグチャっと潰れたような模様が残っていることでしょう。

これと同じで、そもそも私たちがなぜ「電子は粒」というイメージを持っていたのかというと、「**電子が残す痕跡が、粒状の物体が残す痕跡と同じだから**」なのです。電子を取り出してきて観察したのではなく、その痕跡から推測した結果なのです。

では、電子をボールと同じような粒と結論してよいかというと、この実験結果はそうではないといっています。今度は、電子がどこに当たったか、その「分布」に注目してください。それはヤングの二重スリット実験で得られる干渉縞と同じ模様を描いています。この模様が得られるのは波の性質です。すなわち、電子がどこで発見されるか、すなわち電子がどこに存在するかという**確率の分布が、波のような性質を持っている**ということなのです。

ここはたいへんややこしいところですから、詳しく説明しましょう。存在確率とは、電子を観測したときに、どこに見つかるかを表す確率です。いま、スクリーンにx軸を描いたとします。そして電子が$x=0$、1、

2に見つかる確率がそれぞれ25%、50%、25%だったとします。この場合、電子を1万発打ち込んだとしたら、スクリーン上の$x=0$、1、2という位置に、それぞれおよそ2500個、5000個、2500個の電子が当たるということです。もちろんあくまでこれは確率なので、この数は正確ではなく、およその数になります。ただ、当てる電子の数を増やせば増やすほど、割合は25:50:25 = 1:2:1という分布に近づいていくはずです。

電子の二重スリット実験の結果は、電子がどこに見つかるか、すなわち電子の存在確率を表したものだといえます。なぜなら、電子をたくさん当てれば当てるほど、実際に電子が当たった位置の分布は、存在確率通りになっていくからです。ということは、「当たった数の分布 = 存在確率」が干渉縞をつくっているというのは、電子の存在確率が波のようなもので表され、重なって干渉することができる、ということを意味するのです。

さらに驚くべきことに、この干渉している波は「自分自身の存在確率同士」です。これについても順を追って述べましょう。これを理解するためには、スリットのどちらか一方をふさいだらどうなるかを実験してみる必要があります。その結果は、次の図の通りです。

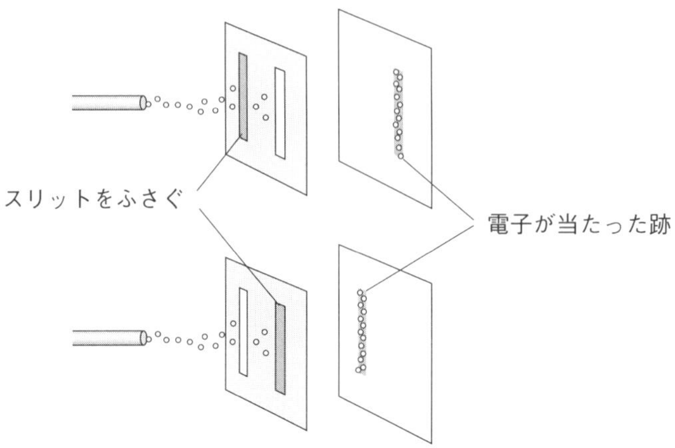

●どちらか一方のスリットをふさいで行なった実験。
あいているスリットの後ろにしか電子は当たらない。

つまり、スリットのひとつをふさぎ、どちらのスリットを通るか（通らざるを得ないか）決まっている状況では、干渉縞はできません。これは当たり前の結果でしょう。では次に、スリットはあけたままなのですが、スリットの位置に検出器を用意して、どちらのスリットを通ったかわかる状態にしておいたらどうでしょうか？

その結果は、すでに登場した図のようになります。スリットの後ろにしか電子が当たらないのです。

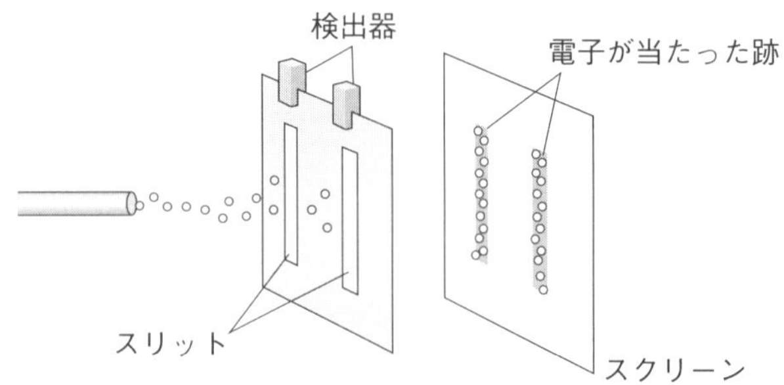

「スリットに検出器をつける」という操作を行なうと、スリットのどちらかをふさいだ場合に電子がつくる跡を、ただ2つ合わせたものになるのです。ところが、すでに見たように、スリットを2つあけた状態にして、どちらを通る可能性も残しておいた場合には干渉縞ができるのです。

つまり干渉縞ができるのは、スリットが2つともあいていて、**どちらを通るかわからないとき**だということです。両方を通る可能性が残っているとき、私たちは電子の存在確率について、どちらを通る可能性も残して計算するしかありません。スリット1を通った場合とスリット2を通った場合を考え、それらが重ね合わさって干渉するときにつくる縞模様、それが電子の二重スリット実験の結果なのです。

ということは、**電子は実際にスクリーン上で観測されるまで、どちらのスリットを通るか決まっていない**ということになります。繰り返しますが、2つのスリットがあいているときは、スクリーン上で電子のよく当たる箇所は2か所に集中せず、縞模様をつくるように分布します。この模様は電子の存在確率が波のような式で書かれ、それらが干渉しない限りはできない模様です。ということは、電子がどこに存在するか、観測されるまでは何も決まっておらず、その存在確率だけが分布しているということになります。電子は観測されるまで、2つのスリットのどちらを通る可能性（スリットを通る確率）も残っているのです。

「観測するまで、どっちのスリットを通ってきたかわからないのは当たり前じゃないか」と思った方もいるかもしれませんが、そうではありません。「電子はどちらかのスリットを通ってきたけれど、調べてみないとそれがどっちかわからない」のではなく、本当に決まっていないのです。スリットのどちらかを閉じて、どっちのスリットを通ってきたかを確定させてしまうと干渉縞はできませんが、どっちのスリットを通る可能性も残した状態のときだけ、干渉縞ができるのです。「どこにいる確率がそれぞれ何%か」という確率の分布だけが広がっていて、しかもそれは干渉する波のようなもので、実験し観測してみると、その確率に基づいた結果通りに、電子が分布していることがわかる、というのです。これは、にわかには納得できないことではないでしょうか？

なぐさめ（？）になるかわかりませんが、こうした腑（ふ）に落ちない話は物理学ではよく見受けられます。それまでにわかっていたルールに従って考えると実験結果と合わないということは、これまでのルール、つまりは「常識」が通用しない世界があるということですが、これは相対性理論が現れたときと同じなのです。相対性理論も「光に近いような非常に速い速度で動いたらどうなるか」を扱う理論でしたが、そこでおいた原理は「光源の運動状態にかかわらず、光速は一定」というものでした。これは直感とは反するものでしたが、実験事実に従えばそう考えるしかないことから理論の出発点のひとつとした原理でした。ミクロの世界も同じで、どうやら私たちが見たことのないルールで動いているらしいのです。

もちろん、そのルールが、これまでに見つかっている科学の法則とどうつながっているのかは重要です。いくらミクロの世界は特別だといっても、それがたくさん集まって大きなものになれば私たちの世界になるわけで、相対性理論とニュートン力学がそうだったように、ミクロのルールも私たちの知っている世界とうまくつながっているはずです。ただし、この点についてはまだわかっていないことも多く、盛んに研究されている最中です。

さて、これまでにわかったことをまとめて、「電子は粒でもあり、波でもある」という言い回しをもう少し詳しく言い換えると、**「電子はスクリーンに当たると粒子状の痕跡を残す。このことから、粒子のように振**

る舞うことがわかる。ただし、電子がどこに存在するか、その確率は波と同じ分布をしており、実際にどこに存在するかは観測するまで決まっていない」ということになります。

実はこのことが、電磁気学を使って原子の構造を考えると生じる「原子核の周りを円運動している電子は、電磁波を出して減速してしまう」という問題も解決します。というのも、電磁気学から、「電気を帯びた**粒子**が加速度運動すると、電磁波を放出する」ということがいえるのですが、二重スリットの実験からわかったのは、「粒子状のものが運動している」という描像で電子の運動を捉えるのは正しくないということだからです。電子を観測するとその痕跡は粒子状の跡になりますが、その運動は私たちが日常で見かけるボールなどの運動とは異なり、観測するまで決まっていないのです。電磁気学で仮定していた、粒子状の物体の加速度運動という前提が当てはまらないのです。

ただし、この解釈はあくまで直感的なものです。より正確なイメージを描くには、量子力学の正しい計算を行なう必要があります。直感的な理解はわかりやすいのですが、そうした理解の仕方は私たちがすでに知っていることに結びつけ、例えようとする行為です。自分が経験してきた枠組みの中で捉えようとしているのですから、細かいところで現実とは合致しないことも多いのです。新しいことを学ぶときは、これまでの経験と照らし合わせ、類推をしながら理解していくことは欠かせませんが、ある程度慣れてきたあとでは、その「新しい世界の言語」にどっぷり浸(つ)かり、その世界のルールの中だけで考えていく必要があります。新しい世界に「敬意を払う」ことが重要なのです。

□ 逆もまた然り

さて、こうして、粒子だと思っていた電子には波としての性質もあることが見えてきました。面白いもので、逆に波だと考えられていたものに、粒子としての性質があることもあります。実は、歴史的にはこちらのほうが先に見つかりました。きっかけは、19世紀に発見された「光電効果」という現象です。これは、金属板に光を当てると電子が飛び出してくるというものです。

光は電子とは逆で、波としてのイメージが強いと思います。この本でも光の正体は電磁波という波だと説明してきました。光が粒子の集合体なのか、波なのかは長く議論されてきたのですが、量子力学が生まれた20世紀初頭には、光を波だと考えるのが主流でした。というのは、光は干渉するからです。先に登場したヤングの二重スリット実験で見たように、光は干渉して特徴的な縞模様をつくります。この事実は、光は波であることを強く示唆しています。さらに、光の速さと電磁波の速さが一致することから、光の正体は電磁波という波だと理解されてきたのです。

□アインシュタインはここでも活躍――光電効果

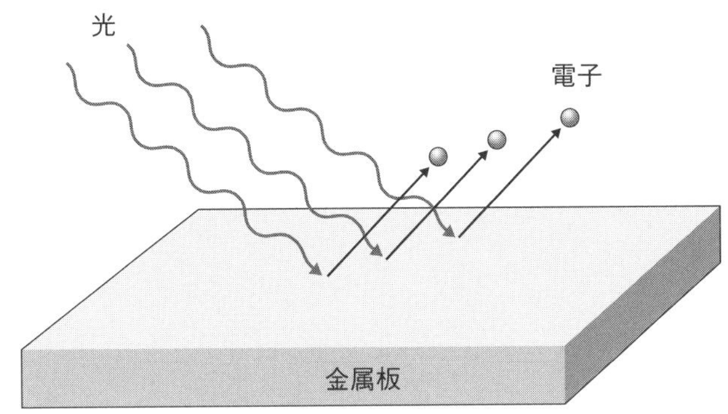

●光電効果。金属板に光を当てると電子が飛び出してくる。

ところが、光電効果の実験からは、光を粒子だと捉えないとうまく説明できない結果が得られました。順に説明しましょう。

金属板はたくさんの金属原子が連なってできた結晶ですが、金属結晶が固体としての構造を保ち、バラバラにならないのは、自由電子によるものです。自由電子とは、原子に含まれる電子のうち最も外側にある電子（最外殻電子といいます）が原子から切り離されて、結晶内を自由に動き回っているものです。電子は負の電気を帯びていますから、原子から切り離されると、残った部分は相対的に正の電気を帯びることになります。正の電気を帯びた粒子は陽イオンと呼ばれます。

「自由」電子といっても、自由なのはあくまで金属内部に限られていて、金属板からひとりでに電子が飛び出してくるわけではありません。それは、金属結晶を構成する陽イオンと電子の間には引力が存在し、金属内部に緩やかに束縛されているからです。

束縛を振り切り、電子を金属の外に飛び出させたければ、束縛のエネルギーよりも大きなエネルギーを与えてやる必要があります。金属板を熱しても電子が飛び出ますが（熱電子といいます）、電磁波を当てて、電子にエネルギーを与えるのもその方法のひとつです。1.2節でも述べたように、電子レンジを使うと食べ物を温めることができますが、これは水分子がマイクロ波という電磁波を吸収するという性質を利用したものです。原子や分子ごとに、吸収したり放出したりする電磁波が決まっていたわけですが、水分子が吸収・放出する波長12 cmのマイクロ波は、2.45GHzという振動数に相当します。この特徴を使い、食べ物に含まれる水分子に電磁波のエネルギーを与えることで加熱しているのでした。

金属板に電磁波を当て、電子にエネルギーを与えるのも同じで、金属板内部に束縛しているエネルギーよりも大きなエネルギーを電磁波によって電子に与えてやれば、電子は飛び出してくるはずです。このように、電子が金属板から飛び出すこと自体は不思議ではありません。ところが詳しく実験してみると、話はそう単純ではないことがわかりました。光電効果の特徴は以下の通りです。

1. 金属板にさまざまな振動数の光を当てると、ある特定の振動数以上であれば、金属板に光を当てるとすぐに電子が飛び出る。しかし、その特定の振動数以下では、どんなに光を当てても電子は出てこない。
2. 光の振動数に比例して、飛び出る電子の運動エネルギーが増えた。しかし、飛び出る電子の個数は増えなかった。
3. 電子が飛び出す振動数の光について、光源を増やして強くしたところ、強さに比例して飛び出る電子の数が増えた。

これらの特徴は、光を波だと考えると説明できません。例えば1について考えてみましょう。どんな振動数の光を当てたら電子が飛び出るかは、金属の種類によって異なるのですが、例えば「紫の光をいくら当てても何も起きないけれど、それよりも振動数が大きい電磁波である紫外線を当てたら、当てたその瞬間に電子が飛び出てくる」ということです。しかし、電子レンジで食べ物を温めるときのように、光をずっと当て続けていれば金属の中の電子にエネルギーが蓄えられ、そのうちに飛び出てきそうなものです。逆に、振動数が大きい電磁波であっても、それが非常に微弱なら、当てた瞬間に電子が飛び出てくるとは限らない気がします。

2については、振動数を上げると電子の運動エネルギーが増えるといっています。運動エネルギーは速さの2乗ですから、振動数を大きくすると、電子がより高速で飛び出してくるということです。振動数は1秒間に何回振動するかですから、振動数が大きい光のほうが激しく振動しているイメージはあります。ですから、振動数が大きいと電子が高速になるような気はしますが、電子の個数が増えないのは少し不思議です。電磁波が波ならば、それが金属に入ると、1つの電子にエネルギーを供給するのではなく、全体に広がって、より多くの電子にエネルギーを与え、たくさんの電子が飛び出てきてもよさそうです。このことがよりはっきりするのが特徴3で、電子の個数が増えるのは、振動数を上げたときではなく、光源の数を増やしたときだというのです。

アインシュタインはこれについて、「光を粒だと考えればつじつまが合う」ことを明らかにしました。光には（いまのところなぜかはわからないけれど）粒としての性質もあって、ビリヤードのように光の玉が電子を弾き飛ばすのだと考えたのです。その光の玉は振動数に比例したエネルギーを持つとしました。こう考えれば、あるエネルギーよりも大きなエネルギーとなる振動数の光を当てると、電子が弾き飛ばされてすぐに出てくるのはたしかに納得できます。

そのあるエネルギーとは、電子を金属板中に閉じ込めている束縛エネルギーのことです。金属の種類に応じて、電子が飛び出るために必要な光の振動数が違うのは、金属イオンごとに束縛エネルギーが異なるからと考えれば、これも納得できます。さらに、光源を増やして光を強くするとたくさん電子が出てくるのも理解できます。なぜなら、光源を増やしたことによって光の粒の数が増え、弾き飛ばせる電子の数も比例して増えるからです。

アインシュタインのこのアイデアを「光量子(こうりょうし)仮説」といい、粒子としての光のことを光量子、または単に光子（フォトン、photon）と呼んでいます。この光量子仮説は実験結果をとてもよく説明できたため、アインシュタインはこの研究によりノーベル賞を受賞しました。

アインシュタインが光量子仮説を発表したのは1905年ですが、これは特殊相対性理論を発表した年でもあります。さらにこの年にはブラウン運動という現象についても論文を発表しており、それら3つの論文は、どれも新しい分野を切り開くきっかけとなりました。このため1905年は「アインシュタイン奇跡の年」と呼ばれています。さらにこの10年後、アインシュタインは一般相対性理論までも発表するのですから、物理学史上、ガリレイやニュートンと並ぶ巨人といわれているのも当然です。

3.4.2 量子の世界は私たちの常識とは異なるルールで動く

□ 古典論・量子論

こうして、ミクロの世界には特殊なルールがあることがわかりました。このルールをまとめたのが量子力学です。「モノ」の一番深いところを知りたければ、この量子力学抜きには進めません。20世紀以降、この量子力学と先に述べた相対性理論の2つが大きく発展していきます。このため「現代物理学」といえば、普通はこの2つのことを指します。

ちなみに、「現代物理学」と似たような考え方で、「古典論・量子論」という分類がありますが、「古典論」といった場合、それは「量子論（＝量子力学的効果を取り入れた理論）以外」という意味です。すなわち、相対性理論も古典論に含まれます。ニュートン力学・電磁気学・熱力学などももちろん古典論です。

言葉のうえでの分類はともかく、相対性理論と量子力学が同時に活躍する場面がいくつもあります。宇宙に関することでいえば、例えば星が燃え成長していく過程とビッグバンがそれです。この節の締めくくりに、星の内部でのお話を取り上げましょう。ビッグバンについては、次の3.5節と第4章でお話しします。

□ 星の中で起きていること――核反応

ラザフォードによって、原子の中心にはとても小さな原子核があることが明らかになり、さらにボーア模型によって、その原子核の周りに電子が「波のような性質を持ちながら」存在していることがわかりました。

原子核が関わる反応では、量子力学と相対性理論の両方に基づく解析が必要になります。ミクロの世界で起きることなので、量子力学をきちんと考えると同時に、非常に高いエネルギーが関わる話なので、相対性理論も考慮しないといけないからです。

ここで、特殊相対性理論のところで出てきた世界一有名な方程式、

$$E=mc^2$$

を思い出してください。この式は、「質量 m [kg] の物体があれば、それは $E=mc^2$ [J] ものエネルギーを持っている」ことを表していました。c は秒速30万kmという凄まじいものでしたから、質量 m がさほど大きくなくても、mc^2 [J] はとても大きなエネルギーでした。

普段、このエネルギーを私たちが気にする必要はありません。大きすぎて、このエネルギーを考える必要がないからです。私たちが地球の上で飛び上がったとき、作用反作用の法則で地球もまた私たちと反対側に「蹴飛ばされて」いるのですが、地球は止まっていると考えて差し支えないのと同じです。逆に、mc^2 [J] くらいの非常に大きなエネルギーが関係する現象では、当然この量を無視できなくなります。

そうした高エネルギー現象は、実はいろいろなところでしょっちゅう起きています。そのひとつが、「星が燃えて光る」ことです。ちなみに、よく恒星のことを「燃えている」と表現しますが、これは木が燃えるとか、紙が燃えるというときの「燃える」のとは異なる現象です。

燃えること、すなわち燃焼は酸素と結合する現象ですが、もっと詳しくいうと、その本質は物質間で電子をやりとりすることです。原子核の

周りを回っている電子が外れて、他の原子に奪われたり、他から奪ったりするのが電子のやりとりなので、いうなればこれは原子の「表面」で起きている現象です。燃えるときに電子をやりとりすることで酸素と他の元素が結びつくわけですが、このとき原子核は何も変わりません。

これに対して、太陽や他の恒星の中で起きているのは「核反応」です。原子の中心にある原子核が関わる反応です。原子核の中には陽子と中性子があるので、これらがぶつかってくっついたり、大きな原子核が小さな原子核に砕かれたりするのが核反応です。2.3節でも述べたように、陽子や中性子がくっついて新しい原子核ができることを「核融合」、原子核が他の原子核や陽子、中性子に細かく壊れていくことを「核分裂」といいます。

□ 太陽は核融合で光っている

これも2.3節でお話ししましたが、太陽を光らせているエネルギーの源は核融合です。太陽は75%が水素、残りのほとんどがヘリウムでできていて、それらの核融合反応でエネルギーをつくり出しています。水素もヘリウムも気体なので、一か所に固まるようには思えないのですが、ガスとはいえ重さはあるので、大量に集まると強い重力を生み出します。太陽の半径は70 万 kmで、これは地球の半径の110倍です。質量が2×10^{30} kg、すなわち 2×100億×100億×100億 kgであることはすでにお話ししました。

こうした巨大な数字は本書で何度も出てきているので、そろそろ当たり前になってしまったかもしれません。地球の質量も何度か登場しましたが、これはおよそ6×10^{24} kg なので、太陽に比べるとだいぶ小さいですね。太陽の33万分の1です。「たしかに小さいな」と思った方は、日常生活とはだいぶ違う宇宙の話に慣れたということですね。

さて、太陽のように大量のガスが集まると、それ自体が生み出す自重（自己重力）によって、中心部の圧力は非常に高くなります。自重という言葉は聞き慣れないかもしれませんが、豆腐が何丁も重なっているところを想像してください。下にある豆腐には、もちろんその上の豆腐の重さがかかりますから、かなり潰されているはずです。

ここで「下」というのは、地球の中心に向かう方向です。日本の裏側のブラジルでも豆腐を重ねれば、下にある豆腐が潰れていくわけですが、「ブラジルでの下」は日本と逆方向です（正確には、日本の裏側はブラジルではないですが）。すべて地球の中心に向かっているからです。太陽におけるガスもそうで、中心に向かって引かれ、集まって圧縮されます。

□ 太陽の中心は高圧・高密度

太陽の中心でもそんな圧縮が起きていて、高圧・高密度の世界になっています。さらに温度も非常に高くなります。太陽の表面温度は6000Kほどですが、中心部の温度は1500万Kくらいで、密度は1 m^3 あたり16万kgだと考えられています。ちなみに、地球の大気の平均密度は、0℃、1気圧では1m^3 あたり1kg程度ですから、太陽の中心部の密度は実にその16万倍です。もし、毎日乗っている通勤電車に、普段の10倍の人数が乗ったらどんな感じになるでしょう？　とんでもないことになると想像できますね。車両が壊れるか、人間が潰されるか、いい勝負でしょう。10倍でそうなのですから、16万倍なら……。濃すぎです。太陽中心部の温度も私たちが日常で経験する温度より非常に高いわけですが、それだけではなく、この高密度状態が合わさることで、太陽内部で核融合が起きます。

太陽内部の核融合反応はいくつかのプロセスを経るのでややこしいのですが、本質的に、水素4個がくっついてヘリウムが1個できるときに発生するエネルギーで太陽は光っています。このときに、くっつく前の水素4つの合計と、できあがったヘリウムの質量を比べてみると、ヘリウムのほうが少しだけ軽くなっています。

この「なくなってしまった質量」が、太陽が光るエネルギーの源です。専門用語では、このなくなった質量を「質量欠損」といい、これがエネルギーとなって太陽を光らせます。

「世界一有名な方程式」こと $E=mc^2$ を思い出すと、なくなってしまった m [kg] の質量は、mc^2 [J] だけのエネルギーに化けて、太陽を光らせていることがわかります。質量はたしかに減ったけれども、本当にどこかに消えてしまったのではなくて、エネルギーに化けたのだと特殊相対性理論は教えてくれています。

ちなみに、太陽の中心部では毎秒 3.8×10^{26} J というエネルギーがつくり出されています。380兆 J のさらに 1 兆倍というエネルギーです。これらが長い時間をかけて太陽の内部を伝わり、表面から宇宙へと拡散されています。このうち地球には毎秒 177兆 J ものエネルギーが届いています。このエネルギーをすべて無駄にせず使うことは実際にはできませんが、もしそれが可能なら、世界中で1年間に必要とされるエネルギーをたった1時間でまかなうことができます。地球上の資源が限られている以上、太陽からのエネルギーを有効に使う方法を開発することは非常に重要であり、たくさんの研究が行なわれています。

3.5 2つの「非常識」が合わされば

□ 量子力学と宇宙論

量子力学と相対性理論によって、核反応のような物質に関わる現象だけでなく、宇宙そのものについても研究できるようになりました。量子力学と特殊相対性理論を組み合わせて物質の反応を解析し、その物質の影響を受けて宇宙がどう運動するかを一般相対性理論から計算できるようになったのです。加えて、量子力学と相対性理論が誕生した20世紀初頭には、大型の望遠鏡が開発され、遠くの銀河の運動などを詳細に調べられるようになりました。

宇宙は、「外」からその姿を眺めることができないという特徴があります。宇宙そのものを「外」から見ることができれば、膨らんでいることは一目瞭然かもしれませんが、私たちは宇宙から出ることはできません。そのため、宇宙が膨らんでいることを確認するためには、大型の望遠鏡によって、遠くの銀河が私たちから遠ざかっていく様子を観測する必要がありました。これが可能になったのは、1920年代のことです。

宇宙が膨張したり、収縮したりする可能性は、1915年に一般相対性理論が発表されてすぐに、アインシュタイン本人やロシアの物理学者アレクサンドル・フリードマンによって指摘されていました。もっとも、アインシュタインは「変化する宇宙」を受け入れられず、一般相対性理論に「宇宙項」という効果を組み込みます。

1.4節で述べたように、「重力は時空の曲がり」であり、物質があると時空は曲がります。この効果で、宇宙空間に物質があると、空間は物質の質量やエネルギーに引っ張られて、縮もうとする傾向があります。アインシュタインは、そうしたことが起きないためには、逆に宇宙空間を押し広げるような働きをする量が、宇宙に存在すればよいことに気づきました。それが宇宙項です。1.2節や2.1節でインフレーションについてお話ししましたが、そこで急激な膨張を引き起こした原因であるインフラトンのエネルギーと同じような役割をするものです。こうしてアインシュタインは「アインシュタインの静的宇宙モデル」と呼ばれる、宇宙が膨らみも縮みもしない、時間変化のない宇宙モデルの理論をつくりました。

ところがその時代は、大型の望遠鏡の登場によって、天文学の分野でも興味深い観測結果が次々に得られた時代でもありました。それらの観測結果は宇宙膨張を示唆するものであったため、のちにアインシュタインは宇宙項を撤回することになります。

このときアインシュタインが「(宇宙項を付け加えたことは) 生涯最大の過ち」と言ったという逸話が残っていますが、どうやらこれは実話ではないようです。しかも面白いことに、近年の観測からは、非常に小さい値ではあるのですが、宇宙項があるらしいと考えられています。これについてはあとでまた触れます。

□ 宇宙膨張の証拠

宇宙が膨張していると考えられるきっかけになったのは、アメリカの天文学者ヴェスト・スライファーによる銀河の赤方偏移の発見でした。赤方偏移とは、銀河から出ている光が、銀河を構成している元素から通常出される光よりも赤くなる現象です。

銀河は星の集まりなので、その中には星を構成するいろいろな原子が存在しています。原子には、それぞれが特定の色の光を発したり、吸収したりするという性質があります。この性質のため、物質をガスバーナーで熱すると、物質を構成する元素ごとに、さまざまな色を出して光ります。これを「炎色反応」といいます。

例えばNa（ナトリウム）をガスバーナーで熱すると、黄色く光ります。パスタを茹（ゆ）でるとき、お湯に塩を入れますが、このお湯が吹きこぼれて黄色い炎が上がるのを見たことはないでしょうか？　これは塩（塩化ナトリウム、NaCl）に含まれるNaによる炎色反応です。

同じように、Ca（カルシウム）を熱すればオレンジに発色します。他にもLi（リチウム）は赤で、Cu（銅）は緑だとか、元素ごとに何色に光るかは、詳しく調べられています。花火にはいろいろな色がありますが、これも炎色反応を利用して色をつけたものです。この性質を利用すれば、物質にどんな元素が含まれているかがわかります。ガスバーナーで熱してみれば、炎の色で識別できるからです。

□ 元素ごとに反応する光が違う

あらゆる元素が特定の色の光を発するのは、各元素の原子の中に含まれる電子の並び方によるものです。原子の中心には陽子と中性子からなる原子核があり、その周囲の電子の軌道は波動関数という波のような式で決まっていました。何個の電子が、どんな軌道をとるかは、元素ごとに異なります。この電子の軌道の違いが、元素ごとに発する色、すなわち電磁波のエネルギーを決めています。発することができる電磁波は吸収することもでき、このエネルギーが、3.4節のボーア模型で仮定した、電子がある状態から別の状態になったときに、その差として放出・吸収されるエネルギーです。このため、何色に光るかだけでなく、何色の光をよく吸い込むかによっても元素を特定することができます。

余談ですが、こういう元素の性質と、私たちの趣味嗜好は似ていないでしょうか。私たちは、自分に興味のあるものはよく吸収しますし、ブログやツイッターで発信することもあります。しかし、興味がないものには見向きもしません。良いとか悪いとかではなく、そうしたインプット・アウトプットこそがその人の特徴であるわけで、この点は元素と同じなのです。

□ フラウンフォーファー線と銀河の赤方偏移

元素ごとに、放出したり吸収したりする電磁波の波長がどのくらいかは非常によく調べられています。そのため、発する光で元素の正体がわかり、星の中にどんな元素があるかもわかります。星からやってくる光を詳細に調べて、何色の光が混じっているかや、逆にどんな色の光が吸収されているかを調べてやればいいのです。星の成分分析です。これを応用すれば、実際にどこかの銀河まで出かけていかなくても、その銀河がどんな元素で構成されているかもわかるのです。

その具体例が、1.2節で登場したフラウンホーファー線です。銀河は太陽のような恒星の集まりですから、銀河からの光を見れば、太陽からの光と同じような特徴が見つかるはずです。

ところが実際には、遠くの銀河からの光の吸収線は全体的に赤いほうへずれているという観測結果が得られました。なぜでしょうか？　ここで、光の正体は電磁波で、虹の7色のうち、波長が長いものは赤、短いものは紫だったことを思い出してください。ということは、「赤いほうへずれる」とは、遠くの銀河から出ている光の波長が、近くの銀河からの光に比べて長くなっていることを意味します。

仮に、特定の赤色が含まれているのだとしたら、それは太陽にはない、その赤色を出す特殊な物質がその銀河に含まれているということでしょう。しかしいまは、全体的に赤いほうへずれているのです。つまり、太陽と遠くの銀河に含まれる恒星とは、同じ元素でできているけれども、遠くの銀河からやってくる光は、何らかの理由で、波長が伸びて地球に届くことを意味しています。この現象を赤方偏移といいます。

□ 音のドップラー効果——波特有の現象

スライファーはこの結果を、「その銀河が私たちから遠ざかっているからだ」と考えました。銀河の色が赤いほうへずれていることが、なぜ遠ざかっている証拠になるのでしょう？　実は物理学では、こうした現象は以前から知られていました。それは「ドップラー効果」です。

ドップラー効果は、音波に起きる現象として知られています。例えば救急車が近づいてくるとき、サイレンの音が高く聞こえ、私たちの横を通り過ぎて、遠ざかるときには低く聞こえる、あの現象です。これが起きるのは、サイレンが音を出しながら近づいたり遠ざかったりすることで、音波の波長が縮んだり、伸びたりするからです。

波長が縮むと、短い距離の中に音波の波がギュッと圧縮されます。それが私たちの鼓膜に届くと、短時間にギュッと詰まった空気の振動が届くので、鼓膜は素早く揺さぶられます。私たちは1秒間で何回鼓膜が振動するかによって、音の高低を感じています。素早く揺さぶられる音は高音に、ゆったりと揺さぶられる音は低音に聞こえるのです。サイレンが近づくときは、ギュッと詰まった音波によって鼓膜が素早く揺さぶられ、高音が聞こえます。逆にサイレンが遠ざかるときは、音波の波長は間延びして引き伸ばされ、ゆったりと鼓膜を揺さぶる音になり、低音に聞こえるのです。

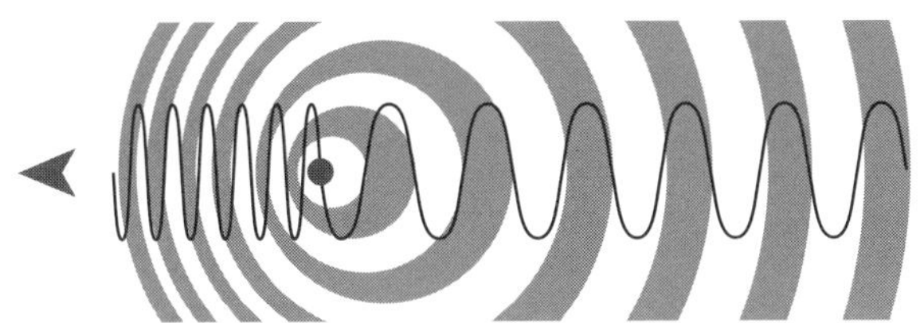

●ドップラー効果。波の源が動くことで、波長が伸びたり縮んだりする。

本質的に、ドップラー効果は波長や振動数の変化で生じるため、波特有の現象です。となると、「光も電磁波という波なので、同じことが起きるのでは？」と想像されます。

▌救急車が近づくとき

サイレンの波長

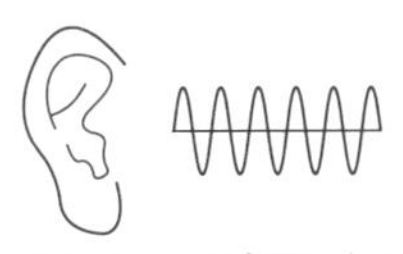

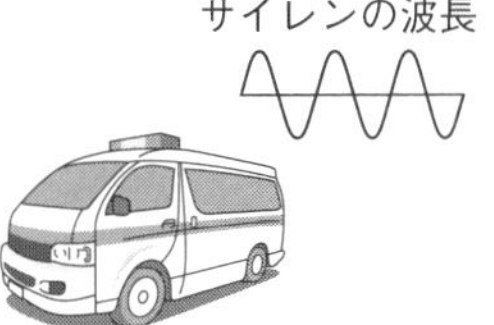

サイレンより波長の短い
高い音が聞こえる

▌救急車が遠ざかるとき

サイレンの波長

サイレンより波長の長い
低い音が聞こえる

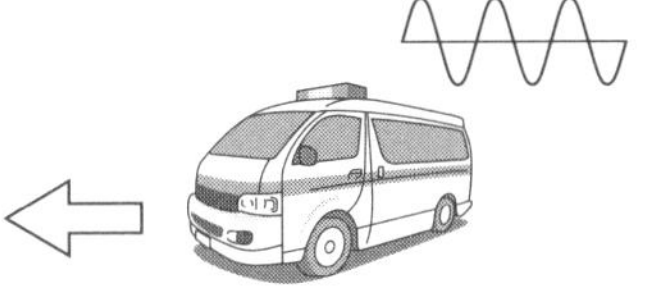

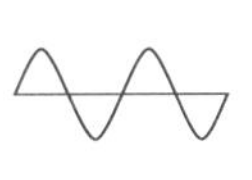

●音のドップラー効果の具体例。音源が近づくと、より高音に聞こえ、遠ざかるときはより低音に聞こえる。

□ 光の波もドップラー効果で伸びる

光の場合について考えてみましょう。いまここに、黄色に光っているランプがあるとしましょう。これが動いて私たちに近づいてくると、ランプから出た光の波長がギュッと圧縮されて縮みます。可視光のうち、波長が長いものが赤色に見え、波長が短くなるにつれて、オレンジ、黄、緑、青、そして紫に変化していきます。

もし黄色のランプがこっちに近づけば、波長が短くなるので緑や青へと変化し、逆にランプが遠ざかれば赤へと変化して、私たちには見えるのです。これが光のドップラー効果です。

□ 銀河は遠ざかっていた

ドップラー効果により、宇宙の中で星や銀河が動くと、その光は元素がもともと出していた固有の色から変化します。星々はさまざまな色で輝いていますが、それが地球から遠ざかれば、ドップラー効果で電磁波の波長が伸び、もともと発している色よりも赤っぽく観測されます。すなわち赤方偏移です。逆に地球に近づいてくる星や銀河は、もともとの色よりも青っぽく観測されることになります。こちらは青方偏移です。この様子をよく調べてやれば、天体が地球に近づいているのか、地球から遠ざかっているのかがわかるわけです。この考えに基づきスライファーは、遠くの銀河が私たちから遠ざかっていると結論したのです。

このように、ドップラー効果は天体の動きを調べる道具として使えるのですが、正確にいうと、光は相対性理論で取り扱う必要があるため、音のドップラー効果と光のドップラー効果が完全に同じメカニズムというわけではありません。しかし、観測する人から見て波の発生源が止まっていない場合には振動数が変わるという本質は同じであるため、光のドップラー効果という呼び方をします。

□ 赤方偏移からハッブルの法則へ

さて、スライファーによる発見に話を戻しましょう。遠くの銀河が遠ざかっていることがわかりましたが、同じアメリカの天文学者エドウィン・ハッブルはさらにそれを推し進め、複数の銀河について、その遠ざかる速さを割り出しました。すると、銀河が遠ざかる速度と銀河までの距離が比例していることがわかったのです。1929年のことです。

銀河までの距離を求めるにはひと工夫いります。ハッブルは、セファイド変光星という、明るさが変わる星を利用して、銀河までの距離を求めました。セファイド変光星は、数日から数か月の周期で膨張・収縮を繰り返し、明るさを変える星です。また、その変化の周期が、平均的な明るさが明るいほど長いという性質を持っています。ということは、変光する周期が長い変光星はもともと明るい変光星だといえるはずです。

「もともと」といったのは、遠くにある星からの光は広がってしまうため、地球に届くまでに暗くなってしまうからです。逆に、比較的近いところにある星の明るさは、あまり減ることなしに地球に届くはずです。ハッブルはこれを利用しました。周期は変光星を観測し続ければわかるため、それを調べて変光星の本来の明るさを出し、それがどのくらい暗くなっているかを計算することで、変光星と地球との距離を割り出したのです。

実は宇宙物理学や天文学では、天体までの距離を求めるのは一番基本的なことであり、同時に一番難しい問題でもあります。そもそもどんな明るさで光っているのかわかるなら、どれだけ暗くなったかで、変光星と同じように距離を算出できますが、普通はそもそもどのくらいで光るのかわからないため、とても難しいのです。しかも、もともとの明るさがわかっている天体だったとしても、その光が地球に届くまでに宇宙空間に漂うさまざまな物質に吸収されて暗くなってしまいます。こうした理由から、距離を決めるためにいろいろな方法が考案されています。

ハッブルは24個の銀河について、その中にある変光星を使って距離を求めました。その結果、銀河が遠ざかる速度と、銀河までの距離が比例していることがわかりました。つまり、より遠い銀河ほど、より速く地球から遠ざかっていたのです。これを「ハッブル－ルメートルの法則」といいます。

以前は、この法則は「ハッブルの法則」と呼ばれていましたが、ベルギーの天文学者ジョルジュ・ルメートルも宇宙の膨張に関する発見をハッブルより前に行なっていたことがわかりました。これを受け、2018年の国際天文学連合の総会でハッブル－ルメートルの法則という呼称を推奨することが決められました。数式で表せば、銀河が遠ざかる速度をv、地球から銀河までの距離をrとして、この法則は、

$$v = H_0 r$$

という簡単な式で書けます。H_0は比例定数で、これはいまでもハッブル定数と呼ばれています。vやrで書かれた比例式は学校ではあまり見かけませんが、文字が異なるだけで、中学で教わる比例の式$y = ax$と同じものです。

□ 宇宙は膨らんでいる！

この比例関係こそ、実は宇宙が膨張している可能性を示唆するものです。これを、図で説明しましょう。

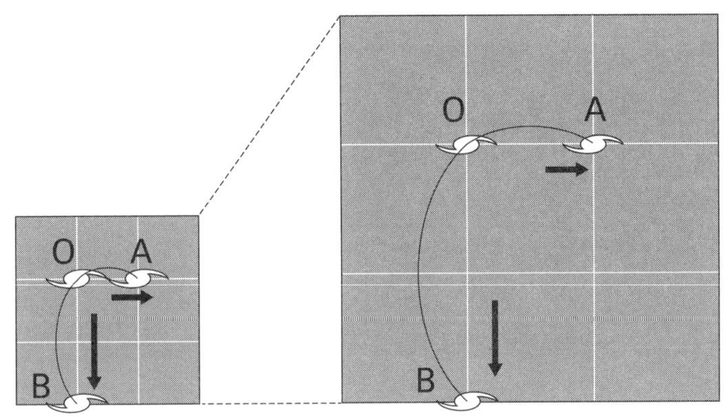

●宇宙膨張の様子。遠くの銀河ほど、同じ時間でたくさんの距離を進む。つまり、距離に比例して後退速度が大きくなる。

いま、AとBは2つの銀河を表しています。話をわかりやすくするために、AとBは私たちのいる天の川銀河Oからそれぞれ 1 m、2 m 離れているとします。図の左側のひとマスが 1 m です。もちろん、実際の銀河ははるかに大きく、半径が10万光年ほどあります。10万光年は約 10^{21} m です。銀河の大きさもさることながら、銀河同士の距離もかなり離れていて、天の川銀河の比較的近くにあるアンドロメダ銀河でも、250万光年も離れています。

現実的な値で話をしたほうがよいのかもしれませんが、具体的な数値はここでは重要ではありません。ハッブル－ルメートルの法則も $v = H_0 r$ という文字式で書いてありますが、文字になっているおかげでいろいろな数字を当てはめられるため、とても便利なのです。「文字式が嫌い」という人は学生にも多いのですが、簡単な値とか、好きな数字とかを入れても構わないのが、文字式のよいところです。文字式のような抽象的なものを、抽象的なまま、じっと見つめていなければいけないわけではありません。

それに宇宙のお話に出てくる値は、ものすごく大きかったり、逆にきわめて小さかったりするため、想像しにくいものです。先ほど炎色反応のところで、それぞれの元素は特定の光にだけ反応するといいましたが、私たちも本当に同じで、普段使い慣れている数字にしかピンと来ないのではないかと思います。

よくものの例えで「東京ドーム◯個分」といいますが、東京ドームを見たことがない人からすると、あまりいい例えではありませんね。それと同じことで、「銀河同士が何光年離れている」と聞いたところで、たとえ1光年が何 m かを知っていても、実感は湧かないものです。実感とは、「慣れ」のことなのですね。

ある天文学者の方は、実感が湧くようにするには、mやkgといった単位を、お金の「円」に置き換えるといいといっていました。地球と太陽の距離である1億5000万 km が1億5000万円になったところで、「でかいなあ」と感じることに変わりはないのですが、「1億5000万円の宝くじが当たったらすごいな」とか、「1億5000万円の借金を背負うのは絶対嫌だな」とか、急に「自分のこと」のようになるのは確かです。物事を学ぶときには、自分のことであるかのように考える「当事者意識」が大切ということでしょうか。

□ 遠くの銀河ほど、速く遠ざかる

というわけで、本質的に変わらないのであれば、自分がよく使う値でとりあえず考えておいて、あとで現実的な値に置き換えるというスタンスでも問題ありません。いまは、私たちからそれぞれ1mと2m離れている「点のような銀河」AとBに話を戻しましょう。

宇宙が膨張しているなら、全体が一斉に膨らむことになります。いま、宇宙が1秒間に2倍の大きさに膨張したとすると、私たちから1m離れていた銀河Aは、その1秒で2倍の距離に遠ざかるので、2mのところに来ます。差し引き1mだけ、私たちから遠ざかりました。1秒間で1m遠ざかったということは、速度は「距離÷時間」で、1m/sです。

次に、もともと2m離れていた銀河Bは、宇宙の膨張の効果で、距離が2倍されて4mのところに来ます。もともと2m離れていたのですから、差し引き2m遠ざかったことになります。今度は1秒で2m遠ざかりましたから、速度は2m/sです。

ここからわかることは、BはAに比べてもともと距離が2倍離れていたため、それが宇宙の膨張で拡大されて、同じ時間に進む距離も2倍になったということです。同じ時間に2倍進んだということは、速度が2倍だったということにほかなりません。つまり、もともと2倍離れている銀河は、宇宙が膨張する効果により2倍の速度で遠ざかるということです。もともと3倍遠くにある銀河は遠ざかる速度も3倍、もともと10倍遠くにある銀河は遠ざかる速度も10倍になります。このように、宇宙が膨張すると遠ざかる速度と距離が比例することになるのです。これが、ハッブルやルメートルが見つけた「距離－速度比例関係」です。

もし銀河の後退が、宇宙の膨張ではない何らかの原因で引き起こされたものなら、このようなきれいな比例関係は成り立たず、銀河ごとにもっとランダムな動きをしているでしょう。銀河同士が近ければ、前にも述べたように、互いの引力でむしろ引き合ったりもするはずです。しかしそうはなっていなかったということは、銀河同士の引力のような、それぞれの銀河特有の事情で得られた結果ではなく、宇宙膨張の効果だと考えるのが自然でしょう。

さて、ハッブルが出した結論では、比例定数 H_0 の値は 530 km/s/Mpc でした。これは、「1 Mpc(メガパーセク) 離れている銀河同士は、1秒で 530 km ずつ遠ざかっている」という意味です。1 pc（パーセク）は約 3×10^{16} m で、宇宙ではよく顔を出す距離の単位です。M（メガ）は10の6乗、すなわち100万を表す言葉なので、1Mpc は 3.1×10^{22} m くらいです。比較的近くにある銀河が集まったグループを銀河団といいますが、銀河団同士は宇宙の中で、だいたい10 Mpc 程度離れています。Mpc程度のスケールは、銀河について話をするときに、よく現れます。

ちなみに、ハッブルのこの測定では、銀河までの実際の距離を測り間違えていたことがわかっています。これは、変光星にはセファイドとは異なるタイプのものもあって、周期と明るさの関係も種類ごとに違うことが当時は知られていなかったことなどによります。そのためハッブルが算出した H_0 の値は、現在わかっている値の8倍ほど大きな値になっています。

こうして、音のドップラー効果、光のドップラー効果、光の正体が電磁波であること、遠くの銀河までの距離を求める方法と、その後退速度を求める方法という準備ができたことによって、宇宙が膨らんでいると考えられる理由がついにわかりました。この発見に観測技術の発展が重要な役割を果たしたのはいうまでもありませんが、波という共通項を足がかりに、音波のドップラー効果を推し進め、光のドップラー効果を利用するというアイデアは、実に物理らしいと感じます。

ところで、よくある誤解なので注意してほしいのですが、すべての銀河が宇宙膨張のために地球から遠ざかっているわけではありません。近くにある銀河はむしろお互いに万有引力で引っ張り合って、近づいています。地球は太陽系の一員であり、太陽系は天の川銀河の一員ですが、この天の川銀河も近くの銀河たちと引っ張り合って近づいています。

天の川銀河の近くではいくつかの銀河が集まってグループをつくっているのですが、例えばその中で最大のアンドロメダ銀河までは、先ほども述べたように250万光年（およそ2.5×10^{22} m）離れていて、この銀河も私たちの天の川銀河と引き合っています。いずれは合体して、ひとつの銀河になると考えられています。宇宙の膨張によって銀河そのものがバラバラになってしまうのでは？　と思った方もいるかもしれませんが、そうしたことはありません。星同士の万有引力やダークマターの影響によって銀河は形を保っています。もちろんですが、宇宙の膨張によって私たちの体がバラバラになることもありません。

□ 新しい謎――ビッグバンの存在

こうして、宇宙が膨らんでいることがわかりましたが、この発見こそが、「過去へ遡ると、宇宙はどんどん小さくなって一点に縮んでいたということだろうか？」という疑問を生むことになりました。1.4節で登場したビッグバンです。

現在の観測では、ハッブル定数H_0の値はおよそ 70 km/s/Mpc だとわかっていますが、すでに述べたように、これは「1Mpc離れている銀河が、秒速70 kmで遠ざかっている」ことを意味します。現在1Mpc離れている銀河同士は、過去に遡ればもっと近づいていたはずです。どんどん遡っていけば、くっついていたと考えられます。

もちろん、過去に銀河がいまの形状だったとは思えませんし、そもそも銀河ができる前まで遡ってしまえばこの計算は意味がありませんが、ものは試し、このペースのままで時間を遡り、2つの銀河がくっついていたのはどのくらい前のことかを計算してみましょう。

1Mpcはおよそ 3.1×10^{22} mなので、70 km/sでこれだけの距離離れるのにかかる時間は、

$$\Delta t = \frac{3.1 \times 10^{22}\ \mathrm{m}}{70\ \mathrm{km/s}} = 4.4 \times 10^{17}\mathrm{s} \fallingdotseq 140\text{億年}$$

だとわかります（1年はおよそ 3.15×10^{7} 秒です）。「およそ140億年前には1か所に集まっていた銀河が、宇宙の膨張によって広がって、いまの位置に来た」ということがわかります。

この計算はかなりいい加減なものなので、この数値を鵜呑みにするわけにはいきません。2021年現在、観測から宇宙の年齢は138億年だと考えられており、ここで計算した約140億年という数字は「そんなに悪くない」のですが、宇宙の膨張の様子を非常に単純化して行なった計算ですから、数値が近かったのはたまたまです。ただ、「宇宙が有限の過去から始まった」と考えられること、言い換えれば「宇宙には始まりがある」ということは、数値の良し悪しは抜きにして得られる重要なことです。ハッブル－ルメートルの法則を考えれば、2つの銀河に限らずすべての銀河が、いやすべての物質が一点に「集中」していたような時代が有

限の過去にあった可能性があるのです。

地球ひとつとっても、半径が 6400 km もある巨大な天体です。太陽はさらにその110倍もの大きさです。そして、太陽のような恒星がおよそ2000億個も集まって天の川銀河ができていて、そんな銀河が観測できる範囲だけでも1000億個以上あります。そんなものがすべて一点に集まった状態、これは異常事態以外の何ものでもありません。宇宙に存在するありとあらゆるものがギュッと圧縮された、きわめて高温・高密度の状態、それがビッグバンなのです。

2.1節の最後に、ガラス管の空気を素早く圧縮すると、中に入れたティッシュの切れ端が燃える実験の話をご紹介しました。ガラス管に空気が入っている状況と、宇宙に銀河が「入っている」状況とでは見かけはかなり違いますが、「圧縮すると温度が上がり、膨張すると温度が下がる」のは同じです。どちらも物理では「断熱圧縮」「断熱膨張」と呼ばれる現象です。宇宙は、ビッグバンからいままで、断熱膨張というプロセスで成長しているのです。

□ビッグバンの名残があるはず

現代では「宇宙はビッグバンという、ある有限の過去から始まった」ことが常識として受け入れられています。しかし、このアイデアはすぐに受け入れられたわけではありません。「宇宙に始まりがある」という考えに対し、「宇宙は膨張しているものの、物質も何らかのメカニズムによって生成され、宇宙の構造は永遠に変わらない」という説もありました。ビッグバン宇宙論に対し、こちらは定常宇宙論といいます。いまでこそ定常宇宙論を支持する研究者はほとんどいませんが、それはビッグバンがあったと考えないと説明できない現象がいくつもあるからです。

特に重要なのは、「宇宙における物質の存在比」と「ビッグバン時代の熱の名残」の2つです。

宇宙にさまざまな物質が存在していることは、これまでに何度も述べてきました。それらの物質がどうやってできたのか、その理由を宇宙の始まりに求めたのが、先ほども登場したルメートルです。ルメートルは、宇宙がその始まりできわめて高温な状態にあったとき、すべての物質は圧縮されてひと塊になっていて、それが次第に壊れていまの物質に分解されていったのではないかというアイデアを出しました。彼は早くから相対性理論を使って、宇宙が膨張したり、収縮したりする可能性に気づいていたのです。

その後1940年代になって、アメリカの物理学者ジョージ・ガモフが原子核物理学の知識を生かし、宇宙が超高温・超高密度の状態だったときに、自然界に存在するあらゆる元素がつくられたのではないかと唱えました。ガモフは、誕生間もない超高温・超高密度状態の宇宙を火の玉宇宙（ファイアボール、fireball）と呼びました。ルメートルのモデルでは、原始原子と呼ばれるひと塊の物質が分解されて元素になると考えていましたが、ガモフのモデルはその逆で、陽子や中性子から始まって、それが超高温・超高密度の宇宙の中でくっついていき、ヘリウム、リチウム、ベリリウム……、と、周期表で原子番号の大きな元素が順につくられたのではないかというものでした。

のちの研究によって、宇宙の膨張が進むと、宇宙が大きくなったせいで温度が下がり、反応に必要なエネルギーが足りなくなること、そして原子番号の大きな元素をつくるには、いくつもの原子核が一斉に、または短時間のうちに次々にぶつからないといけないことから、ベリリウムよりも大きな原子番号の元素はビッグバンの際にはできないことがわかりました。

現在、宇宙に存在する元素はほとんどが水素とヘリウムであるとわかっています。水素がおよそ90%、ヘリウムが残りの10%程度で、その他の元素はわずかしかないのです。ビッグバン宇宙論はこの比を予言することができましたが、定常宇宙論にはできませんでした。なお、ベリリウムよりも重い元素、具体的には原子番号がホウ素以降の元素ですが、それらは星の中でつくられます。この、星の中で元素がつくられるプロセス、特に炭素がつくられるプロセスを解明したのは、イギリスの物理学者フレッド・ホイルです。ホイルは定常宇宙論を提唱したひとりでした。ビッグバン宇宙論を補強することになる、元素の合成過程を明らかにしたのが定常宇宙論の提唱者だったというのは歴史の妙でしょうか。

□ 電磁波の温度とは？

元素の存在比ともうひとつ、ビッグバンがあった証拠として重要なのは、その熱の名残である電磁波が宇宙全体に存在していることです。ガモフとともにビッグバンを提唱したひとりである、アメリカの物理学者ラルフ・アルファーは、同じくアメリカの物理学者ロバート・ハーマンと研究を進め、その電磁波は、宇宙が膨らむことで冷めてエネルギーが低くなり、5〜7K（ケルビン）に相当する電磁波となって宇宙に満ちているはずだと主張しました。5Kとは－268℃です。

ここで「電磁波の温度」という話が出てきましたが、電磁波の温度とは何かを説明する前に、もう少し簡単な、気体の温度からお話ししましょう。私たちは「いまの気温は30℃」という言い方をします。気温とは、「空気分子の運動エネルギーの大きさ」を表す指標です。2.1節でも少しお話ししましたが、温度とは、エネルギーの大小を表すものなのです。

また、3.2節で述べたように、運動エネルギーは物体の質量に比例し、速さの2乗に比例していました。すなわち、速さが大きいほど、運動エネルギーは大きくなります。窒素や酸素は分子の形で私たちの周りを飛び回っていますが、速く飛んでいる分子ほど、運動エネルギーが大きくなります。温度が高いとは、この運動エネルギーが大きい状態のことなのです。これは気体の温度ですが、一般に「温度が高い」とは、エネルギーが高く、接触した他の物体に大きな影響を及ぼすことができる、ということを意味します。

電磁波の温度も基本的には同じで、電磁波のエネルギーを表すものです。3.4節でアインシュタインの光量子仮説が出てきましたが、そこでは光（電磁波の一種）の粒子的な性質に注目しました。「粒子」なら、運動エネルギーや運動量を定義できます。具体的には、質量 m の粒子が速度 v で動いているとき、

$$\text{運動エネルギー}\ \frac{1}{2}mv^2\text{、}\quad \text{運動量}\ mv$$

でした。光も粒子として捉えられるなら、そのエネルギーや運動量を定義できますが、その値は光の波長 λ と光の速さ c、それに量子の世界では重要な役割を果たすプランク定数 h を用いて、

$$\text{エネルギー}\ \frac{hc}{\lambda}\text{、}\quad \text{運動量}\ \frac{h}{\lambda}$$

となります。波には、速さ v、波長 λ、振動数 f の間に $v = f\lambda$ という関係があるので、光についても振動数を ν と書けば、$c = \nu\lambda$ が成り立ちます。これを使うと、エネルギーを $h\nu$ と書くこともできます。このエネルギーの大小が温度の高低に対応します。つまり、温度 T とエネルギーには、

$$T \propto \frac{hc}{\lambda} = h\nu$$

という関係があるということです。電磁波の温度についての大ざっぱな理解はこれで構わないのですが、「ビッグバンの熱の名残」について理解するためには、1.2節で登場した黒体輻射について、もう少し突っ込んだ説明が必要になります。

□ 黒体輻射

先ほど述べた「光の温度」は、光の粒子（光子といいました）が「1粒」だけある場合のお話です。光電効果で電子を弾き飛ばす光もそうですが、光は「1粒」だけではなく、何粒も存在しています。電気をつけて部屋の中が明るくなっているとき、部屋の中には光の粒子が満ちています。

光と温度の関係は、実は量子力学誕生のきっかけともなった話で、もともとは溶鉱炉の温度を知るために研究されていました。産業革命後、鉄鋼業が盛んになる中で、溶鉱炉で金属を溶かす技術が重要になったのですが、当時は炉の中の温度を測定できる温度計がなかったため、炉の中の色で温度を見積もっていました。

金属を熱すると、温度に応じて色が変わることはご存じの方も多いと思います。例えば鉄を加熱していくと、温度の低いうちは赤色に光り、1000℃くらいまで加熱すると黄色味が増してきて、さらに加熱すると白色に光ります。このときは1300℃くらいになっていることが知られています。このように、温度と色には関係があることがわかっていたのです。

鉄を熱したときに色がついて見えるのは、鉄から電磁波が出ているからです。電磁波は波長に応じてさまざまな種類がありますが、波長380 nmから780 nmの電磁波である可視光は虹の7色に相当し、波長が長いほど赤っぽく、短いほど紫っぽく見えるのでした。それらがすべて混ざると白色に見えます。

以上のような理由で、溶鉱炉のような空洞の壁を熱すると、温度に応じて壁がどんな色に光るか、すなわち空洞の中にどんな波長の電磁波が現れるかについてはよく調べられていました。特に、あらゆる波長の電磁波を放出したり、吸収したりできる理想的な壁でできた空洞内部の電磁波が黒体輻射で、温度と電磁波の波長の関係は次の図のようになることがわかっていました。

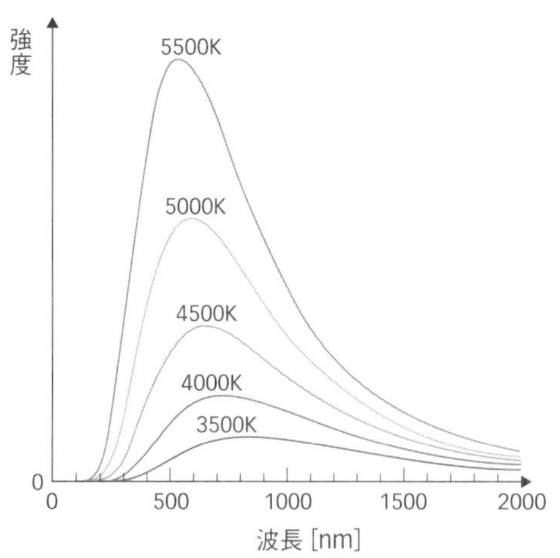

●電磁波の強度分布

このグラフは横軸に電磁波の波長をとったもので、縦軸はその波長の電磁波がどのくらい含まれているかを表しています。例えば、5000 Kのところを見ると、600 nmくらいのところに山の頂点がありますが、これは 5000 K で壁を熱すると、その中に含まれる電磁波は、波長 600 nm くらいのものが一番多いことを表します。また、空洞の中の電磁波は特定の波長だけのものがあるのではなく、さまざまな波長のものが混ざっていることもわかります。

温度を決めると、どのような波長の電磁波がどのくらいの割合で分布するかを表すこのグラフは「プランク分布」といいます。この名前、聞き覚えがありますね。そう、量子の世界では頻繁に顔を出す、プランク定数 h で出てきました。プランク定数はドイツの物理学者マックス・プランクに由来します。

プランクは、電磁波がこのような分布則にしたがうためには、振動数 ν の電磁波のエネルギーが $h\nu$ の整数倍に限られていなければならないことを明らかにしました。すなわち、振動数 ν の電磁波があるとき、そのエネルギーは $h\nu$、$2h\nu$、$3h\nu$ …… といった、$h\nu$ の倍数の値しか取りえないと見抜いたのです。$h\nu$ の整数倍にしかなれない、ということは、例えば電磁波のエネルギーは10J、20J、30J、……のように、10 J の整数倍にしかならず、11J や12J になることはない、という意味です。こんなことは古典論（量子論以外の物理学をこう呼びました）ではあり得ないことです。物体が速く動いているとき、運動エネルギー $\frac{1}{2}mv^2$ は速度に応じて大きな値になります。物体がスローダウンしてくれば、その値はだんだん小さくなっていくでしょう。10J、9J、8J、……と徐々に小さくなって、やがて止まれば0J になると考えられますが、そこに行き着くまでには0.1J になったり、0.01J になったりするはずです。ところが光はそうではなく、任意の値を取りながら滑らかに値が小さくならずに、エネルギーが必ず $h\nu$ という特定の値の整数倍になるというのです。

これは、車を減速していくときに、時速40 km の次に突然時速 30 km

になり、さらに突然時速 20 km になるようなもので、こんな現象を日常で体感することはありません。しかし、これが成り立つと仮定すると、黒体輻射のグラフを理論的に導くことができたのです。プランクがこの理論を発表したのは1900年の10月、あと2か月で20世紀というときでした。プランクの発見は、これから始まる量子力学の世紀を予感させるものだったのです。この発見がアインシュタインの光量子仮説などにつながっていきます。

前節ではボーア模型を紹介しましたが、水素の原子核（すなわち陽子）の周りを回っている電子の軌道も、軌道に定常波ができる特定の条件を満たすものに限られていました。ある軌道から別の軌道に移る際には、そのエネルギーの差に相当する電磁波を出して状態が変化しますが、電磁波のエネルギーそのものもまた、$h\nu$ という最小単位を持っていたのです。

ただし、h は 6.6×10^{-34} J・s という非常に小さな値であるため、$h\nu$ もまた、非常に小さい値になります。例えば、私たちの目に見える電磁波である可視光の振動数 ν はおよそ 3.8×10^{14}〜7.8×10^{14} Hz ですが、この振動数であれば $h\nu=2.5\times10^{-21}$ 〜5.2×10^{-21} J という値になります。前にも出てきましたが、体重が60 kg の人が秒速 1 mで歩いた場合、その運動エネルギーは30 J になるので、それと比較すると $h\nu$ という最小単位が非常に小さいことがわかるのではないでしょうか。洋服の布は、遠くから見るとなめらかな表面に見えますが、近づいてみたり、顕微鏡で拡大したりして見ると、細かなすき間だらけであることがわかると思います。それと同じようなもので、プランクが指摘するまで、$h\nu$ という大きさの「穴」、すなわち「電磁波のエネルギーに最小単位がある」とは誰も気づかなかったのです。

□ビッグバンの余熱

だいぶ長い説明でしたが、これで「電磁波の温度」とはどのようなものかおわかりいただけたでしょうか。宇宙をひとつの「溶鉱炉」だと見なすと、ビッグバンの高温状態にあったとき、溶鉱炉の中は熱せられて電磁波が満ちていることになります。その中、すなわち宇宙には、そのときの温度に相当するプランク分布で、電磁波が満ちていたはずなのです。

宇宙はビッグバンから膨張し、だんだんと冷えていきます。宇宙が非常に熱いころには、その中にはさまざまな物質が溶けて存在しています。「溶ける」とは、物質の構成要素がバラバラになっているという意味です。

原子は、中心の原子核の周りを電子が回っている構造でしたが、大きなエネルギーを与えると電子は引き剥(は)がされ、原子核とはバラバラになります。水素原子は、1個の陽子（原子核）の周りを1個の電子が回っているだけの単純な原子ですが、通常は陽子と電子の間のクーロン力でその形を保っています。ところが、この原子にエネルギーを与えていって、およそ3000Kに相当するエネルギーを与えると、そのエネルギーはクーロン力に打ち勝ち、陽子と電子がバラバラのプラズマ状態になります。さらにエネルギーを高くしていくと、原子によっては原子核を構成している陽子と中性子がバラバラになります。陽子や中性子はクォークと呼ばれる粒子が集まってできていますが、より高温であれば、それすらバラバラになると考えられています。

ビッグバンのころは宇宙が超高温・超高密度であったため、物質には絶えず高エネルギーが供給され、バラバラの状態になったり、くっついたりを繰り返していました。時間が経過し、宇宙が膨張するとともに温度が下がってくると、ひとたびくっついた際にそれを引き剥がすだけのエネルギーがないため、物質は結合した状態のままになります。こうして、クォークから陽子や中性子ができます。陽子1個は水素の原子核であり、その陽子や中性子がくっついて、ヘリウム（正しくはその原子核）ができます。さらに温度が下がり、先に述べた3000Kより下がってくると、今度は電子が陽子にクーロン力で捕まり、原子をつくります。陽子1個が電子1個を捕まえてできるのが水素原子です。これは宇宙が生まれてから約38万年後のできごとであることがわかっています。このような、宇宙の温度に応じた物質の生成の歴史を「宇宙の熱史」といいます。ところで、38万年という数字を見ると、「宇宙が生まれてからだいぶ時間が経ったあと」という感じがしますが、宇宙の年齢は138億年であり、38万年は宇宙の年齢全体の0.003%に過ぎません。生まれた「直後」の宇宙です。

さて、光は電子とよく相互作用するため、電子が陽子に捕まらずにたくさん存在していると、光はまっすぐ進むことができません。それが、温度3000 Kになると電子が陽子に捕まって水素原子の一部となり、光は直進できるようになります。これを「宇宙の晴れ上がり」といいます。この様子はちょうど、霧が巻いているところに光を当てても、霧が白く見えるだけで向こうの景色は見えないけれど、霧が晴れると向こうの景色が見えたり、光が向こうへ抜けたりするのと同じです。電子が存在しているときは電磁波が散乱されるので、もしその時代の宇宙に私たちが生きていて周囲の様子を観察することができたとしても、あたりはただ光で満たされていて何も見えないのですが、水素原子ができた途端に光は直進できるようになり、向こうの景色（といっても、宇宙空間の真っ黒な景色ですが）が見えるようになります。

宇宙が晴れ上がったとき、どんな電磁波が宇宙に満ちていたかは、そのときの温度である3000 Kのプランク分布から決まってしまいます。ということは、3000Kのプランク分布に相当する電磁波の分布が観測できれば、宇宙にはそうした熱かった時代、すなわちビッグバンがあったという証拠になります。ただし、宇宙が膨張していることに注意しなければいけません。なぜなら、宇宙が膨張することで電磁波の波長は伸びるからです。

波の正体とは媒質の振動でした。水面波なら水分子の振動が、音波なら空気分子の振動が波をつくっています。「エーテル」という媒質が見つからなかったことはすでに述べましたが、電磁波は真空中を伝わる波でした。ということは、電磁波には媒質がないのかというと、正確にはそうではありません。実は、電磁波の媒質は時空そのものなのです。このため、宇宙が膨張するにつれて、電磁波の波長は長くなります。本書では計算の詳細は省略しますが、現在の宇宙の大きさは宇宙の晴れ上がりのころから、およそ1000倍になっていると考えられています。3000 Kのプランク分布で強度が強いのは、波長がおよそ1 μm（10^{-6} m）の電磁波ですが、波長は1000倍に引き延ばされ 1 mm になります。これはマイクロ波に相当します。この波長にピークを持つプランク分布はおよそ3 Kです。これは晴れ上がりのころの温度である3000 Kの1000分の 1 ですから、温度は大まかには宇宙のスケールに反比例して低くなることがわかります。

これだけの温度を持つ電磁波が見つかれば、過去の宇宙にビッグバンという時代が存在したことになります。いま、私たち科学者がビッグバンを信じている理由のひとつは、その電磁波が見つかったからです。それは1965年のことで、約 3 K の温度を持つ電磁波が宇宙に満ちていることがわかったのです。ビッグバンの名残となるこの電磁波が、1.2節で登場した宇宙マイクロ波背景放射（CMB）です。

□ CMB波は偶然見つかった

CMBを発見したのは、アメリカのベル研究所のアーノ・ペンジアスとロバート・ウィルソンでした。彼らは衛星通信用の電波望遠鏡に入ってくるノイズを除去していたのですが、アンテナについた鳩の糞の掃除に至るまで、考えられるあらゆる原因を排除しても取り除けないノイズが、どの方向からも来ていることに気がつきました。

そのころプリンストン大学のロバート・ディッケとフィリップ・ピーブルズらは、ビッグバンの熱の名残であるCMBの存在を観測によって検出しようとしていました。ウィルソンとペンジアスが意図せずキャッチした電磁波こそ、そのビッグバンの名残であるCMBだったのです。ウィルソンとペンジアスが観測したのは波長が7.3 cmの電波でしたが、その翌年にプリストン大学のデービッド・ウィルキンソンとピーター・ロルによってなされた波長3.2 cmでの観測と合わせることで、それらは3 Kの黒体輻射の理論曲線に乗ることがわかりました。

これが本当にビッグバンの名残であると証明するためには、このCMBを詳細に調べなければいけなかったのですが、そのための観測はすぐには実現しませんでした。というのも、マイクロ波は電子レンジで使われていることからもわかるように、水分子に吸収されやすく、地上で観測しようとしても、大気中の水分に吸収されてしまうからです。気球などを使って大気の薄い上空での観測などが試みられましたが、やはり最も理想的なのは宇宙で観測を行なうことでした。

その観測はNASAによって1989年に実現しました。COBE（コービー、Cosmic Background Explorer、宇宙背景探査機）と名づけられた人工衛星は、CMBの詳細な観測を行ない、それが2.725Kの黒体輻射と非常によく一致することを見出しました。こうして、1965年の発見からおよそ四半世紀を経て、ビッグバン時代の熱の名残が私たちに届いていることが示されたのです。

□ なぜビッグバンは起きたのか？

先に述べた、水素やヘリウムなどの元素の存在比なども合わせ、かつて宇宙はビッグバンという超高温・超高密度状態にあったことがようやく確実視されるようになりました。しかし、これで宇宙の始まりについてすべてわかったわけではありません。「宇宙のあらゆる方向から2.725 Kの電磁波が飛んできていること」が、また新たな謎を生んだのです。

それだけではありません。よく考えてみると、最初からの疑問である「宇宙はどうやって始まったのか？」については何もわかっていません。ビッグバンの存在はわかりましたが、「じゃあ、ビッグバンの前は？」という問題に置き変わっただけです。

これらの問題については、ある程度答えがわかっているものもあれば、はっきりしたことは何もわかっていないものもあります。最後の第4章では、これら「ビッグバンの前の宇宙」も含め、現在も精力的に研究されている「まだよくわかっていないこと」について取り上げます。

4

気配を感じ取る

ここまで、宇宙におけるさまざまな現象を取り上げながら、物理学とはどんなものかをお話ししてきました。それらの多くは、すでによくわかっていることでしたが、この章は「気配を感じ取る」と題して、現在研究中の「よくわかっていないこと」を取り上げます。

例えばそのひとつが「宇宙の始まり」です。ビッグバンが宇宙誕生直後の非常に高温かつ高密度の状態を指すことは前の章でお話ししました。「宇宙はビッグバンから始まった」といわれることも多く、ビッグバン＝宇宙の誕生と思っている方もたくさんいるかもしれませんが、ビッグバンは宇宙が誕生した瞬間そのものではありません。ビッグバンは宇宙誕生からほんの少しあとの状態で、本当の「宇宙の始まり」は、ビッグバンより前にあったと考えられています。

いずれにしても、この広大な宇宙に「始まり」があるということは、決して自明ではありません。そして、宇宙に始まりがあったのなら、その前に何かあったのだろうか？　という新たな謎を生みます。もしそうなら、その「何か」は何だったのでしょう？　宇宙が始まる前なのですから、宇宙ではない何かなのでしょうか。さらにその「何か」にも始まりがあるのでしょうか？

「宇宙の始まり」は「時間の果て」とも呼べるものですが、宇宙には「空間的な果て」があるのかどうかも大きな謎です。宇宙がきわめて大きいことは間違いなさそうですが、「非常に大きいが、有限である」のと、「無限に大きい」のとは本質的に異なるように思えます。もし宇宙が非常に大きいけれども有限だとしたら、その外側とはいったい何だろう？という疑問が生じます。ある意味これも宇宙の始まりと同じ問題で、宇宙に外側があるとしたら、その外側にも外側があるかもしれず、その外側にもさらに外側が……、という無限ループにはまってしまいそうです。

では、もし宇宙が無限に広がっているとしたらどうでしょう。今度は宇宙の外側を考える必要はなくなります。しかし、「無限に大きなもの」を想像するのは簡単ではありません。なぜなら私たちは、身の回りに「無限に大きなもの」を見つけることができないからです。

私たちの体は有限サイズですし、家もビルも、山も川も、地球も太陽もすべて有限の大きさです。物質を無限に細かく分割していくことならできそうな気がしますが、それは有限サイズのものを無限に分割していくという話で、無限サイズのものを扱っているわけではありません。それだけに、「宇宙は無限に広がっている」が正しいとしても、「うーん、そうかもしれないけど……」というモヤモヤした気持ちが残ります。私たちが「無限」を理解するのは容易ではないのです。

宇宙にはもうひとつ、有名な「無限大」があります。それはブラックホールの中にある「特異点」です。「はじめに」でも述べたように、2015年の重力波の検出、そして2019年のイベント・ホライゾン・テレスコープによるブラックホールの直接撮像と、ブラックホールにまつわる観測は大きな成功を収めています。これからますます観測データが蓄積され、ブラックホールの性質が深く理解されていくことは間違いないのですが、特異点をはじめ、ブラックホールの内部構造についてはわかっていないことが山積しています。

宇宙の始まりや宇宙の果て、ブラックホール内部の特異点といった問題に共通するのは、「相対性理論だけでは謎を解けないかもしれない」という可能性です。ちょうど、ニュートン力学では電子や光の性質を完全には理解できず、量子力学が必要になったように、宇宙の始まりや果て、特異点といった問題に正しくアプローチするためには、相対性理論を超える理論が必要かもしれないのです。それはどんな理論なのか、いまはいくつかの候補が挙げられ、検証されている段階です。

これまでの章と異なり、この章には「よくわかっていないこと」がたくさん出てきます。読めば読むほど謎が増え、モヤモヤした気持ちになるかもしれません。しかし、そうした「ひょっとしたら私たちを寄せ付けないかもしれない難しさ」のようなものも、物理に限らず、あらゆる学問の魅力のひとつではないでしょうか。本章では、宇宙のそうした深遠な魅力と、「この先に何かあるかもしれない」という期待についてお話しします。

4.1 ブラックホールは謎だらけ

4.1.1「古典的な」ブラックホール

□ ブラックホールは「終わった天体」ではない

すでに何度か述べてきましたが、ブラックホールという非常に重力の強い天体が存在することは、数式のうえでは相対性理論によって導かれました。1960年代になり、X線天文学の発展とともに、実際にそうした天体が存在することが明らかにされ、2015年のadvanced LIGOによる、ブラックホールが合体したときの重力波検出、そして2019年のイベント・ホライゾン・テレスコープによる直接撮像によって、私たちはブラックホールの姿を「観る」ことができるまでになりました。恒星がどうやってブラックホールになっていくのか、銀河の中心に存在している巨大な質量を持つブラックホールがどうやって形成されたのかといったことは、観測と相まって、これからどんどん明らかになっていくに違いありません。

すでにブラックホールは、ひたすら吸い込むだけの「終わった天体」というイメージから、銀河の構造形成やその時間発展に大きな影響を与える「活発な天体」というイメージへと認識が改まっています。肝となるのは、ブラックホールによるエネルギーの変換効率のよさです。ブラックホールの近くに恒星があると、そのガスがブラックホールへと落ち込みます。ブラックホールには地球でいう地面に相当する硬い表面はありませんが、ガスがブラックホールへ落ち込むとき、地球上で高いところから物体が落ちてくるのと同じことが起きます。地球上では、物体は地面に近づくにつれスピードアップします。これは位置エネルギーが運動エネルギーに変換されたともいえます。ブラックホールに落ち込むガスも同様で、ブラックホールに近づくにつれて加速し、ブラックホールのホライゾン近傍では光速に近い速さになります。ホライゾンとはブラックホールの「表面」のようなもので、それよりブラックホールの内部に入ってしまうと、光でも脱出できなくなる境目でした。そのままブラックホール内部に突入するガスもありますし、ホライゾンからある程度離れたところを進んでいるガスで、ブラックホールの周囲を回るものもあります。それらはブラックホールの周りで円盤状に回転し（降着円盤といいます）、摩擦熱を発して高エネルギーの電磁波を放射します。摩擦熱が生じるのは、ガスの回転速度が円盤の内側と外側で異なるため、速度差によってガスが「こすれ合う」からです。速度が異なるのは、ダークマター発見のきっかけとなった銀河の回転のところでお話ししたように、回転中心に質量が集中している場合、回転中心から遠ざかるほど重力が弱まり、それに応じた遠心力になるように、回転速度が小さくなるからです。

降着円盤は高エネルギー状態になるため、その中に存在する原子からは電子が引き剥がされ、電子とイオンの状態、すなわちプラズマ状態になります。電気を帯びた物体が円盤とともに回転すれば、それは電流が流れるのと同じですから、その周りに磁場が発生します。こうしてブラックホールの周囲には磁場が発生し、その磁場からもブラックホール周りの物質は影響を受けて、激しく加速されることになります。こうして生み出されるのが、ジェットと呼ばれる高エネルギーの粒子線です。このように、ブラックホールの周囲で起きている現象の基本は、「回転運動と遠心力」「原子の構造」「電流と磁場」といった、これまでにお話ししてきた物理の知識を使えば理解することができます。もちろん、あくまで基本はということであって、電磁気学と流体力学の知識を融合させなければ理解できない複雑な機構について理解するのは簡単ではありませんし、高校までのように、「手で解ける」ような単純なメカニズムではありませんが、大まかに全体像を捉え、本質を引き抜いてモデル化する、そしてそれがうまくいかなければ少しずつ細かい要素を加えていくという物理の定石はここでも有効です。

□ ブラックホールの数式に現れる2つの「分母ゼロ」

そうやってブラックホールの姿が明らかになりつつある一方で、解決の糸口がなかなか見つからない問題もあります。そのひとつが、ブラックホール内部にあると考えられている**特異点**です。

相対性理論から予想されるブラックホールの構造は非常に単純です。最初にアインシュタイン方程式の解として見つかったブラックホールであるシュヴァルツシルト・ブラックホールは、静的・球対称という特徴があります。静的とは、時間依存性がなく、何の時間変化もないことをいいます。物体の運動でいうなら、ジッと静止しているようなものです。球対称とは、球のような形をしているということ、すなわち、どの角度から見ても同じ形であるということです。現実に存在するブラックホールは回転しており、静的・球対称ではありませんが、シュヴァルツシルト・ブラックホールは、ブラックホールの一般的性質を考えるうえで非常に便利なモデルです。数式では、

$$ds^2 = -\left(1 - \frac{2GM}{c^2 r}\right) d(ct)^2 + \frac{dr^2}{1 - \frac{2GM}{c^2 r}} + r^2 d\theta^2 + r^2 \sin^2\theta d\phi^2$$

と表されます。この式のどこをどう見れば「ブラックホールが存在する時空」であることを理解できるか、詳しくは拙著『ブラックホールと時

空の方程式——15歳からの一般相対論』をご覧いただきたいのですが、ここでは2つの「分母ゼロ」に注目してください。

式中の M はブラックホールの質量（mass）のことで、合計で質量 M の物質が球形に集まっているときの、その周囲の時空の歪み方を表しているのがこの式です。r は半径（radius）のことで、球の中心からの距離を表しています。

数式をよく見ると、r が $2GM/c^2$ になるところと、0になるところの2か所で、「分母がゼロ」になるのがわかります。順に説明しましょう。まず、右辺第2項の dr^2 がついた項を見てください。この項は $r=2GM/c^2$ で分母がゼロになることがわかります。分母がゼロとは、「ゼロで割る」ということですが、ゼロでは割れないということを皆さんもご存じかと思います。これは「ゼロで割った数」が何になるか定まらず、正確に定義できないからです。

次に、右辺には dt^2 の項と dr^2 の項の2か所に $2GM/c^2r$ という文字式が入っています。$2GM/c^2r$ は分母に r がありますから、ここへ $r=0$ を代入すると、またも分母にゼロが現れ、数式が破綻してしまいます。

シュヴァルツシルトがアインシュタイン方程式を解いてこの式を見つけたときから、これら2つの「分母ゼロ」は問題だと考えられていました。この解はアインシュタイン方程式に静的・球対称という条件を課して解かれたものですが、シュヴァルツシルトからこの解の発見を知らされたアインシュタインは、解の導出は間違っていないものの、条件が単純すぎて、数学的にも物理的にも奇妙な結果を含む解になってしまったのだと考えていたようです。

□ 座標のせいで奇妙に見えることもある

しかし現在では、「分母ゼロ」のうちのひとつ、$r=2GM/c^2$ を代入したときに dr^2 の項が 0 になることは「問題ない」と理解されています。ひょっとすると「この値、どこかで見たような……」と思った方もいるかもしれません。その通りで、この値はブラックホールの半径であり、ミッチェルやラプラスが「光の速さでも脱出できない天体があるとしたら、その天体の半径」として導いた値でした。すなわち、$r=2GM/c^2$とは、ブラックホールの中心から「表面」までの距離であり、これより内部に入ってしまうと、光ですら脱出できなくなる境目を表します。そこで奇妙なことが起きるのはたしかなのですが、この値こそ、「ブラックホールの大きさ」という物理的意味を持っていたのです。ちなみに、「分母をゼロで割ってしまっている」という数学的な問題については、使っている座標系の問題であり、他の座標系にうまく置き換えることで、この「分母ゼロ」は消えることがわかっています。

x 軸や y 軸など、座標軸を張ることで物体の動きが解析しやすくなることを私たちは知っています。それは地図と同じで、物体の位置を $(x, y) = (1, 2)$ のように「他者に伝えやすくなる」からです。しかし、地図によっては実際の状況を正確に伝えにくくなることもあります。2.2節の繰り返しになりますが、例えばメルカトル図法では、北極や南極に近づくほど、実際の大きさよりも拡大されて表示されてしまいます。グリーンランドや南極大陸が非常に大きく表示されてしまうのはよく知られています。北極点や南極点に至っては、本来は点なのに、1本の線に広がってしまっています。それと同じことで、使っている座標系によっては、別におかしな場所でもないのに、その場所が奇妙に「表されてしまう」ことがあるのです。このように、使っている座標のせいで生じた「分母がゼロになるところ」を座標特異点といいます。$r=2GM/c^2$ は座標特異点にすぎないのです。半径が $r=2GM/c^2$ はブラックホールの「表面」なので、点と呼ぶのは少し違和感がありますが、慣習的にこう呼んでいます。

一方、$r=0$ のほうの「分母ゼロ」は、座標の張り方によるものではなく、**曲率特異点**と呼ばれる、「本当に」特異な点であることがわかっています。重力の正体は時空の曲がりでしたが、数学的にはその曲がり具合を**曲率**という量で表現します。$r=0$ での曲率を計算してみると、たとえどんな座標を使おうが、必ず無限大に発散することが示せるのです。

曲率が無限大になっているということは、そこが特殊な時空になっていることを意味しています。例えるなら、「無限に尖った」円錐の頂点のようなものです。現実の世界の円錐は、尖っているといっても、「無限に」尖っていることはありません。円錐は原子でできており、原子の大きさ以下に細く尖ることはないからですが、仮に「無限に細く尖っている」円錐があれば、そこでは圧力や密度も無限大に発散します。その場合、そこでどんな物理現象が起きるか予言することはできません。

□ 曲率無限大の点は本当にあるのか？

曲率が無限大になるところは、直感的には、ブラックホールに吸い込まれたあらゆる物質が引き寄せられる、ブラックホールの中心です。あらゆるものがそこに引き寄せられるのですから、物質の密度も圧力も無限大に大きくなっていくように思えます。たしかに、直感的にはそうなのですが、本当にそれでいいのでしょうか？　ここにはいくつかの問題があります。

まず、アインシュタインも気にしていたように、シュヴァルツシルト解を導くときに使った仮定が妥当なものだったのか？　という懸念があります。実は、そもそもシュヴァルツシルト解は、静的・球対称な物質の周囲での時空の曲がり方を表す解になっています。ホライゾンの位置 $r=2GM/c^2$ で「分母ゼロ」という座標特異点が現れてしまうのはこのためです。この問題は、ブラックホール内部を表すのにふさわしい座標に取り替えることで解決できます。

星の内部にはガスがありますが、その表面から外側には物質が（ほとんど）ないのと同様に、シュヴァルツシルト解で表している物質分布の周囲にも物質はありません。このことから、シュヴァルツシルト解は静的・球対称な真空解ともいわれます。真空とは「物質がない」という意味です。逆に、星の内部のように物質があるところでは、時空はどう曲がっているのでしょう。それを知りたければ、物質分布を仮定して、新たにアインシュタイン方程式を解き、その時空を表す解を求める必要があります。ここで問題になるのは、実際に物質がどう分布しているかがよくわからないことです。

ブラックホールまでいかなくても、非常に高密度に物質が圧縮された、強い重力を持つ天体は他にもあります。白色矮星（わいせい）や中性子星がそれです。白色矮星は、直径1万kmくらいの天体で（太陽の100分の1以下）、比較的軽い恒星が燃料を使い果たしたのちに、自分の重さで縮んでいき、ギュッと圧縮されてできる星です。白色矮星としてはシリウスBが有名です。シリウスはおおいぬ座にあり、全天で一番明るい星ですが、シリウスAとシリウスBからなる連星です。明るいのはシリウスAのほうです。その周りを白色矮星であるシリウスBが回っています。太陽も50億年のちには核融合で燃料を使い果たし、白色矮星になると考えられています。

白色矮星は非常に密度が高く、太陽の100万倍くらいの密度があります。太陽の平均密度は 1.4 g/cm^3 くらいで、これも地上の大気の1000倍くらいはあるのですが、それよりさらに100万倍の密度というと、1 cm^{3}で1トンもの重さになります。白色矮星を角砂糖1個分の大きさだけ切り出したら、その重さが1トンあるということです。とんでもない密度ですね。

さらにそれよりも高密度なのが中性子星です。2.3節でも出てきた、中性子だけでできた星です。太陽の10倍くらい重い星では、水素の核融合でヘリウムができ、さらにヘリウムからもっと重い元素である炭素や酸素ができていきます。最終的にはあらゆる元素の中で最も安定している(結合エネルギーが大きく、他のものに変化しにくい）鉄ができて核融合反応が終わるのですが、そうやって反応しなくなると、星内部からエネルギーが外へ広がることがなくなるため、星は自重で潰れていきます。その際にエネルギーが解放され、外層を吹き飛ばして爆発します。これが超新星爆発です。内部に残された中心部分では、陽子が電子を取り込んで中性子へと変化し、中性子星ができます。中性子星で有名なのはおうし座のかに星雲の中にあるものです。かに星雲にはSN1054という名前がついているのですが、「SN」はSuper Nova（超新星）のことで、1054は「1054年に観測された超新星爆発」であることに由来しています。天文ファンの人であれば、平安時代の記録に残っているために、この超新星爆発の年が知られていることをご存じかもしれません。

中性子星の密度は白色矮星よりもさらに高く、1 cm^3 で5億から10億トンにもなります。直径は20 kmくらいの大きさに過ぎませんが、きわめて高密度で重い星です。中性子星の中で物質がどんな状態になっているのか、まだ詳しいことはわかっていません。その中性子星よりもさらにコンパクトで、高密度な天体だと考えられるのがブラックホールです。何度か出てきましたが、太陽と同じ質量を持つブラックホールならば、その半径$2GM/c^2$は3 kmです。中性子星よりもさらに小さいのです。

ただしブラックホールにもいくつかの種類があり、天の川銀河の中心に存在している超大質量ブラックホールである、いて座A*ならば、半径は1200万 kmにも達します。非常に大きいブラックホールだと思うかもしれませんが、天の川銀河の半径は10万光年（およそ10^{18} km）ですから、ブラックホールの半径はその1億分の1程度の大きさでしかありません。やはり、きわめてコンパクトで、高密度な天体なのです。

その内部で物質がどう分布しているのか、これが正確にわからないと、ブラックホール内部の時空を表す解を求めることはできません。しかし、「はじめに」でも少し触れたように、一般相対性理論が成り立つ範囲では、静的な球対称などの条件を外しても、ブラックホール内部に必ず特異点ができてしまうことが、ロジャー・ペンローズによって示されています。これは「特異点定理」と呼ばれ、のちにスティーヴン・ホーキングはこれを発展させ、宇宙の最初にも同じように特異点があることを示しました。さらにペンローズとホーキングは共同研究を行ない、特異点定理の一般化を行ないました。

ここでいう特異点は、「その向こうには、時空の続きがないようなところ」というのが定義であり、曲率が無限大の値をとる曲率特異点とは必ずしも定義が一致しませんが、直感的には、密度や圧力が無限大になる特殊なところと考えておいて差し支えありません。

4.1.2 相対性理論だけでは解析しきれない世界

□ 相対性理論はどこまで正しいか

では、本当にそんな特異点がブラックホールの中にあるのかというと、そうともいえないのです。その理由は、特異点定理があくまで一般相対性理論の枠組みの中で導かれた定理だからです。

私たちはすでに、ニュートン力学では光に近い速さで運動する物体に生じる現象を表しきれず、特殊相対性理論が必要なことを知っています。また同様に、ミクロの世界で生じる現象を理解するには、ニュートン力学では不完全で、量子力学が必要でした。この歴史に学ぶと、「一般相対性理論では特異点を扱うことができず、新しい理論の枠組みが必要なのではないか？」という気がしてきます。そうした、一般相対性理論と量子力学とを矛盾なく融合した理論はまだ完成していませんが、「量子重力理論」という名前で呼ばれています。では、仮に量子重力理論が完成したとして、それを使って計算すれば、ブラックホールの中心はどうなっていると予想されるのでしょう？

ヒントになるのが電磁気学で知られていることです。3.3節の次元のところで、電気の力は逆2乗則にしたがうという話があったのを覚えているでしょうか？　同じ符号の電荷の間には斥力が働き、異なる符号の電荷の間には引力が働きますが、これらの力は電荷の距離の2乗に反比例していました。斥力にしろ引力にしろ、2つの電荷が近づけば近づくほど、その力は大きくなります。磁石の力も同じで、磁石のＮ極とＳ極をくっつけようとすると、強い反発力で跳ね返されるのを感じた経験は誰にもあると思います。私たちの力で、2つの磁石を「完全に」くっつけることはできませんが、数式のうえでは、完全にくっつけたときに発生する力は無限大になります。

数式のうえで無限の力が現れたとしても、現実の世界に本当にそんなものがあるのでしょうか？　「無限大」という量を私たちは自然界で見かけたことがありません。加えて、厳密に距離がゼロの状態をつくることも不可能であるように思えます。なぜなら、ミクロの世界では物質に量子力学を適用しなければいけませんが、すでに述べたように、量子の世界は常に揺らいでおり、厳密に「距離ゼロ」という状態はなさそうに思えるからです。

実は、電気や磁気の力については、量子力学と特殊相対性理論を合わせた「場の量子論」という理論を使って計算すると、無限大が現れることはないとわかっています。この教訓から、ブラックホール内部の特異点も数式だけのことで、現実には存在しない可能性があります。

□ 量子重力の有効理論

もちろん、本当のところは量子重力理論が完成しないことには何ともいえませんが、部分的にはその効果が入っていると考えられる理論も提唱されています。そうした理論は「有効理論」などと括られています。量子重力の世界すべてを覆えるわけではないけれど、少なくとも部分的には有効な理論ということです。

そうした有効理論として、例えばブラックホール中心の特異点がないような理論をつくりたければ、いくつかの方法があります。例えば、無限回の微分を含むように一般相対性理論を拡張した重力理論がありますが、この理論では無限大の発散はないという結論が得られます。

また、時空そのものに量子力学を適用すると、量子の世界と同様に時空にゆらぎが現れ、その結果、物体の位置などが不確定性になると考えられています。物体の位置が不確定になるというのは、「点」という概念があやふやになることを意味します。すなわち、時空がぼやけたようになるのです。その場合もやはり、ブラックホールは一般相対性理論の結果と異なる形状になり、特異点もぼやけて無限大の発散がなくなると考えられています。

□ 面積増大定理と熱力学第2法則

いずれにしても、ことの真偽をはっきりさせるためには、量子重力理論を完成させ、なんらかの実験や観測で検証しなければなりません。そのヒントになると考えられているのが、「ブラックホールが蒸発する」というプロセス、すなわちホーキング輻射です。

2015年から、ブラックホールが合体する際に放出した重力波が検出されるようになりましたが、そのことからも、ブラックホールは合体して大きくなることがわかっています。これは相対性理論で予想されていたことであり、ブラックホールはそうやって合体して巨大化するものと考えられます。

物質がブラックホールに入ってしまった場合もそうですが、ブラックホールは大きくなるばかりです。ブラックホールが大きくなるだけで小さくならないことは、一般相対性理論の範囲で証明されており、ブラックホールの面積増大定理といいます。

この、一方的に大きくなるばかりで小さくなることはないという「一方通行」の現象は、熱力学ではよく知られているものです。熱力学にはいくつかの法則がありますが、そのうち第1法則は、力学でいうエネルギー保存則に相当します。第2法則が、熱力学的現象の方向を表す法則です。例えば、「覆水盆（ふくすいぼん）に返らず」ということわざがありますが、こぼれてしまった水が自動的に元通りに戻ることはありません。また、スプレーからガスを出すとすぐにガスは拡散しますが、それがひとりでに集まって元の位置に帰ってくることもありません。自転車に乗っていてブレーキをかければ、タイヤと地面との間の摩擦で自転車は止まりますが、そのときに熱が発生します。その熱が再び自転車に吸収され、それをエネルギーとして自転車が再び勝手に動き出す、ということもありません。

そうした現象が起きる確率は、実はゼロではありません。たまたまあらゆる原子や分子がスプレー缶から噴き出された瞬間の状態に戻っていく可能性も完全にゼロというわけではありません。しかし、ガスが拡散している状態のほうがはるかに起きやすく、確率が圧倒的に高いため、「たまたまガスが1か所に戻る」というレアなことは起きないのです。物理学的にはこのことを**「孤立系のエントロピーは増大する」**とも表現します。

エントロピーは「乱雑さ」の指標といわれますが、より正確には「区別できない状態がどのくらいあるか」を表します。例えば、スプレー缶から出たガスが部屋の中に広がるとき、スプレーから出たガスがどこか1か所にかたまるより、部屋の全体に拡散するパターンのほうが圧倒的に多く、エントロピーが大きい状態です。

ブラックホールの面積が熱力学第2法則と同じ性質を持つことは、ブラックホールにも熱的な性質があることを意味します。この点に気づいたヤコブ・ベケンシュタインは、ブラックホールにはその質量に反比例する温度が定義できることを示しました。これが2.3節ですでに紹介したホーキング温度です。ブラックホールには温度が定義でき、その温度の輻射を出す可能性があるということです。それを具体的に示すため、ホーキングはブラックホール時空に場の量子論（量子力学と特殊相対性理論を融合したもの）を適用しました。その結果、量子力学的な効果によってブラックホールのエネルギーが粒子に転化し、放出されることがわかったのです。このプロセスは水の蒸発によく似ているため、ブラックホールの蒸発とか、ホーキング輻射（放射）といわれています。一般相対性理論の範疇では、ブラックホールに吸い込まれたものが再び外に出てくることはないと考えられていましたが、量子力学を考えることで、ブラックホールそのものが蒸発することがわかったのです。

□ ブラックホールの微視的状態

ブラックホールに熱力学的性質があることは、量子重力理論の構築にとっても大きな意味を持ちます。熱力学第2法則の背後に、空気の分子などがどう散らばっているか、その散らばり方が関係しているのと同様に、ブラックホールの背後にも「区別できない何らかの状態」があることを示唆しているからです。

実は、ホライゾンと特異点以外、ブラックホールには細かい構造がほとんどありません。内部構造も単純だと考えられています。シュヴァルツシルト・ブラックホールであれば、その中心に特異点が存在しますが、一定の速度（正確には角速度）で回転しているブラックホールであるカー・ブラックホールでは、特異「点」ではなく、リング状になります。

ブラックホールにあまり特徴がないことを「ブラックホールには毛が3本しかない」という言い方をします。妙な言い方ですが、この3本とは、ブラックホールの質量・電気量・角運動量の3つを指します。角運動量とは、回転の勢いを表す物理量です。ブラックホールが何らかの物質を吸い込んでしまうと、その様子をホライゾンの外からうかがうことはできないため、どんな物体を吸い込んだとしても、ブラックホールが少し重くなったり、回転速度が大きくなったりするばかりで、吸い込んだものの詳細は消え、外からはブラックホールの質量・電気量・角運動量しかわからないのです。

ガスであれば、その状態をつくっているのは空気分子ですが、その熱力学的な性質である温度や圧力、体積といった量は、空気分子のひとつひとつがどの位置に、どのような速度で飛んでいるかという「微視的状態」に関係しています。その状態の数を表すのがエントロピーです。

では、ブラックホールの場合は何の、どのような微視的状態からできているのでしょう？　直感的には、それは「時空の素粒子」だと考えられます。なぜなら、ブラックホールとは時空の曲がりであり、時空そのものからできているからです。

とはいえ、「時空の素粒子」とは何か、それがよくわかりません。果たしてそれがどのようなものか、まさにそれこそ量子重力理論の根幹をなすものですが、その研究は私も含め、多くの研究者によっていままさに進められている最中です。その進展の様子については、この章の最後でもう一度触れます。

4.2 宇宙の始まりと場の量子論

4.2.1 インフレーションと量子ゆらぎ

□ ビッグバンの前へ

ブラックホールからはいったん離れ、次は初期宇宙における謎に目を向けてみましょう。3.5節で述べたように、宇宙背景放射（CMB）は温度2.725Kの黒体輻射に相当し、これは宇宙がその昔、熱平衡状態にあったことを意味します。熱平衡とは、物質が互いに相互作用し合って、同じ温度になることです。例えば50℃のお湯と20℃の水が入ったコップをくっつけると、2つはやがて同じ温度になります。これが熱平衡です。熱の正体は原子や分子の運動エネルギーでしたが、お湯を構成している水分子の運動エネルギーが、20℃の水を構成している水分子にコップの表面を通して移ったため、両者は同じ温度になったのです。このように、異なる温度のものが接触すると互いにエネルギーをやりとりして、やがて全体が同じ温度になっていきます。

これを踏まえると、宇宙全体から同じ温度の黒体輻射が来ているということは、宇宙全体が同じ温度であった状態、すなわち熱平衡に達していた時期があったことになります。「宇宙はビッグバンという熱い状態から始まった」のですから、宇宙全体が同じように熱かったというのは当然だろうと思われるかもしれませんが、実はそう単純ではありません。熱平衡状態に達するためには、宇宙の中でエネルギーがやりとりされて、平均化されなければいけません。初期の宇宙がどれだけ小さかったとしても、初めから至るところで同じ温度になっていることは考えにくいからです。

熱のやりとりをして熱平衡に達するためには、水とお湯なら水分子同士がぶつかり合って、エネルギーをやりとりする必要があります。原子・分子レベルで接触する必要があるのです。熱をやりとりする他の方法としては放射があります。これは、光、すなわち電磁波をやりとりして熱を伝えるものです。熱を伝える方法には、伝導・対流・放射の3つがありますが、放射は電磁波でもってエネルギーを伝える方法です。

電磁波は光の速度で飛ぶため、一番早くエネルギーを伝える方法でもあります。そう考えると、仮に宇宙の中で温度が異なる場所があっても、そこから電磁波が広がることによって宇宙全体が均一の温度にならされ、熱平衡状態になったのだろうと想像されます。ところが一般相対性理論を用いて宇宙の膨らみ方を計算したところ、通常の物質が存在する場合、宇宙はビッグバンから減速的に膨張していることがわかりました。減速的な膨張とは「膨らんでいるけれど、その膨らみ方はだんだんペースダウンしていく」ということです。逆にいうと、過去に遡るほど宇宙の膨張速度は速かったことになります。一方で、光の速さで宇宙空間を進める距離、すなわち熱平衡の領域が広がる速さを同じく一般相対性理論で計算したところ、これはほぼ一定のペースであり、初期の宇宙では宇宙膨張の速度のほうが大きいことがわかったのです。「宇宙膨張が光より速い」と聞くと、「光速は自然界の速度の上限ではなかったか？」と思われるかもしれませんが、その上限は時空の中での物質の移動速度の上限を与えており、時空自体が広がるペースには上限がないのです。

これを直感的に理解するには、再び時空がゴムシートのようなもので、そこにA、B2つの小石が置かれている状況を想像してください。ゴムシートが伸びて広がることが宇宙膨張に相当します。ゴムシートが伸びると、AとBの間の距離は広がっていきます。これは、宇宙膨張によって遠くの銀河の距離が広がっているのと同じことです。ここで、小石Aをピンと指で弾いて小石Bに当てたいとしましょう。指で弾かれて小石Aが転がっていくことが時空中の物質の移動に相当しますが、この速度には光速という上限があるのです。「宇宙膨張が光より速い」という状況は、小石Aを弾いてBに当てようとしたときに、弾いた速度以上の速さでゴムシートが広がってしまい、BがAから逃げていってしまうような状況です。宇宙が減速膨張しているという仮定から出発すると、宇宙初期では熱平衡領域が広がる速さより大きな速度で宇宙が膨張し、宇宙全体が熱平衡に達することがないという結論が得られてしまうのです。

このことは、宇宙が生まれてから晴れ上がりまでの38万年という非常に「短い」間では、電磁波が宇宙全体に広がって熱平衡になることはできなかったことを意味しています。その当時に電磁波が広がることができた領域の大きさは、いま私たちが宇宙を見上げたときに、角度2°の広がりを持った領域に過ぎません。ということは、例えば私たちの前と後ろのように180°離れたところはもちろん、2°以上離れたところからも同じ温度のマイクロ波が届くのはおかしなことなのです。熱平衡に達していないのであれば、宇宙空間のさまざまな場所で、温度が同じにならないほうが自然です。しかし、観測結果はそうなっていません。となるとこれは、「その2つの点で、たまたま同じ温度のマイクロ波が発生した」いうことなのでしょうか？　たまたま2か所が同じ温度になることならあるかもしれませんが、実際には宇宙のどの方向をとっても、示し合わせたように同じ温度になっています。となるとこれは「たまたま」ではなく、何か別のメカニズムが働いていたとしか思えません。

このような、「宇宙の晴れ上がりのころに因果関係を持っていなかったはずの場所でも、まったく同じ温度の熱平衡に達している」という謎を

地平線問題といいます。地平線（ホライゾン）という言葉はブラックホールでも出てきました。ブラックホールのホライゾンとは、光でもそこを越えて中に入ると、一切出てこられなくなる境目のことでした。光でも出てこられないということは、ホライゾンより中からは情報が一切出てこないということですが、宇宙における地平線は、電磁波が到達できる限界という意味のホライゾンです。ビッグバン当時の宇宙の大きさに比べ、電磁波が広がって熱平衡を達成できる範囲の境目（地平線）は小さいにもかかわらず、広い領域で同じ温度になっているということです。

他にも、一般相対性理論の計算から、単純な宇宙モデルには問題があることがわかりました。そのひとつが**平坦性問題**です。これは、現在の宇宙の状態になるためには初期の宇宙が「きわめて平ら」でなければならないというものです。

1.4節で述べたように、宇宙がどんな形をしているか、別の言い方をすると、宇宙がどう曲がっているかは、大きく分けて3パターンの可能性がありました。曲率が正、負、そしてゼロの3つです。観測から、現在の宇宙はほとんど曲率ゼロの平坦な空間であることがわかっています。曲率は一定ではなく、宇宙が膨張するにつれて値が変わっていくのですが、その様子をこれまた一般相対性理論から計算すると、現在の値（曲率がほとんどゼロ）を実現するためには、ビッグバンのころに宇宙の曲率はいまよりもさらに、ゼロに近い値でなければいけないことがわかったのです。そのように、非常に曲率が小さく平坦な宇宙が誕生するためには特殊なメカニズムが必要になります。

さらにもうひとつ、「CMBのゆらぎの起源」という問題もあります。COBEは、CMBが2.725Kの黒体輻射であることを示しましたが、10万分の1というきわめて小さな温度のズレがあることはすでに紹介しました。

これも繰り返しになりますが、この温度ゆらぎが存在することは観測前から予想されていました。なぜならこの温度ゆらぎは、宇宙に存在する各種の構造と相関があるからです。星や銀河、そして銀河が集まってできる銀河団や大規模構造など、宇宙には大小さまざまな構造が存在しています。これらは基本的に重力によって互いが引き合い、成長してきたものですが、それらができるためには「タネ」が必要です。すなわち、誕生間もない宇宙に存在する物質分布にムラがあれば、物質が多いところは重力が強いため、別の物質を引きつけてさらに大きく重くなり、より一層、他の物質を引きつけることになります。逆に物質分布が完全に均一だと、どこかに物質が集中し始めることがないのです。

宇宙初期の物質分布にそうしたゆらぎがあれば、CMBも影響を受けます。逆にいうと、CMBに温度ゆらぎがあれば、それは宇宙初期に物質の分布にゆらぎがあった証拠になるのです。何か物を片付けずに部屋のどこかにポイッと置いてしまうと、次もそこに置いてしまい、いつの間にかそこが「物置き状態」になってしまうことはないでしょうか？　整然とした状態の部屋には何かを置きたくなくなるものですが、ひとたび均衡が破れて（？）物がどこかに置かれると、そこには他の物も（ひとりでに？）集まってしまう……、そうやって意図せぬ「構造」が部屋の中に生まれることがありますね。宇宙の構造もそんなもの、というのはさすがに調子に乗りすぎですが、分布にムラがあると集まりやすくなるというイメージは間違っていません。

□ インフレーションはすべてを解決する（だろう）

実際、CMBには10万分の1の温度ゆらぎが見つかったわけですが、このゆらぎの起源だけでなく、そして地平線問題と平坦性問題までも一気に解決できる方法がこれまで何度も登場している**インフレーション**です。

すでに1.2節で述べたように、宇宙が誕生して 10^{-36} 秒から 10^{-34} 秒後というとてつもなく短い時間の間に、宇宙が 10^{26} 倍もの大きさに膨らんだという、急激な膨張がインフレーションでした。

インフレーションの膨張は、数学的には「指数関数的加速膨張」といいます。指数関数とは、例えば $y=2^x$ のような関数で、$x=1$ のときは $y=2$、$x=2$ のときは $y=4$、のように、x が大きくなるにつれ、y が急激に大きくなる関数です。1次関数 $y=x$ や、2次関数 $y=x^2$ も、x が大きくなるにつれて y が大きくなりますが、$y=ax^n$ という形をした関数（べき関数）よりも、指数関数は急激な増加を示します。インフレーションが起きると、宇宙の大きさは時間とともに $a(t) \propto e^{Ht}$ という指数関数で大きくなるのです。ここで H は、その時期におけるハッブル定数で、e は自然対数の底（ネイピア数）といい、$e=2.718$……という値の定数です。

これに対し、通常の物質や電磁波があるだけの宇宙を仮定してアインシュタイン方程式を解くと、宇宙の大きさは時間とともに $a(t) \propto t^n$ のようなべき関数で大きくなります。宇宙に存在する物質の影響を考慮してアインシュタイン方程式を解くと、n は 0 から 1 の間の値を取ることがわかります。この計算結果が先に述べた、宇宙は膨らみつつも、だんだんそのペースがゆっくりになる「減速膨張」であることを意味しています。

宇宙が減速膨張しかしなかった場合と、最初にインフレーションが起きて急激に膨張し、その後、減速膨張に転じた場合の宇宙の膨らみ方を大まかに示したのが次の図です。インフレーションのあとに減速膨張につなげているのは、観測により、宇宙はビッグバンのあとに減速膨張になったことがわかっているからです。

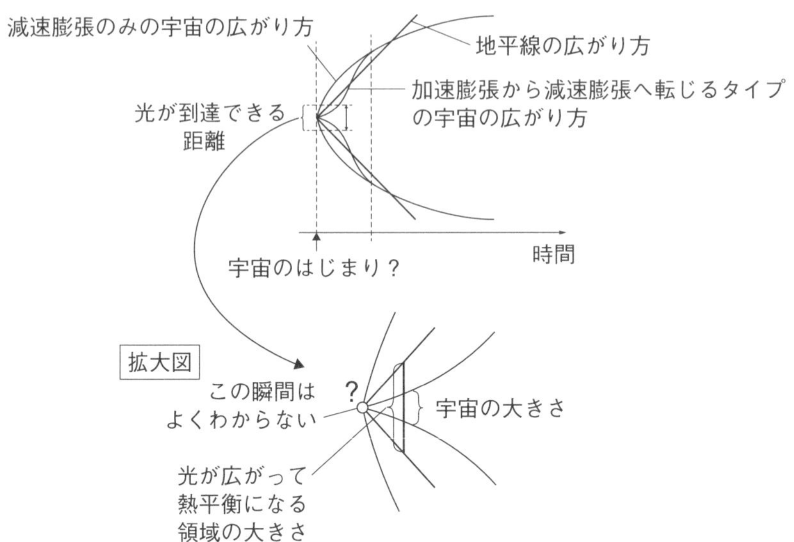

●減速膨張だけのときと、加速膨張があったときの宇宙膨張のイメージ図。

膨張が減速するということは、最初は速く膨張していたということですが、その場合はある時間に到達できる距離よりも、宇宙のほうが大きく広がってしまいます。しかし、インフレーションがあったとすると、最初は宇宙が非常に小さく、その中で光が宇宙の広い領域に到達して熱平衡になり、そのあとで一気に膨張して、やがて減速膨張につながることが可能なのです。

この加速膨張があれば、宇宙をビッグバンの時期に曲率ゼロに近づけることも可能です。なぜなら、インフレーションは非常に急激な膨張であるため、最初にどれだけの曲率を持っていても、宇宙全体が一気に膨らんで平らになってしまうからです。私たちは地球の地面が平らであるように感じていますが、宇宙空間へ出て、遠くから地球を眺めることができれば、地球は球形で、正の曲率を持っていることがわかります。地球の表面が平らに見えるのは、私たちに対して、地球が相対的に大きいからです。これと同じことで、宇宙も大きく膨らんでしまえば、「まっすぐ」な空間、すなわち曲率ゼロの空間に近づくのです。

さらに、インフレーションがあればCMBの温度ゆらぎも説明がつきます。インフレーションを起こした原因であるインフラトンの正体はよくわかっていませんが、スカラー場と呼ばれるタイプの「物質」であると考えられています。どんな物質にしろ、世の中にあるあらゆる物質は必ず量子力学に従います。そのためインフラトンも量子のルールに従い、必ず量子ゆらぎを持つのです。1.2節ではゆらぎの詳細までは触れませんでしたが、ゆらぎ方にはさまざまなパターンがあり、CMBの温度ゆらぎは「スケールフリー」というタイプのゆらぎになっています。スケールフリーとは、あらゆる波長のゆらぎが同じ大きさの振幅を持っているという意味です。先ほどゆらぎとして、プールの水面に立つ波を例に挙げましたが、実際のプールの水面に立つ波は10万分の1ではないですし、波の原因もいろいろです。誰かが飛び込めば大きな波が立ち、葉っぱが落ちてくれば小さな波が立ちます。風が吹いても波が発生します。そうやって、波長も振幅も異なる波がたくさん重なって、複雑な形の波になります。これも1.2節で説明したように、実際に観測される複雑な波は、波長ごと（振動数ごとといっても同じです）に分けることができました。分けることでその波を起こした原因が特定でき、物理的なメカニズムが明らかになるのでした。普通は人が飛び込んだのか、葉っぱが落ちてきたのかによって、起きる波の波長は異なりますし、そのときに与えるエネルギーによって振幅は異なります。その場合、スケール（波長）によって、ゆらぎの大きさは変化し、スケールフリーにはならないのです。

ところが、CMBの温度ゆらぎはスケールフリーになっていました。あらゆる波長のゆらぎが、どれも同じ大きさでゆらいでいるという特徴的な状態です。このタイプのゆらぎがインフラントの量子ゆらぎと一致するのです。量子の世界では、あらゆるものは完全に止まることは決してできず、絶えずゆらいでいるという性質がありました。この、あらゆるものが本質的に持っているゆらぎが量子ゆらぎであり、このことがスケールフリーなゆらぎの起源になっているのです。

こうして、インフレーションがあったと仮定すると、さまざまな問題を解決できることがわかりました。インフレーション理論が提唱されてから40年経ちましたが、インフレーション理論を否定するような観測結果は見つかっていません。しかし、インフレーションでなければ解決できないのかというと、必ずしもそうとは言い切れません。インフレーションに代わる、別の解決策もいくつか存在してはいます。インフレーションが本当にあったのかどうかを確定するには、インフレーション特有の現象を観測すればよく、CMBに現れる特定のパターンや、インフレーション時の宇宙そのものがゆらぐことで発生する重力波を検出するなどの方法が提案されています。また、素粒子論の方面からのアプローチもあります。どのようなインフラトンがあり得るかを考え、それが現在の観測と整合的かどうかを考えるのです。

□ 現在の加速膨張

インフラトンかどうかはわかりませんが、同様のスカラー場の存在が、現在の宇宙の膨張にも影響を与えている可能性があります。インフレーションは指数関数的な急激膨張でしたが、ビッグバンのあとから宇宙は減速的な膨張に切り替わることはすでに述べました。では、そのまま宇宙の膨張がゆっくりになっていくのかというと、そうではありません。宇宙は70億年くらい前から、再び加速的に膨張していることが観測からわかっているのです。

これは、Ia型超新星の観測によってわかったものです。Ia型超新星とは、白色矮星に、その近くの恒星からガスが降り積もり、限界の質量に達して爆発を起こしたものです。これは、一定の質量に達することで起きる現象のため、どのIa型超新星も同じ明るさで輝きます。これを利用すると、その超新星までの距離を求めることができます。本来はどのくらいの明るさで輝いているかがわかっているため、観測される見かけの明るさと比べてやればよいのです。なぜなら、遠くにあるものほど暗く、近くにあるものほど明るく観測されるからです。

1998年に、それら超新星が減速膨張の宇宙から予想されるよりも暗いことがわかりました。暗いということは、宇宙が思っていたよりも大きく膨らみ、超新星が遠くにあることを意味します。すなわち、宇宙は減速的に膨張しているのではなく、加速膨張し、それまでの予想よりも大きかったことがわかったのです。通常の物質はどれも引力を持つため、時空を引っ張り、減速膨張の原因になります。ということは、宇宙を加速的に膨張させる特殊な「物質」が存在していることになります。この「物質」の正体はわかっておらず、いまは「ダークエネルギー」と名づけられています。

ダークエネルギーは宇宙空間のあらゆる場所に付随していて、しかも宇宙が膨張してもまったく薄まらないという性質を持っています。まるで、時空そのものが最初から備えている性質であるかのようです。実は、インフラトンのようななんらかの場が一定のポテンシャルエネルギーを持つと、これと同じ働きをします。別の見方をすると、この一定のポテンシャルエネルギーは、前出のアインシュタインの「宇宙項」と呼ばれるものにも相当しているのですが、詳しくは専門書に譲りたいと思います。宇宙初期の急激な加速膨張と、現在の加速膨張、それらは同じインフラトンで一挙に解決できるようなものなのか、それともまったく異なる解決になるのか、観測と理論の両面から、現在も盛んに研究が進められています。

4.2.2 宇宙の始まりへ

□ 宇宙は虚時間で始まった——ホーキングの「無境界」境界条件

インフレーションがあったとすれば、ビッグバンの前についてわかったことになりますが、そのさらに前、すなわち「宇宙が始まった、その瞬間」についての疑問は相変わらず残ったままです。すでに述べたように、一般相対性理論を使って考えると、宇宙が始まったその瞬間には初期特異点なるものがあった、という結論に達します。たしかに、宇宙の歴史を過去に遡れば、直感的には宇宙そのものがどんどん小さくなり、密度や圧力が無限大に近づいていきそうですが、ブラックホールのときと同様に、鵜呑みにしてよいのかどうかは、よくわかっていません。解決法もいろいろと提案されていますが、その中で有名なものに、ホーキングらが提案した**虚時間**というものがあります。虚時間の「虚」とは虚数のことを表します。

虚数というのは数の一種で、例えば2乗して－1になる数が虚数です。虚数単位というものを i とよく書くので、これを数式で表せば、

$$i^2 = -1$$

ということになります。

私たちが日常で目にする数はすべて実数と呼ばれるもので、虚数では

ありません。ものを数えるのに使われる1、2、3……という自然数は、2乗してマイナスになることはありません。私たちは負の数も知っていますが、これらも2乗すると、

$$(-1)^2=1、\quad (-2)^2=4、\cdots\cdots\cdots$$

のように正の数になります。これらに対し、虚数は2乗するとマイナスになるという性質をもっています。ホーキングはこの虚数を使って時間を書き換えることを提案しました。

これは数学的な操作ですが、この書き換えによって特異点はなくなり、その代わり時間があたかも空間のように振る舞い、宇宙は4次元時空から4次元空間になるのです。その形状は球面と同じものになり、どこにも尖ったところ、すなわち曲率が発散するところがなくなります。宇宙の初期に「虚数の時間が流れる」時代があり、何かの拍子に実数の時間に切り替わって、この宇宙が生まれたと考えようというシナリオです。

この様子を少しだけ、数式を使って見てみましょう。重力による時空の曲がりがない、非常に単純な時空の様子は、数式では、

$$ds^2=-c^2dt^2+dx^2+dy^2+dz^2$$

と表されます。この式で表される時空を4次元ミンコフスキー時空といいます。この式は三平方の定理の一般化です。右辺の後ろ3つの項、

$$dx^2+dy^2+dz^2$$

は、3次元空間中で離れた2点間の距離を表しています。ここに $-c^2dt^2$

が入っているのが、時間の影響を取り入れていることを表しています。相対性理論からは、時間と空間は常にセットで考えるべきもので、それが自然の持つ対称性であることがわかっているからです。

さて、時間を虚数時間に変えることは、機械的には、

$$t \to -i\tau$$

という置き換えをすることです。これをやってみると、

$$t^2 \to (-i\tau)^2 = -\tau^2$$

となることから、

$$ds^2 = -c^2dt^2 + dx^2 + dy^2 + dz^2 \quad \to \quad ds^2 = +c^2d\tau^2 + dx^2 + dy^2 + dz^2$$

のように変化します。dt^2 の項についていたマイナスがプラスに切り替わりました。マイナスとプラスの符号は、それが時間に関わる座標か、空間に関わる座標かを表していました。ということは、虚数時間を導入すると、時間があたかも空間のようになってしまうことを意味します。時間には $t=0$ という「始まり」がありますが、空間のようになってしまうと「原点」のようなものはありません。座標軸には原点がありますが、これは便宜上私たちが勝手にそこを原点と決めているだけであって、この宇宙のどこかに原点が定まっているわけではありません。それと同じで、「空間的になってしまった時間」には「ここが原点でなければいけない」というところはありません。こうして、$t=0$ という特殊なスタート地点を排除すれば、宇宙の初期特異点もなくなるというのが、虚数時間を導入し、特異点を回避するというシナリオの直感的理解です。

しかし、これだけでは数式上の「トリック」に過ぎません。科学理論は検証され、評価されなければいけませんが、残念ながらこのアイデアを観測で検証することはできていません。非常に魅力的なアイデアではあるのですが、「こんな説もある」という域を脱していないといえるでしょう。

□「宇宙は無から始まった」といわれても……

さらに、その虚数時間の宇宙が「無から生まれた」というアイデアもあります。「宇宙が無から生まれた」という言葉には魅力があるので、どこかで聞いた方も多いでしょう。しかし、「なるほど、無ね。じゃあ納得」となる方はまずいないでしょう。かくいう私もそのひとりです。「宇宙の始まり」は私の研究テーマのひとつですが、「無から始まった」といわれても、私も全然納得できません。

最初にいっておくと、この「無から始まった」という説は、現時点では実験や観測で検証されたものではなく、あくまで仮説に過ぎません。非常に魅力的なアイデアではありますが、正しくない可能性も大いにあります。また、仮に「宇宙は無から始まった」というのが正しかったとしても、私たちがそれを体感的に納得するのは難しいかもしれません。しかしながら、いくら納得しにくいことであっても、「宇宙の始まり」には人を惹きつけるものがありますし、「宇宙は無から始まった」というフレーズは実にかっこいい響きがあり、多くの人に知られているようです。

□ 類推重力によるモデル化

「無から始まった」というシナリオでは、時空そのものも量子ゆらぎによって誕生します。ただ、この場合も「時空が生まれるための母体」が必要になります。そうなると、「その母体はどうやって生まれたのか？」という疑問が生まれ、結局、永遠に同じ疑問を繰り返し問うことになります。残念ながら、これについては何の解決法も見つかっていません。そもそも解決できる問題なのかもよくわかりません。ひょっとすると、新しい理論が突然現れて解決するのかもしれませんし、そうしたものがあったとしても、私たち人間のスペックではどうにも理解できないのかもしれません。こうしたときは、「わかるところから試してみる」しかないのですが、そういった試みはいくつもあります。

「宇宙の始まりのその前の、その前の、その前の、……」という大問題はいったん置いておくとして、ここではインフレーションの前に何があったのかを考えましょう。インフレーション以前の宇宙を観測する手立ては（少なくともいまのところは）ありませんが、**類推重力**（**analogue gravity**）という面白いアプローチが考えられています。

これは、ブラックホールや初期宇宙と似たような状態を、別のもので置き換えてモデル化するという研究分野です。例えば、空気の流れによってブラックホールの類推物をつくる研究があります。太さが一定でない筒に空気を流すと、太さに応じて空気の流れる速さが変化します。ホースの先を摘むと水が勢いよく出るのと同じです。これを利用し、筒の太さを変化させて、あるところでは音速よりも速い空気の流れをつくったとします。その流れに遡るように音波を出すと、音速以上の流れのところには音が届きません。これは、ブラックホールの内部からは光が出てこないことに似ています。

これは単に「似ている」だけではなく、音波がどのような運動をするかを流体力学で計算してみると、ブラックホール時空での光の運動とそっくりな運動になっていることがわかります。音が出てこない「穴」なので、ブラックホールではなくサイレントホールと呼ばれています。こうした「音のブラックホール」を使い、ホーキング放射のような、現実のブラックホールの近辺で起きる現象をモデル化できないかという研究も盛んになされています。

類推重力の研究は宇宙へも応用されており、**メタマテリアル**を使って虚数時間をモデル化して実験しようという試みもあります。メタマテリアルとは、自然界には存在しない特殊な性質を持つ人工の構造体の総称です。

金属のワイヤーとリングを使い、電磁波に対して負の屈折率を実現したメタマテリアルを皮切りに、いまでは音波や水の波に対しても、負の屈折率を実現する構造体が提案されています。他にも、力学的に複雑な動き方をするメカニカル（力学的）メタマテリアルなどが、高性能な3Dプリンターの普及と相まって、実用化されるようになってきました。

その中で、負の屈折率を示すメタマテリアル中の電磁波の運動方程式を見ると、部分的に虚数時間の「時空」の中を進む波と同じ方程式になるものがあり、それを使えば虚数時間中の物理をモデル化できる可能性が提唱されています。類推重力が本格的に実験されるようになったり、メタマテリアルがブラックホールや宇宙論へ応用されたりし始めたのはまだ最近のことで、私たちの研究室でも着手したところです。私たちの研究室では、宇宙物理学への応用だけでなく水面波への応用も研究していますが、宇宙の始まりから津波のコントロールのようなことまで、広い分野でメタマテリアルは活用できます。その背景にあるのは、自然界の多くの現象が波からできており、それらに共通する性質があることです。共通部分に着目し、地球上の現象から宇宙の果てまで想いを巡らせることができるのも、実に物理らしいといえるのではないでしょうか。

4.3 冒険する・前提を疑う

これまでいくつもの「物理の考え方」を紹介してきましたが、それらのほとんどは、使う対象は異なるものの、どんな分野や業種でも使えるものだったり、すでに使っているものだったりしたのではないでしょうか。本書の締めくくりに、そうした物理の考え方の中でも、私が最も重要ではないかと考えているものを取り上げます。それは、「前提を疑う」ということです。

私たちは、「Aか、Bか？」といった、二者択一の選択を迫られることが多くあります。問題をA or Bまで絞り込めるならよいのですが、現実の世界はもちろんそう単純ではありません。「AでもBでもない」ということもありますし、「AでもBでもある」ということもあります。「70%くらいA、30%くらいB」ということもあるでしょう。そして、AとB以外の選択肢も存在していた可能性だってあります。

二者択一を迫り、あたかもその2つしか選択肢がないように思い込ませるのは、人を心理的にコントロールするときに使われるテクニックだそうです。例えば、「給料は安いけれどもやりがいのある仕事と、給料は高いけれどもやりがいは感じられない仕事のどちらがいい？」という二択について、皆さんはどう思いますか？　いかにもその2つしか選択肢は存在していないように感じられはしないでしょうか。しかし、よく考えてみると、「給料が高く、やりがいもある仕事」はありますし、イヤなことに、「給料は安く、やりがいもない仕事」だってもちろんあります。そもそも、「やりがいって何なのか」に即答するのは簡単ではありませんし、仕事をやりがいや給料といった基準でははからない人もいるでしょう。そうしたことを考えるために「しっかり立ち止まる自由」が私たちには与えられておらず、「そんなそもそも論を議論し始めたら、何も進まない！」と批判されがちであることには思い至らないものです。かき回したいだけの人が、いたずらに議論を長引かせるのはいただけませんが、皆が妄信的に議論の前提を仮定してしまっていないか、本当に行き着きたかった理想を忘れて、セカンドベストしかあり得ないと思い込んでいないか、折に触れて確認することが大切ではないでしょうか。

さて、これまで本書では、宇宙の始まりに虚数時間を導入するなどの、常識とはだいぶかけ離れたアイデアも登場してきました。

"Common sense is the collection of prejudices acquired by age 18."
（常識とは、18歳までに集めてきた偏見の寄せ集めである。）

とは、アインシュタインの言葉です。無自覚な前提を疑う重要性を述べたものだと思います。ただし、私たちが築き上げてきた直感、すなわち「自分にはそのように見える」ということも、「ただの錯覚だよ」と切り捨てるようなものではありません。これまでに説明してきたように、物理とは「何をもって何を観るか」であり、見方に応じてその場で世界が立ち現れてくるものでもあるからです。どんなものが見たくて、どうやって見ようとするのか、それに自覚的であることによって、前提を疑うことができるのです。

単純化して表面だけを見れば、世の中はいくらでも単純化することができます。しかし同時に、深く考えてみれば、世の中は不思議なことだらけでもあります。時には引いてのんびり考え、時には没入して徹底的に考え、自分と世界の間を自由に行ったり来たりするのがいいのだと思います。本書の最後に、そうやって自由に行ったり来たりしている世界のお話を少しだけご紹介したいと思います。

4.3.1 時空の量子化?

4.1節と4.2節では、ブラックホールと宇宙の始まりに関わる謎を紹介しましたが、そのどちらの解決にも関わるキーワードが「量子重力」でした。ひと言でいえば、「量子力学と一般相対性理論を融合した理論」が量子重力理論ですが、これは未完成の理論であり、その完成へ向けて研究が行なわれている真っ最中です。

「量子力学と一般相対性理論を合わせた理論」が必要になることは、直感的にある程度理解することができます。比較的わかりやすいのは宇宙の始まりについてです。宇宙は現在も膨張していますが、それは、過去に遡れば宇宙が小さかったことを意味します。CMBの元となった電磁波が自由に飛べるようになった宇宙の晴れ上がりの時期には、宇宙の大きさは現在の1000分の1ほどでした。さらにその前へと遡れば、宇宙の大きさはさらに小さかったと考えられます。そうやってどんどん過去へ遡っていくと、やがて宇宙の大きさそのものが原子の大きさ程度になるでしょう。

ところで、ここで「宇宙の大きさ」といっているのは、「その時代に、観測できる領域」すなわち「宇宙が生まれてからその時代までに光が進むことのできる距離」のことではありません。宇宙は観測できる領域よりもさらに広がっているでしょうから、宇宙そのものの大きさはもっと大きいはずです。ではそれがどのくらい大きいのかというと、1.4節でも述べたように、よくわかっていません。「きわめて大きい」ことは間違いありませんが、「大きいけれども有限」なのか、「無限に大きい」のかもわかりません。

さらに1.4節や4.2節の繰り返しになりますが、現在、宇宙の曲率はほとんどゼロで、「平ら」な空間である可能性が高いのでした。しかし、球の表面でも地球の表面のように、十分大きい球の表面は平らに見えます。それと同じように、宇宙の曲率が正だとしても、宇宙がきわめて大きいのであれば、曲率はほとんどゼロになります。

また、宇宙がドーナツ状に丸まっている可能性もありました。この場合、曲率はゼロになりますが、宇宙の体積は有限になります。ただし、ドーナツといっても「ドーナツの表面が3次元」という、「高次元ドーナツ」のことですので、気をつけてください（気をつけたところで、想像しやすくなるわけでもないのですが)。このドーナツも、非常に大きいはずです。なぜなら、空間がドーナツのように丸まっていると、その空間をまっすぐ進む光は空間を一周して、後ろから戻ってくるからです。長い時間が経てば、あるところから出た光が空間を何周もして、何度も繰り返し観測されるということもあるかもしれません。いまのところ、そのような振る舞いをする光は観測されてないので、仮に宇宙がドーナツ状に丸まっているとしても、少なくとも私たちが観測できる範囲よりも、ずっと大きな半径を持った（高次元の）ドーナツ状になっているはずです。

3次元球面と3次元のドーナツ（トーラスといいました）は、いずれも体積は有限なので、「過去に遡ると宇宙がどんどん小さくなっていく」という言葉のイメージは描きやすいと思います。想像しにくいのは、宇宙の曲率が厳密にゼロだったり、負の値だったりした場合で、このときは宇宙の体積が無限大ということになります。「体積無限大のものがどんどん小さくなっていく」というのは、それに輪をかけて想像しにくいのですが、この場合は「(少なくとも観測できる範囲で私たちに関わる領域では）過去に遡ると宇宙の密度がどんどん大きくなっていく」ということであって、宇宙「全体」の大きさは無限大のままということになります。

理屈のうえでは、「無限大のものは縮尺を小さくしても無限大」なのですが、残念ながら直感的な理解は難しく、球面やトーラスなどの有限の大きさを持っている（が、非常に大きい）宇宙を想像しながら私たちも研究を進めています。本書でもそのイメージで先に進めます。

さて、ビッグバンより前にはインフレーションがあり、その時代の宇宙はビッグバン時の宇宙よりも非常に小さく縮まっていたのでした。その時代にはまだ物質が誕生しておらず、例えばインフラトンなどがどのような状態になっていたのかはよくわかっていないのですが、量子力学的に状態を考えなければいけないことは間違いないでしょう。さらに、時空そのものの大きさも量子のスケールになっていますから、時空自体にも量子力学を適用する必要が出てきます。量子の世界では、観測されるまで状態は決定しておらず、さまざまな状態が重なり合って存在していました。時空も同様です。時空にはいろいろな形が考えられますが、それらのどれもが出現する可能性があり、重なり合っているということになります。どれが出現するのか、特定のものが選ばれるのか、そのあたりもよくわかっていません。何かの拍子に私たちの宇宙が出現したのかもしれません。

宇宙の形にもいくつもの可能性がありますから、別の宇宙が生まれる可能性もあります。もっというと、この宇宙が生まれる前に別のタイプの宇宙が生まれ、それがすでに進化を遂げて何らかの原因で終わり、そのあとに私たちの宇宙が生まれたという可能性もあります。時間の流れさえあるのかどうかわかりませんから、私たちの宇宙を「何代目」とか呼ぶのも意味がないのかもしれませんが、いくつもの宇宙が生まれては死にを繰り返しているのかもしれません。いまこうしている間に、別の宇宙が発生してインフレーションを起こし……、と、次々に宇宙が発生している可能性もあります。宇宙は英語で universe ですが、この “uni” は「1」の意味です。もし、宇宙がいくつもあるなら、それは universe ではなく、multiverse（マルチバース、多宇宙）と呼ばれるべきかもしれません。マルチバースの考え方に惹きつけられる人は多く、研究もされていますが、観測や実験で検証する俎上（そじょう）に載せるにはわからないことだらけなので、いまはまだ想像の域を出ない話だと考えられています。

4.3.2 超弦理論が導く新しい宇宙像

□ 弦理論とは

このように、量子重力理論がまだないためにわからないことが山積していますが、量子重力理論の候補はいくつか提案され、世界中で盛んに研究されています。中でも有名なのは超弦理論です。ひょっとすると、超弦理論よりも超ひも理論という呼び方のほうが知られているかもしれません。私たち専門家は弦理論または超弦理論と呼んでいます。弦理論のほうが広い言い方で、「超」は、超対称性という特殊な性質を持つ弦理論のことです。

超対称性について説明するためにちょっと脱線すると、自然界に存在するあらゆるものはボソンとフェルミオンという2種類に分類できます。これらはその性質で分けられていて、波のようにいくらでも重ね合わせられるものをボソン、逆に粒子のように重ね合わせることができないものをフェルミオンといいます。

ボソンの代表例は光です。たしかに光はいくらでも重ね合わせることができます。一方、フェルミオンの代表例は電子です。電子は粒子のようなもので、互いに重ね合わせることができないというイメージは伝わるかと思います。そうしたボソン、フェルミオンにそれぞれ対応するパートナーがいる、というのが超対称性という性質ですが、ここでは重要ではないので、詳細に深入りするのはやめておきます。

話を戻すと、弦理論（英語名も String Theory）に登場するのは、ギターやバイオリンなどの弦楽器で使われる弦（string、ストリング）のような1次元物体です。ただし、弦の長さは非常に短く、プランク長程度、すなわち 10^{-35} mくらいだと考えられています。この弦は、弦であるだけに振動します。「振動する」という性質が非常に重要なので、ダラッと垂れ下がっているイメージの「ひも」は、あまりふさわしくありません。ただ、弦よりもひものほうが何となくとっつきやすいイメージがあるからでしょうか、ひも理論という呼び方が広まっています。この本では振動するイメージを打ち出すために、弦理論で統一したいと思います。

弦理論は、あらゆる物質が「弦」の状態によって表されると仮定する理論です。ちょうど楽器の弦が振動することでいろいろな音を出すように、世の中に存在するあらゆるものの振る舞いが、弦の振動でもって説明できると考えるのです。これまでに見てきたように、物質を細かく分解していくと原子や分子になり、さらに原子を分解すると、その中には原子核と電子がありました。原子核を構成しているのは陽子や中性子で、さらに陽子や中性子はクォークからできていました。クォークや電子、そして光子などのミクロの世界の構成メンバーは素粒子と呼ばれていますが、いま現在、それらは表のようにまとめられています。これだけの少ない要素であらゆる物質ができているのも驚きなのですが、弦理論ではこれらも実は振動状態が異なるだけの、弦からできていると考えます。

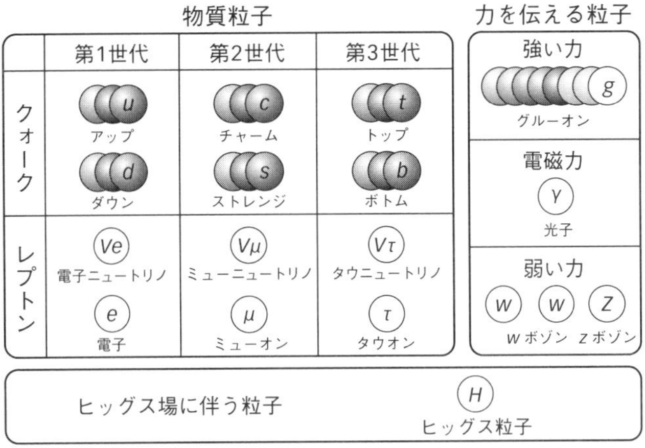

物質粒子

	第1世代	第2世代	第3世代
クォーク	u アップ d ダウン	c チャーム s ストレンジ	t トップ b ボトム
レプトン	Ve 電子ニュートリノ e 電子	Vμ ミューニュートリノ μ ミューオン	Vτ タウニュートリノ τ タウオン

力を伝える粒子

力	粒子
強い力	g グルーオン
電磁力	γ 光子
弱い力	W W Z Wボゾン Zボゾン

ヒッグス場に伴う粒子　H ヒッグス粒子

これは、「粒に見えていたのは観測精度が悪かっただけで、拡大すればそれは1次元物体なのだ」という発想です。たしかに、高層ビルの上から人を見れば、ケシ粒のように小さく見えます。恒星も非常に大きなものですが、きわめて遠くにあるために点にしか見えません。それと同じことだというわけです。

これだけでも十分面白い発想ですが、弦理論がいう「あらゆるものの振る舞いが弦の振動で表せる」の「あらゆる」に含まれるのは、実は物質だけではありません。物質の容れ物である、時空そのものも弦からできていると考えるのです。

ニュートン力学の世界では、絶対空間という「容れ物」がまずあって、その中で物質が運動していると考えられていました。空間は物質とは無関係に存在するという考え方です。私たちの身体感覚としっくりくる、常識的な発想だと思います。

この状況を変えたのが相対性理論でした。これまでも見てきたように、私たちが存在するだけで周りの時間や空間は歪みます。日常感覚からはかけ離れていますが、時間や空間は決して絶対的なものではなく、まるでゴム膜のように伸びたり縮んだりするものだったのです。

弦理論は、時空に対し、さらに進んだ見方を与えます。弦にはゴムひものように開いた弦（open string、開弦）と、輪ゴムのように閉じた弦（closed string、閉弦）があり、どちらも振動するのですが、振動の様子は少し違っています。その違いが、それぞれ違ったものの振る舞いに対応します。開弦の振動が表すものの代表は光です。光は質量がないとか、いくつかの特徴を持っていますが、開弦の振動の中には、それと同様の性質のものがあるのです。

□ 弦理論の予言 その1——弦は時空をもつくっている

もうひとつの弦である閉弦からは、さらに驚くべき可能性が出てきました。閉弦の振動状態の中に、重力と物理的に同じ働きをするものがあることがわかったのです。重力は時空の曲がりですから、ある意味、時空そのものでもあります。ということは、閉弦が時空そのものの形状を決めている、時空そのものを構成していると考えられるのです。弦の振動があらゆるものを表すというときの「あらゆる」には、物質ばかりか、空間や時間までも含まれていたのです。

ここは非常にわかりにくいところですから、順を追って説明しましょう。物質が存在するとそこに重力が発生し、それは時空の曲がりと物理的に等価でした。その曲がり具合は時空を伝播し、周りへと広がっていきます。この「時空に広がった、物質から発生した重力の影響」を「重力場」といいます。

重力場は目に見えないので想像しにくいのですが、イメージとしては、磁石を置いたときにその周りに磁場が発生するのと同じです。磁場も目で見ることはできませんが、磁石の周りに砂鉄をまくと、砂鉄が模様をつくります。それによって、目には見えないけれども磁石の周りにその影響が広がっていることがわかります。重力も同様で、目には見えないけれども、その影響は確実に空間に広がっているのです。その重力の影響を、閉弦は伝えることができるのです。

重力の影響を伝えられるということを、さらに突っ込んで説明しましょう。すでに何回か登場しましたが、時空の曲がりは三平方の定理の変形で表現できました。三平方の定理、別名ピタゴラスの定理は、直角三角形の3辺の長さについて成り立つ、

$$(\text{縦})^2+(\text{横})^2=(\text{斜め})^2$$

という関係ですが、あくまでこれは「平らな面に書いた直角三角形」のみで成り立つ式です。

実際、平らな面でなければこの関係は成り立ちません。地球の表面がいい例ですが、曲がった表面に直角三角形を描こうとすると、変わったものが描けます。

地球の北極から経線に沿って南下し、赤道に到達したところで直角に曲がり、しばらく進んでから再び北極に向かって経線を上がるとすると、上がる際にも赤道と経線が直交していますから、この三角形には直角が2つあることになります。地球の表面のような球面に描いた三角形の内角の和は、実は180°よりも大きいのです（91ページの図を見てください）。

直角三角形そのものが違うのですから、三平方の定理も当然違ってきます。これもすでに登場していますが、例えばシュヴァルツシルト・ブラックホールの時空なら、

$$ds^2 = -\left(1 - \frac{2GM}{c^2 r}\right) d(ct)^2 + \frac{dr^2}{1 - \frac{2GM}{c^2 r}} + r^2 d\theta^2 + r^2 \sin^2 \theta d\phi^2$$

という形になるのでした。

このように、平らなところと曲がったところでは三平方の定理が異なるので、逆にいうと、三平方の定理がどれだけ変形されているかによって、空間の歪みを表現できることになります。つまり、

平らな空間：普通の三平方の定理
曲がった空間：変形された三平方の定理

であることから、

曲がった空間 − 平らな空間 = 空間の歪み = 三平方の定理の変形分

ということです。ここで、空間の歪みは重力なのですから、

重力 = 三平方の定理の変形分

ということになります。

私たちはこの「三平方の定理の変形分」を、よく $h_{\mu\nu}$ という記号で書くのですが、この $h_{\mu\nu}$ と閉弦が同じ性質を持っていることがわかったので

す。これが、閉弦が重力、すなわち時空の曲がりを表すという意味です。

ちなみに、閉弦は輪ゴムのようなものなので、発生する振動も輪ゴムに起こりうるものに似ています。ギターの弦のように端を固定した弦を弾くと、波が弦を伝わり、端で反射します。そうやって波が弦を何度も往復し、定常波と呼ばれる波をつくります。これが、私たちが日常で目にする弦の振動の正体です。

輪ゴムのように、端を固定していない物体に伝わる波も基本は同じなのですが、端を固定していないため、反射してくる波はありません。その代わり、弦をつまんで放すことによって右と左とに振動が伝わっていき、それが輪ゴムを周回しながら互いに重なり合うことで、やはり定常波をつくります。閉弦に発生する振動も同様で、右向きと左向きに進む2つの独立した波が重ね合わさることで、さまざまな振動が発生します。この独立した2つの波の存在が、$h_{\mu\nu}$ という記号についた μ と ν という量に対応しています。ただし、輪ゴムのような閉じた弦であれば何でも重力を表せるということではもちろんありません。

□ 時空には「穴」があるかもしれない

弦が時空をつくっているとすると、時間や空間が連続ではない可能性も出てきます。弦が時空の最小長さを決めるからです。よく、「弦は何でできているのですか？」という質問を受けますが、弦はそれ自体がすべての基本単位で、何かからできているわけではありません。弦が切れたり、くっついたりすることはあると考えられていますが、切れてもくっついても、弦は弦のままなのです。

そうなると、弦の長さが、世の中にあるあらゆるものの最小の長さを規定することになります。例えるなら、時空は弦という毛糸で編まれたセーターのようなものかもしれません。セーターは遠目には連続な表面に見えますが、近づいて見ればスカスカで穴だらけです。それと同じように、時空もよく目を凝らしてみると、穴だらけの可能性もあるのです。ただし、セーターの場合は毛糸のすき間には時空がありますが、時空が弦でできているなら、そのすき間には何もありません。ジャングルジムの棒の上しか歩けないアリがいるようなもので、棒があるところ（弦があるところ）にしか時空はないのです。

この考え方は、特異点の問題解決にも示唆を与えます。相対性理論を使って計算すると、ブラックホールの中心や宇宙が始まったその瞬間には、曲率が無限大に発散する特異点が現れてしまうという問題がありました。この問題の本質のひとつは、相対性理論では時空が滑らかで連続であるとしていることにあります。滑らかで連続であれば、2つの物体をどこまでも近づけていって、距離がゼロになる極限を取ることができてしまうからです。ところが、時空の長さに弦の長さで決まる最小値があれば、「距離ゼロ」という極限を取ることができません。時空には最小値があり、「2つのものを完全にくっつける」ことが、そもそもできないことになるからです。

このため、弦理論が正しいならば、時空には曲率が無限大に発散するような点は現れないのではないかと期待されています。これを証明するには弦理論の完全な形がわからなければいけませんが、まだそれはわかっていないため、「時空には最小長さが存在する」という事実だけをモデル化した重力理論がいくつか提唱されており、それらの理論によるブラックホールの構造や宇宙進化のシナリオが考えられています。

□ 弦理論の予言 その2――高次元の存在

他にも、弦理論から得られる興味深い帰結に、3.3節でも述べた高次元時空の存在があります。弦理論に超対称性という特殊な対称性を課したものが超弦理論でしたが、この理論からは、この時空が時間1次元、空間9次元の10次元時空である可能性が得られるのです。

高次元の存在と、私たちが実感している「時間1次元と空間3次元の世界」との矛盾を解決する方法のひとつは、3.3節で紹介した時空のコンパクト化です。私たちに感じられない6次元空間がコンパクト化されていれば、超弦理論から導かれる次元と、経験上の次元の差が説明できます。

それとは異なる、もうひとつの解決案がブレーン宇宙論です。このきっかけとなったのは、1994年にジョセフ・ポルチンスキーによって、弦理論には**Dブレーン**という高次元物体が含まれることが見つかったことです。Dブレーンという名前はDirichlet membrane、すなわち「ディリクレ型（の境界条件に従う）膜」から来ています。Dブレーンは閉じた弦がたくさん集まってできたもので、開いた弦の端がくっつくことができます。

こういうと難しく聞こえますが、Dブレーンは、点だったり線だったり、または2次元、3次元、……、9次元のいろいろな次元に広がったオブジェクトです。例えばD3ブレーンは空間3次元に広がったオブジェクトなので、3次元の立体のようなものです。

このD3ブレーンを、私たちが住んでいる宇宙だと考えるアイデアが**ブレーン宇宙モデル**です。1999年に提唱されました。本来の超弦理論では空間は9次元なので、9次元空間中の3次元宇宙を考えるべきかもしれませんが、このモデルの提唱者であるリサ・ランドールとラマン・サンドラムは、本質を抜き出して、空間4次元+時間1次元（= 5次元時空）の中に、空間3次元+時間1次元の宇宙が浮かんでいるというモデルを考えました。

このモデルは世界中で爆発的に研究されました。このモデルでは重力はどうなるのか、現在の宇宙論的観測は、辻褄（つじつま）が合うのか、ブラックホールができるならどういう形状でどんな性質なのかなど、非常にたくさんの論文が出されました。

当時私は大学院の修士課程で、指導教員の先生からこのモデルについての研究を提案され、修士論文ではブレーン宇宙論におけるインフレーションを取り上げました。ブレーン宇宙のような5次元空間が存在する状況下でも、現在の観測と矛盾のないインフレーション膨張が宇宙初期に起こりうる、というのが私たちのグループの結果です。その後もブレーン宇宙において、現在の観測と整合的な結果が得られるのかどうか、いくつかのテーマを研究しました。

□ ブラックホールの新しい描像――高次元ブラックホール

高次元空間が存在する可能性は、宇宙論だけでなくブラックホールにも多くの影響を与えました。一般相対性理論を使った研究から、4次元時空では、一定の速度で回転しているブラックホールはカー・ブラックホールに限られることが示されています（正確には、軸対称で定常という条件を満たすもの）。

高次元が存在すると、この結論も変わります。例えば空間が1次元足されて5次元時空（4次元空間）の場合、3次元空間では存在が許されない円柱状のブラックホールが存在できることがわかりました。これをブラックストリングといいます。

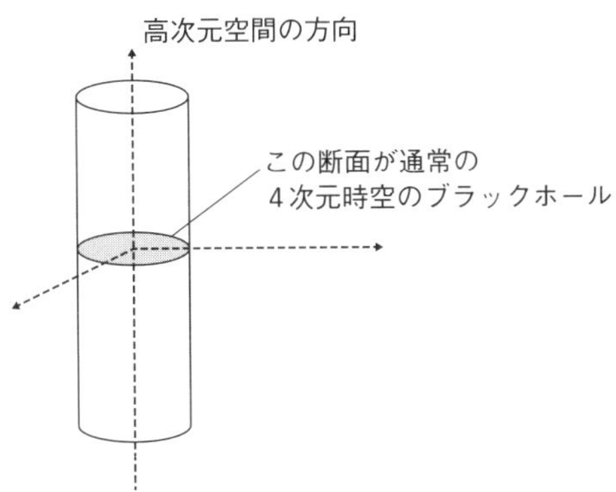

●ブラックストリング。円柱状に伸びた方向が高次元空間。断面は円（2次元）に見えるが、実際は3次元球である。

図のように、新しく足された5次元目の方向に円柱が伸びていて、その断面である円が、本当は球を表しています。他にも、ドーナツ状のブラックホールや、ドーナツ状のブラックホールの中に球対称なブラックホールがある「ブラックサターン」(サターンは Saturn で、土星のことです）など、高次元空間がある場合にはさまざまな形状のブラックホールが存在できる可能性があり、それらは「ブラックオブジェクト（黒い物体)」と総称されています。

□ Dブレーンとブラックホール

Dブレーンもブラックホールと関係している可能性があります。Dブレーンは非常に重いと考えられているのですが、それがさらに何枚も（何個も）重なることができ、その周囲の時空はブラックホール時空と数学的に同じ構造を持ちます。その時空は「ブラックブレーン解」と呼ばれています。

ブラックブレーン解は、4.1節でお話ししたブラックホール熱力学の研究で大きな役割を果たしました。ブラックホールが熱力学的な性質を持っているということは、その背後に「縮退した状態」、すなわち、「同じように見えて、区別できない状態」が潜んでいることを示唆しています。その状態とは、弦の振動状態なのではないかというアイデアが、ブラックブレーンの研究から生まれたのです。

先ほど、Dブレーンは開いた弦の端がくっつくことができる境界であるといいました。仮に3次元に広がったD3ブレーンを考えると、D3ブレーン上、すなわち3次元空間にいる人には、開弦が動くと、その端点が動くように見えます。あたかも3次元空間中を点状の粒子が動いているように見えるはずです。この粒子が、私たちの知っている素粒子の性質を持っていれば、弦が素粒子の正体であることになります。

この世界の素粒子の様子を表すにはどんなDブレーンにくっついていなければいけないか、そしてくっつき方がどのようになっていなければいけないかといった条件があるため、話は単純ではありませんが、いずれにせよ、開弦はDブレーンにくっついて動く自由度を持っています。ブラックブレーン解の研究から、ブラックホール時空が持つ「区別できない自由度」とは、この開弦の自由度ではないか？　というアイデアが生まれました。そして実際に、ゲーリー・ホロヴィッツとアンドリュー・ストロミンジャーによって、あるタイプのブラックブレーン解の持つ自由度と、その「もと」になっているDブレーン上にくっついた開弦の自由度が一致することが示されたのです。

彼らが示したのは特殊な形状のブラックブレーン解であり、現実のブラックホールではありませんが、時空の曲がりである重力の本質が弦で語れるかもしれないというのは非常に魅力的なアイデアです。しかも、重力の正体は閉じた弦ですが、その自由度が開いた弦で語れるかもしれないのです。実は、弦理論には、開弦と閉弦の間に関係があり、一方の振る舞いをもう一方の振る舞いで表すことができるような特殊な性質があります。2つの理論に対応があり、互いを互いで語ることができるようなとき、「2つの理論には双対性がある」という言い方をし、弦理論にはいろいろなタイプの双対性が現れます。

そのひとつとして、現在も非常に精力的に研究されているのが、**ホログラフィー原理**です。ホログラムとは、3次元の情報を2次元の面に落とし込んだものです。これを使ったシールを見たことがないでしょうか。覗くと奥行きがあるように見え、見る角度を変えると異なる絵柄が見えるシールです。ここで使われているのはホログラフィック技術というものです。私たちは、3次元の物体を目で捉え、その情報を網膜でキャッチしています。網膜は面ですから、3次元の情報を2次元に射影しているのですが、両目で見ることで、2つの2次元情報を再構成して、脳の中で立体像をつくり出しています。ホログラフィック技術とは、これと同様に、物体に複数の光（参照光といいます）を当てて干渉縞をつくることで、物体の立体的な形状についての情報も記録する技術です。端的にいえば、3次元の奥行きの情報を、2次元に書いた絵につけておくようなものです。奥行きの情報があれば、2次元の平面図から、立体図を再構成できるというわけです。

ブラックホールには面積増大定理が成り立つという熱力学的な性質がありました。ということは、ブラックホールの表面に、ブラックホールの性質が投影されているということです。通常の4次元時空なら、ブラックホールは3次元物体で、その表面はもちろん2次元です。本来3次元物体なのに、その本質的な性質が2次元に現れているかもしれない……、これはホログラムに似てはいないでしょうか？

だいぶ端折った説明になってしまいましたが、この考え方を一般化し、ブラックホールに限らず、「ある次元の重力と、それよりも1次元低い、何らかの場の量子論とに対応がある」という考えを「ホログラフィー原理」といいます。本書では述べませんが、5次元反ド・ジッター時空（負の一定曲率を持つ5次元時空）と、ある種の4次元の場の量子論との間の対応である「AdS/CFT対応」の発見を皮切りに、非常に多くの傍証が見つかっています。これが正しければ、現実のブラックホールの性質が、それより1次元低い何らかの時空における量子論によって記述できるかもしれません。逆に、場の量子論はミクロの物質の現象を記述する理論ですから、私たちの世界にある物質には、対応する高次元ブラックホールがあるのでは？と考えたくなります。拡大解釈かもしれませんが、まるでプラトンの「イデア論」のようなこのアイデアはたいへん興味深く、世界中で活発に研究されています。

□ さらなる進展へ向けて

弦理論から刺激を受けて発展している研究以外にも、量子重力理論の候補はいくつかあります。例えば、先に述べた「時空の長さに最小単位を入れる」という発想を含む大きな枠組みとして、**非可換幾何学**というものがあります。非可換幾何学に基づいたブラックホール解や宇宙の進化モデルも提唱されていますが、理論の定式化にはいくつかの種類があり、どれが優れているかはわかっていません。まだ発展途上の理論であることは弦理論と変わらないといえます。

同じく「最小単位」のようなものを導入している理論としては、ループ重力理論も知られています。これは一般相対性理論が持つ性質を利用し、ループ変数という量で理論を再定式化して得られる重力理論で、初期特異点のない宇宙や、ブラックホールの表面積を量子力学的に捉えることなど、いくつかの成功を収めています。ただ、この理論にも批判があり、やはり決定打に欠ける状況です。ちなみに私がポスドクとして2年間過ごした、カナダにあるペリメーター理論物理学研究所では、ループ重力理論の提唱者のひとりである、リー・スモーリン博士がスタッフを務めていました。研究所には弦理論、ループ重力、量子情報のグループがあり（いまは宇宙論のグループもあります）、私は弦理論グループに所属していましたが、ループ重力のグループからはたいへん刺激を受けました。私は高次元ブラックホール解のひとつであるマイヤーズ–ペリー解や、Dブレーンが別の形状へと変化する「マイヤーズ効果」などで知られる、ロバート・マイヤーズ博士の下でブラックブレーン解の研究をするためにペリメーター理論物理学研究所を選んだのですが、同年代のポスドクたちとの交流がとても面白かったため、弦理論に限らず、さまざまな方面から量子重力にアプローチするようになりました。

カナダでのポスドクを終え、私が初めてパーマネント（任期のない）のポジションを得たのは群馬工業高等専門学校（群馬高専）でしたが、ここでは物理だけでなく、工学の研究からも刺激を受けました。前に述べたメタマテリアルの実験的研究をやってみようと思ったのは、高専では学生に工学寄りの研究テーマを与えなければならず、自分の専門と重なるところで何か面白いテーマはないかと探したからです。

他にも、情報系の学生が卒業研究で配属されたときには、シミュレーションを活用した研究テーマを与えようと思い、**因果的動的単体分割**を取り上げました。これは、時空を小さな多面体で分割（単体分割といいます）して、時空の形をシミュレーションで探っていくという研究です。

特に因果律を加え、時間発展を考える方法が因果的動的単体分割で、この理論からは、私たちの住む空間が3次元になることが導かれています。このアプローチも他の量子重力理論と同様、いくつかある理論の候補であり、これからの発展が期待されています。

驚いたことに、この単体分割された時空とシャボン膜の張り方には共通の性質があります。ひょっとすると、シャボン膜の性質を調べることで、時空の成り立ちについて思わぬことが発見できるかも……？　さすがにそこまで簡単な話ではないでしょうが、そうした思わぬところから時空の性質について理解が深まるのはよくあることです。一見異なる現象の背後に、共通の性質があることを見抜くのは物理の十八番でもあります。これからも「これは関係ない」と、狭量な視点で切り捨てることなく、「もしかしたら……？」という姿勢で、さまざまな現象を見つめたいと思っています。

おわりに

「宇宙論の入門書を書いてみませんか」というご依頼をいただいたのは、いまから7年も前の2014年のことでした。当時私は群馬工業高等専門学校で教員を務めており、群馬から月に1回程度、東京や大阪に出向いては、一般の方向けの宇宙論や相対性理論の講座を開催していました。その中に「うちゅうのおはなし」というシリーズがありました。そこで目指していたのは、本書の目的と同じく、「ブラックホールや宇宙のお話をテーマに、物理とはどのような学問であるかを知ってもらう」ことでした。その講座が編集の方の目に留まり、本書へとつながりました。

最初は宇宙論の入門書を書くつもりでいたのですが、いざ書き始めてみると、これがなかなか進みませんでした。一度は数百ページの原稿を書いたものの、読み返してみると事実をただ羅列したものになっていて、あまり面白くない……。しかし、そうやって書いてみて初めて、自分がブラックホールや宇宙の始まりといったテーマに高揚感を感じているのは、知識が増えることではなく、物理学を通して見える、自然界の理（ことわり）であったと気づきました。

ちょうど東京学芸大学に移り、本格的に物理教育研究も行なうようになったこともあって、せっかく書くなら物理学の本質を伝えられるような本にしたいと強く思うようになりました。それに成功したかどうか、いささか心許ないところもありますが、熱気だけでも感じ取ってもらえたら……と思います。

本書の締めくくりに、執筆に際してお世話になった多くの方々にお礼を申し上げたいと思います。

まず、長い間、辛抱強く原稿を待ってくださったベレ出版の永瀬敏章さんに心から感謝申し上げます。当初の構想から何度も変更をし、この形に落ち着くまでにとても時間がかかってしまいました。最後までお付き合いいただき、本当にありがとうございました。永瀬さんには東京・日本橋で開催されているサイエンスイベント「大人の科学バー」もご紹介いただきました。その「大人の科学バー」主宰の畠山泰英さんには講演する機会を与えていただき、その経験が本書の執筆にも大いに役立ちました。また、科学バーにお越しくださる皆様の向学心と科学バーのホスピタリティには、毎回エネルギーをいただいていました。本当にありがとうございました。

晶文社の江坂祐輔さんには、朝日カルチャーセンター新宿教室での講座「世界を面白がるための物理」を開講するきっかけをいただきました。本書で登場したテーマの多くは「世界を面白がるための物理」と、それに引き続いて開講した横浜教室での講座「宇宙を知るための物理学入門」で扱ったものです。内容を練るに当たり、講座での経験がとても役立ちました。本書には盛り込めなかった内容についても、必ずまとめたいと思います。本当にありがとうございました。

朝日カルチャーセンターの柴田祥子さん、横井周子さん、片岡玲子さんにも毎回の講座でたいへんお世話になりました。物理学にとどまらず、他の学問とのつながりも絡めて話したいという大それた目標を立てたばかりに話が拡散し、毎回延長しては皆様にご迷惑をおかけしてしまい、申し訳ありませんでした。皆様のご協力と、受講してくださった方々の励ましのおかげで、最後まで辿り着くことができました。心より感謝申し上げます。

小林研の1期生で、現在は立教大学大学院博士課程の中司桂輔くんと、現在小林研の修士2年生の太田渓介くんは、原稿を読み、とても有意義なコメントをくれました。ありがとうございました。また、彼らをはじめ、上田周くん、佐土原和隆くん、高木かんなさん、渡邊慧くん、稲村泰河くん、石川智也くん、楠見蛍さん、小池貴博くん、佐野有里紗さん、齊藤吉伸くん、高橋幹弥くん、前村直哉くん、唐木澤祐司くん、櫻井優介くん（以上、小林研OB）、伊理雄一くん、須永真穂さん、井坂有花さん、大野翔大くん、佐々木志帆さん、宮内侑くん、三橋康平くん、上田航希くん、川邉澪美さん、重田翔也くん（以上、現小林研メンバー）は、本書の着想のもととなった講座やサイエンスイベントでアシスタントを務めてくれました。皆さんにはいつも助けられています。本当にありがとう。

さて、物理学は体育や芸術科目のように、「実技科目」だと私は考えています。いくら相対性理論や量子力学の世界が私たちの日常からかけ離れていようとも、私たちの身体と切り離して理解することはできません。常に世界は私たちの身体というフィルターを通して理解されます。本書を読んだあと、何だか外の景色を見に出かけたくなったり、ここで知ったことを誰かに話したくなったりしたら、それが「物理の見方を手に入れた」ということだと思います。

本書を執筆し始めた7年前、世界中がコロナ禍に巻き込まれるとは誰も想像していなかったと思います。2021年3月現在、まだ大学はオンライン形式の講義と対面式の講義が混在していて、人と触れ合うことがなかなかできない状況です。小中高では対面授業が始まっているものの、マスクをつけながら授業を受け、できるだけ人との接触を避けるようにしています。

皆さんがこの本を手に取るころにどうなっているかはわかりませんが

いずれまた、自由に人と触れ合い、各地を行き来することができるように必ずなるはずです。そのときに、ここで紹介した「物理の見方」が世界を謳歌するための一助になれば幸いです。

最後に、研究や執筆から大きくはみ出して、「学ぶ星」構想などという夢のような話ばかりしている僕のことを、いつも応援してくれる妻と4人の子どもたちに心から感謝しつつ、群馬時代からの宿題をやっと提出します。皆様、本当にありがとうございました。

2021年3月
小林　晋平

参考文献

- ガリレオ・ガリレイ(著)、今野武雄・日田節次(訳)『新科学対話 上・下』岩波書店
- アルベルト・A・マルティネス(著)、野村尚子(訳)『ニュートンのりんご、アインシュタインの神 —— 科学神話の虚実』青土社
- マリオ・リヴィオ(著)、千葉敏生(訳)『偉大なる失敗 —— 天才科学者たちはどう間違えたか』早川書房
- サイモン・シン(著)、青木薫(訳)『宇宙創成 上・下』新潮社
- コナン・ドイル(著)、延原謙(訳)『シャーロック・ホームズの事件簿』新潮社

本書で掘り下げることのできなかった各テーマについてもう少し詳しく知りたい方のために、新書を中心におすすめの本をご紹介します。

ブラックホール・宇宙論

- 真貝寿明『ブラックホール・膨張宇宙・重力波——一般相対性理論の100年と展開』光文社
- 羽澄昌史『宇宙背景放射——「ビッグバン以前」の痕跡を探る』集英社
- 大須賀健『ゼロからわかるブラックホール——時空を歪める暗黒天体が吸い込み、輝き、噴出するメカニズム』講談社
- 大須賀健『ブラックホールをのぞいてみたら』KADOKAWA

相対性理論・量子力学・次元など

- 村田次郎『「余剰次元」と逆二乗則の破れ——我々の世界は本当に三次元か?』講談社
- 松浦壮『時間とはなんだろう——最新物理学で探る「時」の正体』講談社
- 松浦壮『量子とはなんだろう——宇宙を支配する究極のしくみ』講談社
- 大栗博司『重力とは何か——アインシュタインから超弦理論へ、宇宙の謎に迫る』幻冬舎

索　引

サ

タ

ナ

ハ

マ

小林 晋平（こばやし・しんぺい）

▶東京学芸大学教育学部准教授。
1974年、長野県長野市生まれ。
京都大学理学部卒。京都大学大学院人間・環境学研究科博士課程修了。博士（人間・環境学）。
専門は宇宙物理学、素粒子物理学。
東京大学ビッグバン宇宙国際研究センター研究員、日本学術振興会海外特別研究員（カナダ・ウォータールー大学、ペリメーター理論物理学研究所）、国立群馬工業高等専門学校准教授を経て、現職。YouTubeチャンネル「PHYSIS Entertainment」（ピュシス・エンターテイメント）主催。著書に『ブラックホールと時空の方程式――15歳からの一般相対論』（森北出版）がある。

◉――カバー・本文デザイン　福田 和雄（FUKUDA DESIGN）
◉――DTP　清水 康広（WAVE）
◉――校正　曽根 信寿
◉――図版　藤立 育弘

宇宙の見え方が変わる物理学入門（うちゅうのみえかたがかわるぶつりがくにゅうもん）

2021年 4月 25日　初版発行

著者	小林 晋平（こばやし しんぺい）
発行者	内田 真介
発行・発売	ベレ出版 〒162-0832　東京都新宿区岩戸町12 レベッカビル TEL.03-5225-4790 FAX.03-5225-4795 ホームページ　https://www.beret.co.jp/
印刷	株式会社文昇堂
製本	根本製本株式会社

ISBN 978-4-86064-652-3 C0042　　編集担当　永瀬 敏章